"十四五"职业教育国家规划教材

数字图像处理技术及应用

主审 陆晓云

主编 周莹 程勇

航空工业出版社

北京

内 容 提 要

本书以 MATLAB 为工具，以实战为导向，采用项目式的编写方法，全面系统地介绍了数字图像处理的基本概念、基本原理和核心算法，并对这些算法进行了编程实现。全书共 8 个项目，内容涵盖使用数字图像处理开发工具、夯实数字图像处理基础、使用几何变换进行图像配准、使用图像增强改善图片质量、使用图像复原处理模糊图片、使用形态学分析图像中的物体、使用图像分割提取目标物体和车牌号码识别。

本书可作为职业院校人工智能、大数据技术、计算机等相关专业的教材，也可供相关科技人员参考使用。

图书在版编目（CIP）数据

数字图像处理技术及应用 / 周莹，程勇主编.
北京：航空工业出版社，2024．9(2025．12 重印).
ISBN 978-7-5165-3793-0

Ⅰ．TN911.73

中国国家版本馆 CIP 数据核字第 2024HV3433 号

数字图像处理技术及应用
Shuzi Tuxiang Chuli Jishu ji Yingyong

航空工业出版社出版发行
（北京市朝阳区北苑路 58 号楼 20 层　100012）

发行部电话：010-85672666　010-85672683　　读者服务热线：010-85672635
北京谊兴印刷有限公司印刷　　　　　　　　　全国各地新华书店经销
2024 年 9 月第 1 版　　　　　　　　　　　　2025 年 12 月第 2 次印刷
开本：787×1092　1/16　　　　　　　　　　　字数：381 千字
印张：16.5　　　　　　　　　　　　　　　　定价：59.80 元

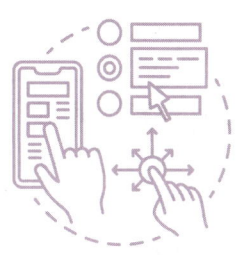

前 言
PREFACE

　　近年来，随着计算机科学与多媒体技术的不断发展，数字图像处理技术日趋成熟，并逐渐成为推动社会进步与产业升级的重要力量。从智能手机中的美颜滤镜、安全监控中的智能识别，到科学研究中的卫星遥感、医学影像诊断中的精准辅助，再到工业领域中的自动检测与质量控制，数字图像处理技术无处不在，展现出了巨大的应用价值。为满足企业对数字图像处理人才的需求，我们结合数字图像处理技术发展现状和多所院校人才培养方案的要求，组织编写了本书。

　　全书共 8 个项目，分为 3 篇。第 1 篇为基础篇，包含项目 1 和项目 2，主要介绍数字图像处理的基础知识和数字图像处理开发工具的使用方法；第 2 篇为技术篇，包含项目 3～项目 7，主要介绍图像几何变换、图像增强、图像复原、图像形态学运算和图像分割的基础知识，以及使用它们解决实际问题的方案和实践过程；第 3 篇为应用篇，包含项目 8，通过本篇的学习，学生能够编写出具有实际使用价值的车牌号码识别程序，实现从理论到实战的跨越。

　　整体而言，本书具有如下特色。

1 立德树人，德技并修

　　党的二十大报告指出："育人的根本在于立德。"立德树人是中华民族的优秀教育传统，也是中国特色社会主义教育事业的根本任务。本书将知识技能与素质教育有机结合，在培养学生专业技能的基础上，将爱国主义情怀、社会责任感、奋斗精神、创新精神、钻研精神等融入"素养之窗"和"科技铸魂"特色模块，让学生在潜移默化中树立正确的世界观、人生观和价值观，成为能够引领行业发展的高技能人才。

2 校企合作，贴近实际

　　本书在编写过程中得到了相关企业的支持，书中所选案例与实际应用场景紧密结合，能够帮助学生快速理解所学知识，做到即学即练，为以后更快地适应企业工作打下坚实的基础。同时，本书设置了"学以致用"模块，通过介绍与所学知识紧密相关的企业实际应用案例，帮助学生理解理论知识在实际场景中的应用价值，培养学生解决实际问题的能力。

3 项目驱动，结构清晰

本书采用项目式的编写方法，系统地安排了一系列具有挑战性和实践性的项目。每个项目的内容分为课前、课中和课后 3 个模块，引导学生自主学习。课前，学生通过"项目描述"了解本项目的主要内容，通过"项目分析"了解完成本项目所需的流程和步骤，并通过观看二维码视频完成"项目准备"中的引导问题。课中，学生学习本项目涉及的理论知识，并在教师的带领下完成"项目实施"中的案例。课后，学生首先通过完成"项目实训"练习所学内容，然后通过"项目总结"提炼和总结本项目学习的知识和技能，再通过"项目考核"进一步巩固所学知识，最后通过"项目评价"评价整个项目的学习情况。

此外，本书正文中还穿插了"指点迷津""高手点拨""知识库"等模块，可以加强学生对知识点的理解，丰富学生的知识面，还可以调动学生的学习积极性，提高其参与度，从而提升学习效率。

4 数字资源，丰富多彩

本书配有丰富的数字资源。读者可以借助手机或其他移动设备扫描二维码获取相关内容的微课视频，从而更方便地理解和掌握本书内容。本书还提供了优质课件、教案、素材、程序源代码及项目实训和项目考核答案等配套教学资源，读者可以登录文旌综合教育平台"文旌课堂"查看和下载。

此外，本书还提供了在线题库，支持"教学作业，一键发布"，教师只需通过微信或"文旌课堂"App 扫描扉页二维码，即可迅速选题、一键发布、智能批改，并查看学生的作业分析报告，提高教学效率、提升教学体验。学生可在线完成作业，巩固所学知识，提高学习效率。

本书由陆晓云担任主审，周莹、程勇担任主编，王燕、孙晓军、夏宗辉、陈永平、王伟萍、洪光辉担任副主编。

本书在编写过程中，参考了大量的资料并引用了部分文章和图片等。这些引用的资料大部分已获授权，但由于部分资料来自网络，我们未能确认出处，也暂时无法联系到原作者。对此，我们深表歉意，并欢迎原作者随时与我们联系，我们将按规定支付稿酬。

由于编者水平有限，书中存在的疏漏或不妥之处，敬请广大读者批评指正。

🔍 | **本书配套资源下载网址和联系方式**

🌐 网址：https://www.wenjingketang.com
📞 电话：400-117-9835
✉ 邮箱：book@wenjingketang.com

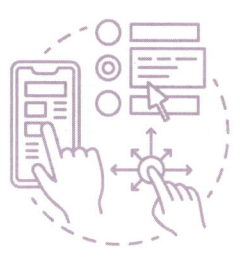
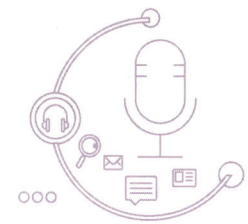

目 录
CONTENTS

基 础 篇

项目 1 使用数字图像处理开发工具 ·· 2

项目目标 ·· 2
项目描述 ·· 3
项目分析 ·· 3
项目准备 ·· 3
1.1 数字图像处理的相关概念 ··· 4
    1.1.1 图像与数字图像 ·· 4
    1.1.2 数字图像处理 ··· 6
    1.1.3 数字图像处理的相关学科 ·· 6
1.2 数字图像处理的研究内容 ··· 7
1.3 数字图像处理的应用领域 ··· 9
1.4 数字图像处理开发工具 MATLAB ·· 10
    1.4.1 什么是 MATLAB ··· 10
    1.4.2 MATLAB 的常用命令 ··· 11
科技铸魂——SenseEarth 赋能农业数智化转型 ··· 12
项目实施——使用数字图像处理开发工具 ·· 13
项目实训 ··· 19
项目总结 ··· 20
项目考核 ··· 21
项目评价 ··· 22

项目 2 夯实数字图像处理基础 ·· 23

项目目标 ··· 23
项目描述 ··· 24

I

项目分析 ··· 24
项目准备 ··· 24
　2.1　数字图像基础 ·· 25
　　2.1.1　图像数字化 ·· 25
　　2.1.2　图像的表示 ·· 27
　　2.1.3　图像的文件格式 ·· 29
　2.2　MATLAB 数字图像处理基础 ·· 30
　　2.2.1　图像的读取与保存 ·· 30
　　2.2.2　图像的显示 ·· 32
　　2.2.3　图像类型的转换 ·· 33
　2.3　图像的像素运算 ·· 35
　　2.3.1　算术运算 ·· 35
　　2.3.2　逻辑运算 ·· 40
　2.4　图像的灰度直方图 ·· 42
　　2.4.1　认识灰度直方图 ·· 42
　　2.4.2　绘制灰度直方图 ·· 44
科技铸魂——通义万相助力非遗焕发新活力 ·································· 45
项目实施——图像素描滤镜效果的添加 ······································ 46
项目实训 ··· 48
项目总结 ··· 49
项目考核 ··· 51
项目评价 ··· 51

技 术 篇

项目 3　使用几何变换进行图像配准 ·· 54
项目目标 ··· 54
项目描述 ··· 55
项目分析 ··· 55
项目准备 ··· 55
　3.1　图像几何变换概述 ·· 56
　　3.1.1　什么是图像的几何变换 ·· 56
　　3.1.2　图像几何变换的理论基础 ·· 56
　　3.1.3　插值算法 ·· 59

3.2 图像的平移变换 ·· 61
 3.2.1 图像平移变换的基本原理 ·· 61
 3.2.2 图像平移变换在 MATLAB 中的实现 ································ 61
3.3 图像的镜像变换 ·· 63
 3.3.1 图像镜像变换的基本原理 ·· 64
 3.3.2 图像镜像变换在 MATLAB 中的实现 ································ 64
3.4 图像的旋转变换 ·· 65
 3.4.1 图像旋转变换的基本原理 ·· 66
 3.4.2 图像旋转变换在 MATLAB 中的实现 ································ 67
3.5 图像的缩放变换 ·· 68
 3.5.1 图像缩放变换的基本原理 ·· 69
 3.5.2 图像缩放变换在 MATLAB 中的实现 ································ 71
3.6 图像转置 ·· 73
 3.6.1 图像转置的基本原理 ·· 74
 3.6.2 图像转置在 MATLAB 中的实现 ····································· 74
3.7 图像几何变换的典型应用——图像配准 ······································ 75
科技铸魂——智能医疗影像平台辅助医疗诊断 ·································· 76
项目实施——磁共振成像的图像配准 ·· 77
项目实训 ·· 81
项目总结 ·· 82
项目考核 ·· 84
项目评价 ·· 85

项目 4 使用图像增强改善图片质量 ·· 87

项目目标 ·· 87
项目描述 ·· 88
项目分析 ·· 88
项目准备 ·· 88
4.1 图像增强概述 ··· 89
4.2 空域图像增强 ··· 90
 4.2.1 直方图修正法 ··· 90
 4.2.2 灰度变换法 ·· 93
 4.2.3 图像平滑 ·· 100
 4.2.4 图像锐化 ·· 109

4.3 频域图像增强 ··· 114
 4.3.1 傅里叶变换 ·· 115
 4.3.2 频域图像增强的常用方法 ·· 117
科技铸魂——智能修图产品提升修图效率 ·· 122
项目实施——图像的去雾处理 ·· 122
项目实训 ·· 126
项目总结 ·· 127
项目考核 ·· 129
项目评价 ·· 130

项目5 使用图像复原处理模糊图片 ·· 132

项目目标 ·· 132
项目描述 ·· 133
项目分析 ·· 133
项目准备 ·· 134
5.1 图像退化与图像复原 ·· 134
 5.1.1 图像退化与图像复原的基本概念 ································· 134
 5.1.2 图像退化与复原模型 ··· 135
5.2 噪声滤除 ··· 136
 5.2.1 噪声模型 ·· 136
 5.2.2 只存在噪声的图像复原 ·· 139
5.3 退化函数估计 ··· 144
 5.3.1 大气湍流模型 ·· 144
 5.3.2 运动模糊模型 ·· 145
5.4 实用的图像复原技术 ·· 147
 5.4.1 逆滤波 ··· 147
 5.4.2 维纳滤波 ·· 150
 5.4.3 约束最小二乘方滤波 ··· 152
科技铸魂——人工智能驱动图像复原技术发展 ·································· 154
项目实施——运动模糊图像的复原 ·· 155
项目实训 ·· 160
项目总结 ·· 162
项目考核 ·· 163
项目评价 ·· 163

项目6 使用形态学分析图像中的物体 ································· 165

项目目标 ································· 165
项目描述 ································· 166
项目分析 ································· 166
项目准备 ································· 166
6.1 形态学基础知识 ································· 167
　　6.1.1 集合论基础 ································· 167
　　6.1.2 结构元素 ································· 170
6.2 形态学运算 ································· 171
　　6.2.1 腐蚀 ································· 171
　　6.2.2 膨胀 ································· 175
　　6.2.3 开运算与闭运算 ································· 178
6.3 形态学实用算法 ································· 181
　　6.3.1 击中与击不中变换 ································· 181
　　6.3.2 边界提取 ································· 184
　　6.3.3 区域填充 ································· 185
　　6.3.4 连通分量提取 ································· 187
科技铸魂——AR技术扩宽文旅产业的价值边界 ································· 189
项目实施——统计图像中汽车的数量 ································· 190
项目实训 ································· 193
项目总结 ································· 194
项目考核 ································· 196
项目评价 ································· 197

项目7 使用图像分割提取目标物体 ································· 199

项目目标 ································· 199
项目描述 ································· 200
项目分析 ································· 200
项目准备 ································· 200
7.1 图像分割概述 ································· 201
7.2 边缘检测 ································· 201
　　7.2.1 常见的边缘检测算子 ································· 202
　　7.2.2 霍夫变换 ································· 206

7.3 阈值分割 ……………………………………………………………… 208
 7.3.1 阈值分割的基本原理 ……………………………………… 208
 7.3.2 阈值分割在 MATLAB 中的实现 …………………………… 210
7.4 区域分割 ……………………………………………………………… 211
 7.4.1 区域生长 …………………………………………………… 211
 7.4.2 区域分裂与合并 …………………………………………… 214
7.5 基于形态学分水岭算法的图像分割 ………………………………… 219
 7.5.1 形态学分水岭算法 ………………………………………… 219
 7.5.2 形态学分水岭算法中过度分割问题的解决办法 ………… 220
科技铸魂——PaddleSeg 支撑图像分割应用开发 ………………………… 223
项目实施——零件图像的分割与提取 ……………………………………… 224
项目实训 ……………………………………………………………………… 229
项目总结 ……………………………………………………………………… 230
项目考核 ……………………………………………………………………… 232
项目评价 ……………………………………………………………………… 233

应 用 篇

项目 8 车牌号码识别 ……………………………………………… 236

项目目标 ……………………………………………………………………… 236
项目描述 ……………………………………………………………………… 237
项目分析 ……………………………………………………………………… 237
项目准备 ……………………………………………………………………… 238
科技铸魂——OSBD 模型助力甲骨文破译 ………………………………… 238
项目实施——车牌号码识别 ………………………………………………… 238
项目实训 ……………………………………………………………………… 246
项目总结 ……………………………………………………………………… 248
项目考核 ……………………………………………………………………… 249
项目评价 ……………………………………………………………………… 249

参考文献 ……………………………………………………………………… 251

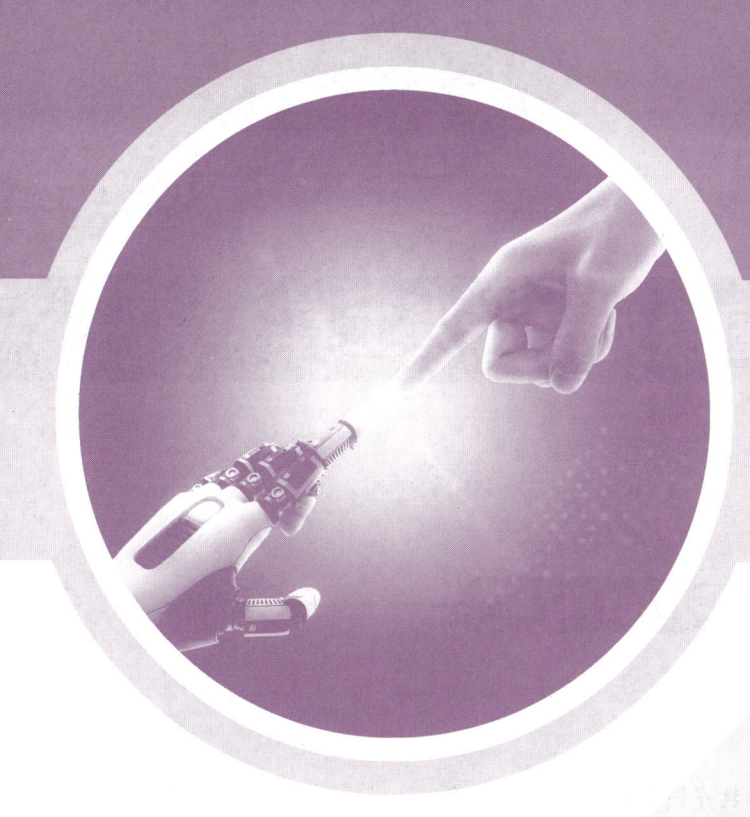

基础篇

JI CHU PIAN

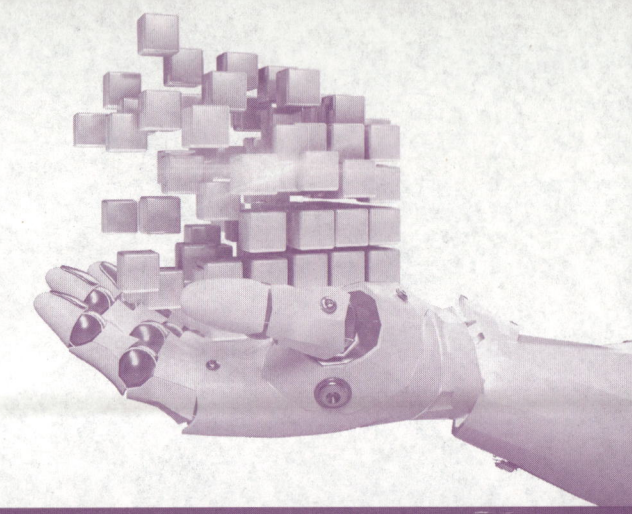

项目 1
使用数字图像处理开发工具

项目目标

知识目标

- 理解图像、数字图像和数字图像处理的基本概念。
- 理解数字图像处理与相关学科之间的关系。
- 了解数字图像处理的研究内容与应用领域。
- 了解数字图像处理开发工具 MATLAB 及其常用命令。

技能目标

- 能够使用 MATLAB 命令行窗口和编辑器独立编写、运行程序。
- 能够使用 MATLAB 的调试功能调试程序。

素养目标

- 锻炼具体问题具体分析的思维方式,提高分析问题和解决问题的能力。
- 了解科技前沿新技术,拓宽知识眼界,适应时代新挑战。

项目 1　使用数字图像处理开发工具

项目描述

随着科技的不断发展，数字图像得到了越来越广泛的应用，逐渐成为人们生产生活中不可或缺的一部分。从日常生活中的摄像摄影、卫星导航，到科技研究中的遥感通信、智能机器人等，都离不开数字图像。为保证所用图像的质量和图像信息的准确程度，需要使用数字图像处理技术预先对图像进行处理。小旌希望未来能够从事相关行业，决心探索数字图像处理这一领域。

通过查阅资料，小旌发现数字图像处理的开发工具主要有 Visual C++ 和 MATLAB。使用 Visual C++ 处理数字图像时，很多矩阵运算函数需要自己编写，开发难度较大，而 MATLAB 提供的图像处理工具箱封装了一系列预定义的函数，可以简单、快捷地对图像进行操作。同时，MATLAB 还能够与多种编程语言（如 Python、C++等）进行集成，方便后续应用的开发。因此，小旌决定使用 MATLAB 作为数字图像处理的开发工具。

项目分析

按照项目要求，使用数字图像处理开发工具的具体步骤分解如下。

第 1 步：使用命令行窗口。在 MATLAB 命令行窗口中编写和运行程序，并通过工作区查看变量信息。

第 2 步：使用编辑器。在 MATLAB 编辑器中编写并运行程序。

第 3 步：调试程序。在 MATLAB 编辑器中使用调试功能调试程序。

为更好地进行数字图像处理的开发，本项目将对相关知识进行介绍，包括图像、数字图像和数字图像处理的概念，数字图像处理的相关学科，数字图像处理的研究内容，数字图像处理的应用领域，以及数字图像处理开发工具 MATLAB。

项目准备

全班学生以 3~5 人为一组进行分组，各组选出组长，组长组织组员扫码观看"数字图像处理的发展历程"视频，讨论并回答下列问题。

问题 1：早期探索阶段，数字图像处理的研究内容是什么？

数字图像处理技术及应用

问题 2：请列举 3 个数字图像处理与人工智能技术相结合的应用。

数字图像处理的发展历程

1.1 数字图像处理的相关概念

数字图像处理是一门涉及光学、电子学、数学、摄影技术、计算机科学、人工智能等众多领域的综合性边缘学科，其所包含的内容非常丰富。研究数字图像处理，可以从认识图像与数字图像开始。

1.1.1 图像与数字图像

图像（image）是用来传达视觉信息的一种载体，是自然景物的客观反映，是人类认识世界的重要源泉。"图"是物体反射或透射光的分布，"像"是人的视觉系统所接受的图在人脑中所形成的映象或认识。从广义上来讲，绘画、照片、传真、投影、心电图等都属于图像。

根据人眼的视觉特性，可将图像分为可见图像和不可见图像，如图 1-1 所示。可见图像通常是指人们日常生活中可以直接用眼睛看到的图像，它的其中一个子集是图片，包括照片和用线条绘制的图画；另一个子集是光图像，即通过特定的光学设备或技术产生的图像。不可见图像是指那些不能被人的眼睛直接看到，但可以通过特定仪器检测、记录并可视化的图像，包括不可见光成像（如 X 射线图像、红外图像、紫外图像、雷达图像、超声波成像等）和不可见量按数学模型生成的图像（如温度、人口密度、交通流量等分布图）。数字图像处理领域所研究的图像主要指图片，即那些可以通过人眼直接观察或通过摄影设备捕捉并固定下来的图像。

根据信息记录方式的不同，可将图像分为**模拟图像**（analog image）和**数字图像**（digital image）。模拟图像是指在二维空间中连续变化的图像，如传统胶片相机拍摄到的照片和早期模拟电视上的画面等都属于模拟图像。数字图像是指在二维空间中用有限数值表示的图像，一般指计算机或数字电路中存储的图像（本书后面项目中所讲图像均指数字图像）。

在计算机中，数字图像以网格的形式存在，网格中的单元块称为**像素**（pixel），每个像素都用具体的数字（**像素值**）来表示图像的亮度信息。这些像素拼接在一起就形成了人们在计算机、手机或其他显示设备上看到的图像。在实际操作中，将一幅数字图像放大后即可看到该图像的像素网格，如图 1-2 所示。

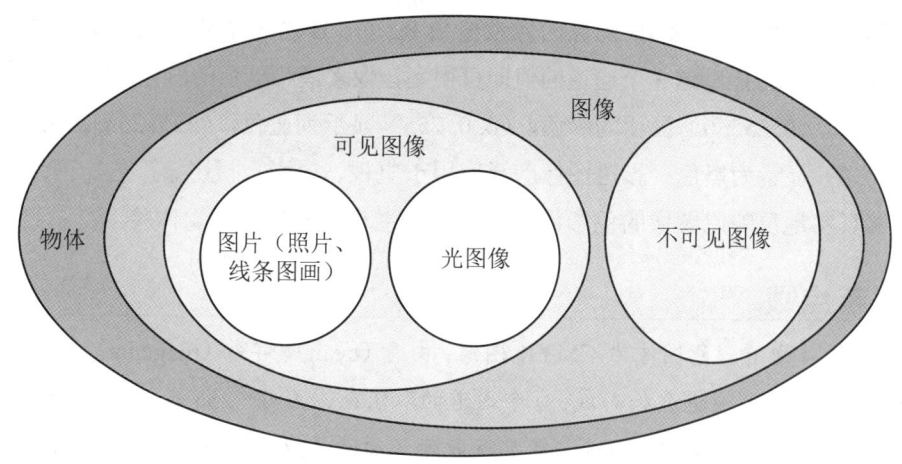

图 1-1　图像的分类

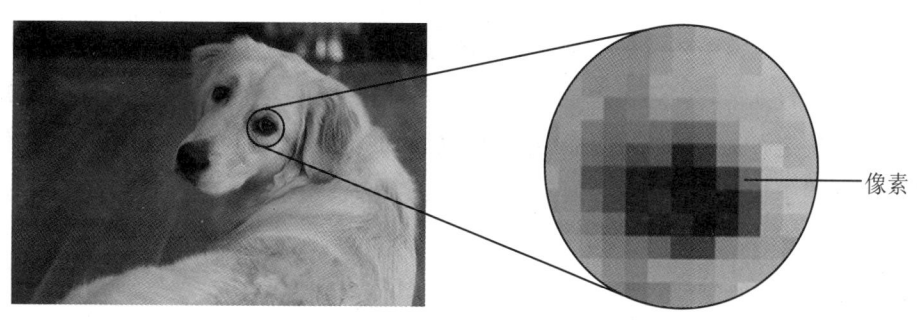

图 1-2　数字图像

数字图像按照其像素值取值方式的不同，可分为二值图像、灰度图像、彩色图像和索引图像等。

（1）**二值图像**。二值图像也称黑白图像，是指每个像素均为黑色或白色的图像。在 MATLAB 中，黑色像素的像素值为 0，白色像素的像素值为 1。二值图像所包含的信息量较少，无法体现细致的物体特征，只能描绘物体的轮廓，在日常生活中很少使用，但在执行图像分割与物体识别等任务时，经常需要先将其他类型的图像转换为二值图像，以降低提取物体轮廓的难度。

（2）**灰度图像**。灰度图像也称灰阶图像，是指每个像素为不同深度的灰色或黑白两色的图像。灰度图像像素值的取值范围为 0～255。其中，0 表示黑色，255 表示白色，中间的数值从小到大表示由黑到白的过渡色。灰度图像是一种单色调的图像，仅用少量信息就能清晰地表现出物体的特征，故其常用于图像分析、图像增强、图像识别等领域。

（3）**彩色图像**。彩色图像的颜色通常由多个色彩通道叠加而成，每个通道的值表示给定颜色分量的强度值。典型的 3 通道彩色图像为 RGB 图像，这类图像的颜色由红（red）、绿（green）、蓝（blue）3 个色彩通道叠加而成，每个通道的值表示该颜色分量的强度值，取值范围为 0～255，故 RGB 图像的像素值由 R、G、B 这 3 个通道的值所构成的三元组 (R, G, B) 来表示，控制这 3 个通道的值即可得到该像素最终显示的颜色。例如，(255, 0, 0) 显示为红色，(0, 255, 0) 显示为绿色，(0, 0, 255) 显示为蓝色，(255, 255, 255) 显示为白色，(0, 0, 0) 显示为黑色。彩色图像广泛应用于电视、电影、摄影、广告、网络等各个领域，能够真实地反映原图像的色彩信息，给人以生动、逼真的视觉体验。

> **高手点拨**
>
> 典型的 4 通道彩色图像为 CMYK 图像，由青（cyan）、洋红（magenta）、黄（yellow）、黑（black）4 个色彩通道叠加而成，每个通道的取值范围为 0～255 或 0%～100%。CMYK 图像主要应用于打印和印刷行业，能够有效地还原油墨在纸张等实物介质上的色彩，提高阅读舒适度。

（4）索引图像。索引图像是一种特殊的图像类型，其结构十分复杂。一幅索引图像不仅包含一个图像数据矩阵，还包含一个颜色索引矩阵，颜色索引矩阵的大小由数据矩阵中元素的值域所决定。索引图像避免了对颜色信息的重复保存，能够有效降低图像文件的大小，故经常被用于数据传输中。

1.1.2　数字图像处理

数字图像处理（digital image processing, DIP）是指使用计算机对数字图像进行去除噪声、增强、复原、分割、提取特征等处理的方法和技术，其输入为图像，输出为优化后的图像或抽取出来的图像特征。数字图像处理的目的主要有以下 3 个。

（1）优化图像或提高图像质量。数字图像处理通过去除图像噪声，对图像的色彩、亮度、形状等进行变换或增强，来达到改善图像视觉效果的目的。

（2）获取图像中物体的特征。数字图像处理通过形态学处理、图像分割等技术，能够有效地提取图像中物体的颜色、边界、纹理等特征，为图像分析与识别等任务提供基础信息。

（3）提高图像传输和存储效率。数字图像处理通过研究图像的编码方式和压缩方式来降低图像文件的大小，从而达到加快图像传输速度和节省存储空间的目的。

1.1.3　数字图像处理的相关学科

作为一门综合性边缘学科，数字图像处理与计算机视觉、计算机图形学、模式识别等多个学科交叉融合、相辅相成。

1. 计算机视觉

计算机视觉是人工智能的一个分支，研究如何使机器拥有"看"的能力，其目标是实现对图像的理解。具体来说，计算机视觉是用计算机模拟人的视觉功能，从客观事物的图像中提取信息，进而对这些信息进行处理和理解，最终用于图像识别、跟踪和测量等任务的一门学科。计算机视觉中涉及多项数字图像处理技术。在实际应用中，通常需要先使用数字图像处理技术对图像进行预处理和特征提取，再使用计算机视觉的相关技术对图像进行理解。

2. 计算机图形学

计算机图形学是一门研究如何使用计算机技术以图形、图表等形式表示数据的学科，其核心在于生成图像。它可以基于数学模型、物理规则或其他形式的数据构造出新的视觉内容，并将其应用于电影特效、游戏开发、建筑设计等领域。计算机图形学产生的数字图像可以通过数字图像处理技术进一步优化和完善；同时，数字图像处理的输出也可以作为计算机图形学合成新图像时的输入与参考。

3. 模式识别

模式识别用于研究分类问题，确定符号、图像、物体等输入对象的类别，强调一类事物区别于其他事物所具有的共同特征。图像的模式识别主要集中在对图像中感兴趣部分内容的分类、分析和描述上。数字图像处理通常是模式识别的一个重要前置步骤，数字图像处理的各种操作能够消除图像中的噪声，增强图像中的有用信息，提取出对模式识别有用的特征，从而提高模式识别的准确率和效率。

1.2 数字图像处理的研究内容

图像是表达视觉信息的一种形式，图像处理技术是各种图像加工技术的总称。研究数字图像处理技术可在图像工程的框架下进行。根据抽象程度高低、数据量大小和研究方法的不同，可将图像工程分为图像处理、图像分析和图像理解3个层次，如图1-3所示。

图像处理在图像工程中位于较低层次，它在像素级别上对图像进行处理，通过对输入图像的像素执行各种操作来得到输出图像，是一种从图像到图像或图像特征的过程；图像分析介于图像处理与图像理解之间，它对图像中感兴趣的目标进行检测和测量，从而获得目标的信息和描述，是一种从图像到数据的过程；图像理解是高层操作，它在图像分析的基础上进一步研究图像中的目标及目标之间的相互关系，最终理解图像的含义并能够针对具体任务进行指导和规划。在图像工程的框架下，数字图像处理主要包含以下几个方面的研究内容。

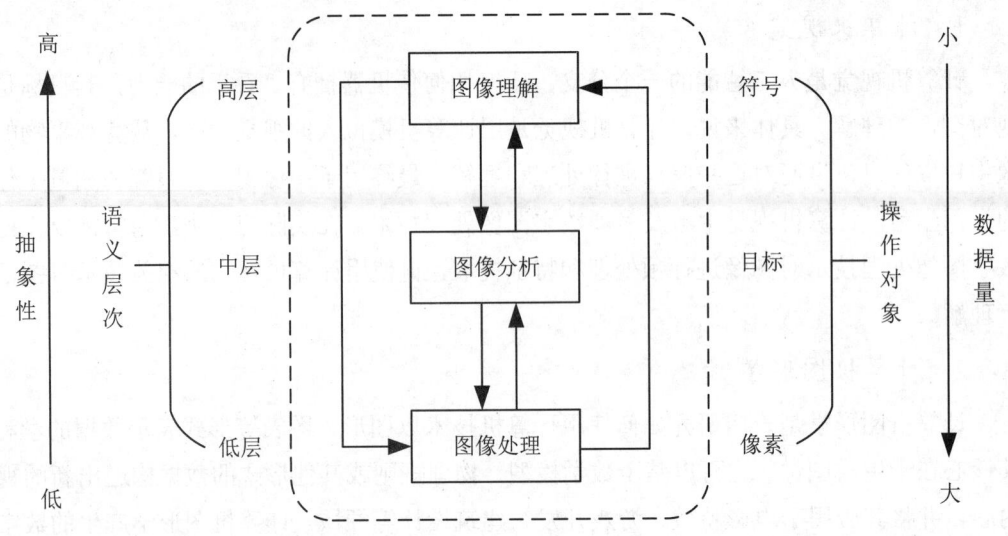

图1-3　图像工程的3个层次

1. 图像变换

图像变换是指为了有效和快速地对图像进行处理而将原定义在图像空间域中的图像以某种形式转换到其他域的变换过程。常见的图像变换包括空域变换和频域变换。空域变换主要指图像的几何变换，如平移、缩放、旋转等；频域变换指将图像从空域以某种形式转换到频域，然后使用频域的性质对图像进行处理，最后再转换回原空域的一种图像变换方式，常用的频域变换方法有离散傅里叶变换、离散余弦变换、小波变换等。

指点迷津

图像的空域和频域是图像处理的两个重要概念。空域也称空间域，指的是像素所在的空间，通常被看作是图像的原始空间。空域处理方法直接对图像的像素进行操作，处理过程直接，适合对图像的亮度、对比度等进行调整。

频域也称频率域，是以空间频率为自变量来描述图像特征的一种表示方法。在频域中，图像的特征被分解为具有不同振幅、空间频率和相位的简振函数的叠加，图像中各种空间频率成分的组成和分布称为图像频谱。频域处理方法将图像信号转换到频率域进行处理，可以揭示图像内在的周期性结构，更全面地分析和处理图像的频率特性。

2. 图像编码与压缩

图像编码与压缩技术通过对图像的重新编码来消除图像中的冗余数据，以达到减少图像存储空间、提高图像传输与处理速度的目的。它的基本思想是在降低图像文件大小的同时，尽可能多地保留原图像中的有效信息，而不影响图像的质量。

3. 图像增强

图像增强技术是指通过锐化、平滑、对比度拉伸等方法突出图像中的关键信息，同时削弱或消除干扰信息，将原始输入图像转换为更适合其他技术处理的新图像。图像增强是一种从主观上提高图像质量的技术，它不考虑造成图像质量低下的原因，只改善图像的视觉效果。

4. 图像复原

图像在采集和传输的过程中可能会受到各种因素的影响而出现失真、模糊和有噪声等现象，造成图像质量下降，这个过程被称为退化。图像复原是一种使退化了的图像去除退化因素，并以最大保真度恢复成原始图像的技术。退化过程的建模越详细、准确，原始图像的复原过程就越容易。与图像增强相比，图像复原是一种客观提高图像质量的技术，它依据图像质量下降的原因对图像进行改善。

5. 图像分割

图像分割的基本思路是根据图像的某种特征或相似性准则，把图像分成若干个特定的、具有独特性质的、互不相交的区域，以便进一步提取出感兴趣的目标或对图像进行分析和描述。图像分割的一个常见应用是在医学影像领域中，检测和标记图像中肿瘤的位置。

1.3 数字图像处理的应用领域

数字图像处理与计算机、多媒体、智能机器人、专家系统等技术的发展密切相关。近年来，随着技术的不断进步，数字图像处理的应用领域越来越广。总体来说，数字图像处理的应用主要集中在医学、遥感、工业生产、军事和公安等领域。

1. 医学领域

数字图像处理在医学领域的研究对象主要是医学影像（见图1-4），包括计算机断层扫描（CT）、磁共振成像（MRI）、超声波成像等。使用数字图像处理技术对医学影像进行处理，可以帮助医生更好地分析患者的病变区域，提高疾病诊断的效率和准确率。

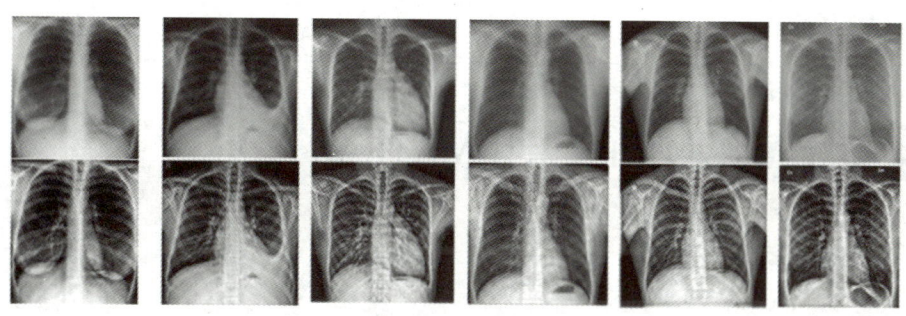

图1-4 医学影像

2. 遥感领域

遥感卫星在成像过程中受多种因素的影响，所拍摄的图像会产生各种畸变或失真。为使图像更加符合真实世界的场景，以便在农业、气象等领域进一步应用，对遥感卫星图像进行处理是一个必不可少的环节。常见的遥感影像处理技术包括图像坐标的矫正对齐、地物轮廓的增强、色彩的调整等。

3. 工业生产领域

在工业生产过程中，工厂需要对大批量的零件进行加工、组装与检测，单纯依靠人力操作不仅难以确保精度还容易造成效率低下。另外，一些具有潜在危险性的作业环境并不适合人类直接参与。因此，实现生产过程自动化是必经路径。在这一过程中，数字图像处理技术主要应用于生产过程的监控、目标零件的识别与定位、外观检测、质量检测等方面。

4. 军事和公安领域

数字图像处理技术为军事和公安领域提供了强大的技术支撑，能够显著提升情报收集、目标识别和应急响应的能力，还能够在预防和打击犯罪方面发挥重要作用。例如，使用数字图像处理技术对犯罪现场的照片进行分析和处理，能够还原犯罪过程和现场环境，从而为案件的侦破提供重要的线索和证据。

素养之窗

数字图像处理国际会议（ICDIP）是专注于数字图像处理领域的一个学术盛会，为学者和研究人员提供了一个交流研究成果、分享经验和探讨合作机会的平台。该会议创办于2009年，目前已在世界各地不同城市成功举办了多届。会议的议题主要包含图像增强与复原、特征分析与提取、图像去噪、红外成像、图像数字水印等多个与数字图像处理相关的方向。

第十六届数字图像处理国际会议由海南大学主办，海南大学计算机科学与技术学院承办。本届会议秉持着促进国内外数字图像处理领域学者之间学术交流的理念，邀请多位专家学者分享研究经验，探寻各研究团队之间的合作机会，共同推动数字图像处理领域的发展。

1.4 数字图像处理开发工具 MATLAB

1.4.1 什么是 MATLAB

MATLAB 是由美国 MathWorks 公司开发的一个多用途编程和数据计算平台，主要用于算法开发、数据分析、数据可视化、图像处理等领域。MATLAB 提供了一个交互式的编程环境，内置丰富的数学函数库，支持各种算法和应用程序接口，使得工程师、科学家及其他专业人员能够快速实现从概念到原型再到最终产品的设计流程。

MATLAB 具有专用的编程语言，其图像处理工具箱（image processing toolbox, IPT）封装了一系列预定义的函数和算法，专门用于数字图像处理任务，使得用户可以方便、快捷地构建和测试复杂的图像处理任务，并将其应用于科研、工程、医疗、军事等多个领域。

MATLAB 每年更新两次版本，分别标识为 a 版和 b 版，每次更新都伴随着多个功能的拓展与完善。本书使用 MATLAB R2023b 版本，开发人员可在 MATLAB 官方网站（https://ww2.mathworks.cn/products/matlab.html）上获取该软件，也可通过邮箱方式验证学生或企业身份进行获取。

选择"开始"→"MATLAB R2023b"文件夹→"MATLAB R2023b"选项，即可打开 MATLAB R2023b，其工作界面如图 1-5 所示。

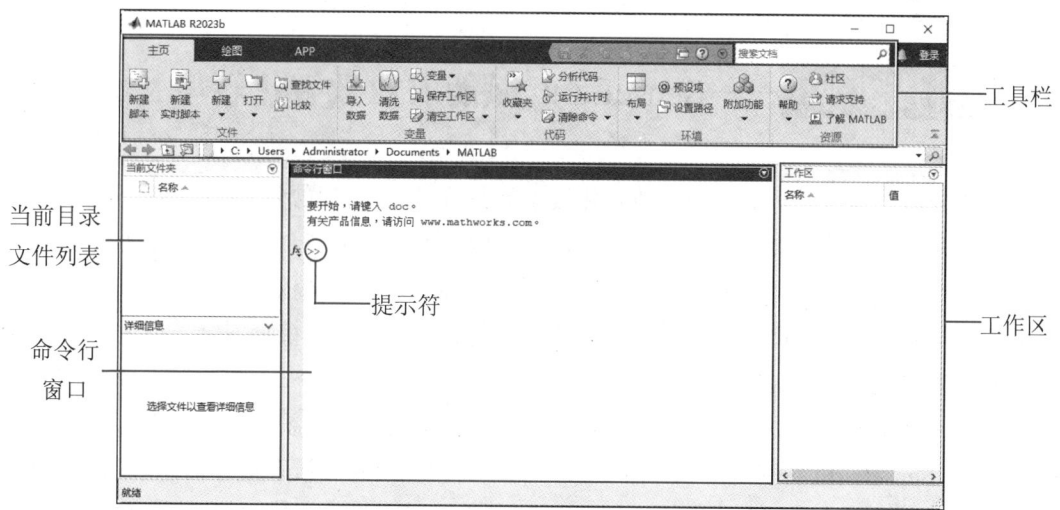

图 1-5　MATLAB R2023b 的工作界面

MATLAB R2023b 的窗口由工具栏、当前目录文件列表、命令行窗口和工作区等组成。其中，工具栏位于工作界面的顶部，包含多个操作命令，主要由"主页""绘图"和"APP"3 个选项卡组成；当前目录文件列表位于工作界面的左侧，显示当前目录下所有的文件；命令行窗口是用户输入程序代码并输出结果的地方，其左侧的">>"为提示符，用于引导用户输入；工作区位于工作界面的右侧，用于显示程序中所用的变量和相应的值。

1.4.2　MATLAB 的常用命令

MATLAB 提供了多个便利的常用命令，使得用户可以更高效地完成数学计算、数据分析、图像处理、算法开发等工作。MATLAB 的常用命令如表 1-1 所示。

表 1-1　MATLAB 的常用命令

命令	说明
help［函数名/命令名］	显示帮助文档。例如，"help what"命令可在命令行窗口中显示"what"命令的帮助文档，包括其用途、语法、输入参数和输出参数等
doc［函数名/命令名］	载入在线帮助网站。例如，"doc what"命令可载入"what"命令的在线帮助页面，所给出的帮助信息比"help"命令更详细
who/whos	显示当前变量。"who"命令用于列出当前工作区中所有变量的名称；"whos"命令显示的信息则更加全面，除变量名称之外，还会显示变量的大小和类型等
clear［变量名］	清除工作区中指定的变量。例如，"clear a"命令可清除工作区中名称为"a"的变量，"clear"或"clear all"命令可清除工作区中所有的变量
clc	清除命令行窗口中所有的代码

科技铸魂——SenseEarth 赋能农业数智化转型

近年来，我国农业正加速迈向数智化转型的新阶段。以物联网、人工智能、大数据、云计算、遥感技术等为代表的新一代信息技术深度融入农业生产全过程，重塑了传统农业的组织形态、生产方式和发展逻辑。这一转型不仅推动了农业从依赖人力经验向高技术、高效率、绿色化、市场化的现代农业体系跃升，更成为保障国家粮食安全、推进乡村全面振兴和建设农业强国的关键支撑。

在这一过程中，智能遥感技术作为农业数智化的"天眼"系统，发挥着不可替代的作用。其中，SenseEarth 智能遥感云平台是一个先进的智能遥感分析及地理信息应用云平台，它具备强大的泛化适配能力，可高效处理全国范围内不同地形、地貌、分辨率和时相的遥感影像。依托这一技术优势，该平台能够在园地、大棚、建筑、库塘、道路、林地等区域自动化、智能化检测 40 余类地物，为农业领域提供高效、精准、可扩展的智能遥感解决方案。

SenseEarth 智能遥感云平台凭借其高效的农作物智能识别能力，可在 2 米分辨率影像和 10 米分辨率影像中精确识别玉米、小麦、水稻等作物，满足全国范围内的泛化适配要求。此外，它还可以精确识别耕地地块和非农非粮要素，从而为种植管理和决策提供高效的监测技术手段，有效推动农业数智化转型。

项目 1 使用数字图像处理开发工具

项目实施——使用数字图像处理开发工具

1. 使用命令行窗口

MATLAB 的命令行窗口为用户提供了一个交互式的工作环境,允许用户直接输入和运行 MATLAB 命令,并即时查看输出结果。

步骤 1 启动 MATLAB,在其命令行窗口中输入带分号的语句"a = sin(pi/3);",按"Enter"键运行,如图 1-6 所示。可见,语句运行结果显示在了工作区中,显示内容为变量的名称和值。

使用数字图像处理开发工具

图 1-6 输入带分号的语句

步骤 2 在命令行窗口中输入不带分号的语句"a*3",按"Enter"键运行,如图 1-7 所示。可见,语句运行结果在命令行窗口和工作区中都进行了显示,显示内容为变量的名称和值。

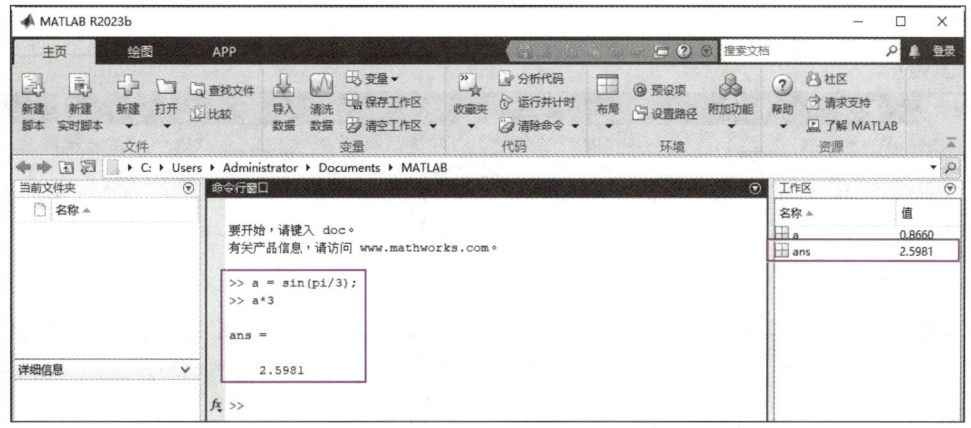

图 1-7 输入不带分号的语句

> **指点迷津**
>
> （1）在 MATLAB 的命令行窗口中，若输入的语句末尾带有分号，则命令行窗口中不会显示语句的运行结果；若输入的语句末尾不带分号，则命令行窗口中会显示语句的运行结果。
>
> （2）ans 变量是 MATLAB 的默认输出变量，若没有指定输出变量，则运算结果会自动存储在 ans 变量中。
>
> （3）MATLAB 中变量的命名规范：① 变量名只能由字母、数字或下画线组成，且必须以字母开头；② 变量名区分大小写，如变量 A 和变量 a 是不同的变量。

2．使用编辑器

MATLAB 编辑器为 MATLAB 用户提供了一个全面且功能丰富的文本编辑环境，不仅支持普通的程序脚本文件和函数文件，还支持实时脚本等高级文档类型。使用编辑器可创建、编辑和保存 M 文件。M 文件是 MATLAB 的脚本文件，其扩展名为".m"。该类文件允许用户将连续的 MATLAB 命令、函数定义和变量声明等组合在一起，形成一个独立的、可执行的程序单元，便于代码的重复使用。

> **高手点拨**
>
> 命令行窗口和编辑器是 MATLAB 中两种不同的交互方式。命令行窗口适用于简单任务的编写与运行，编辑器则适用于编写、调试和维护复杂的代码，以及需要长期开发的项目。

步骤 1　在 MATLAB 的工作界面中，单击"主页"选项卡"文件"组中的"新建脚本"按钮，如图 1-8 所示。

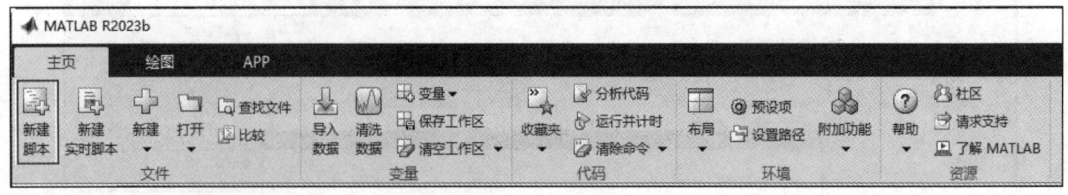

图 1-8　新建脚本

步骤 2　打开编辑器界面，同时新建了一个空白脚本文件，如图 1-9 所示。

项目 1 使用数字图像处理开发工具

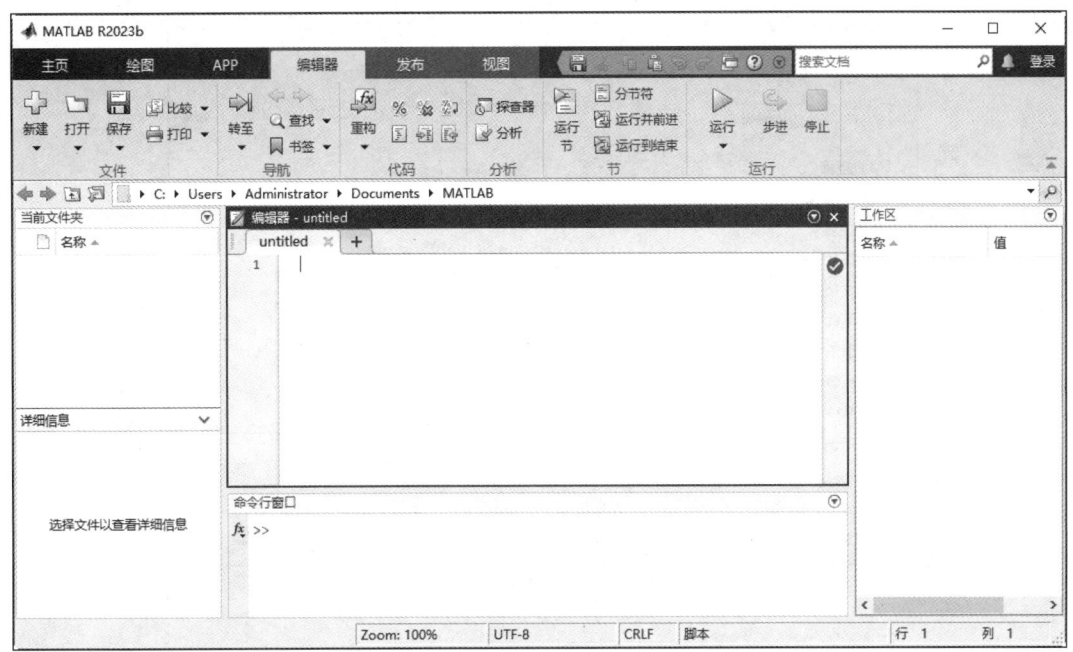

图 1-9 编辑器界面

步骤 3 在编辑器中输入以下语句。

```
clc; clear;              % 清除命令行窗口及工作区中的所有内容
n = 50;
r = rand(n,1);           % 生成由(0,1)区间的随机数组成的n×1维矩阵
plot(r);                 % 绘制曲线
```

步骤 4 按快捷键"Ctrl+S"或单击"编辑器"选项卡"文件"组中的"保存"按钮，保存脚本文件，如图 1-10 所示。

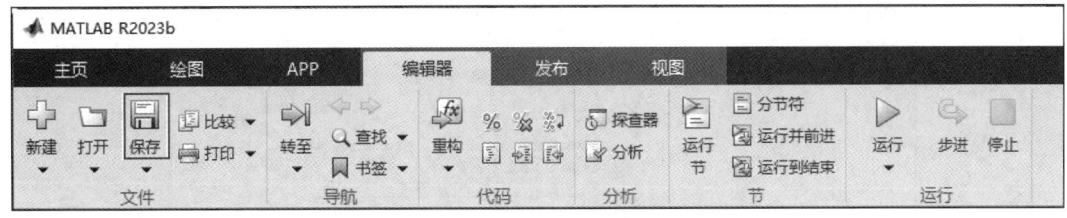

图 1-10 保存文件

步骤 5 打开"选择要另存的文件"对话框，在"文件名"编辑框中输入文件名称"project1_1.m"，然后单击"保存"按钮（见图 1-11），回到 MATLAB 的工作界面。

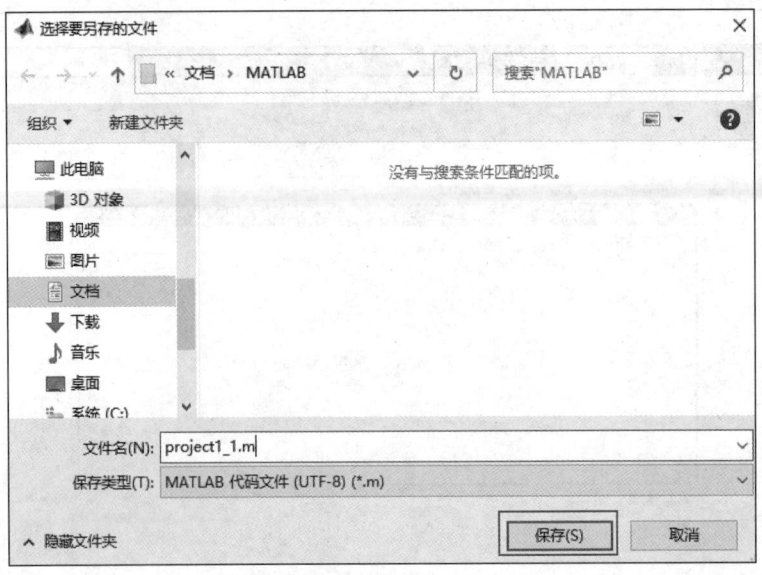

图1-11 "选择要另存的文件"对话框

指点迷津

MATLAB 的文件名必须以字母开头，并且只能包含字母、数字或下画线。

步骤6 单击"编辑器"选项卡"运行"组中的"运行"按钮，运行程序，显示绘制的曲线，程序中所用变量的名称和值显示在工作区中，如图1-12所示。

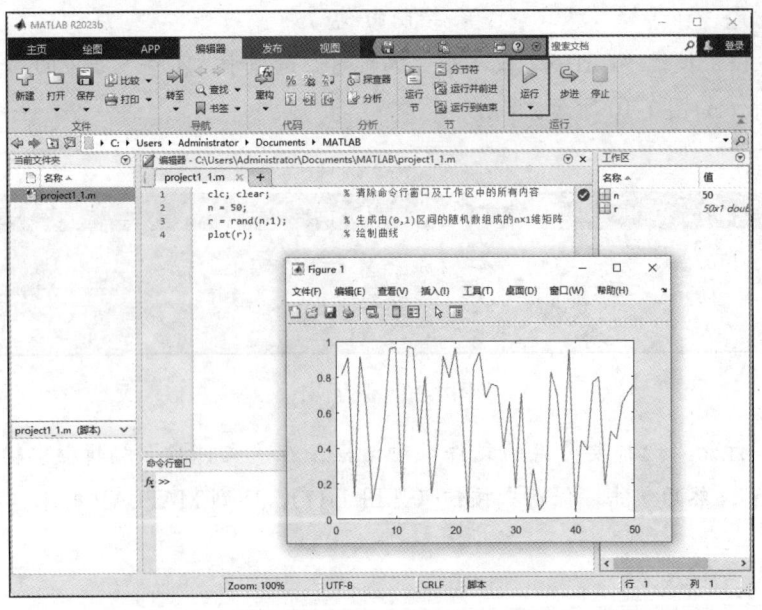

图1-12 程序运行结果

项目 1 使用数字图像处理开发工具

> **高手点拨**
>
> 在 MATLAB 的工作界面中,单击"主页"选项卡"文件"组中的"新建实时脚本"按钮,可打开实时脚本编辑器。用户可在实时脚本编辑器中整合代码、公式、解释性文本和绘图,保存程序的运行结果。这种集成化的环境极大地提高了编程和分析的效率,使得用户可以更加直观地浏览和分析问题。

3. 调试程序

为帮助用户有效分析和定位程序中存在的错误,确保程序按照预期结果正确运行,MATLAB 提供了便利的调试功能。下面介绍通过设置断点的方式调试程序的方法。

步骤 1 启动 MATLAB,双击当前目录文件列表中的"project1_1.m",打开该文件。单击程序第 3 行的行号,在该行号处会出现一个红色标记(见图 1-13),说明在第 3 行设置断点成功。在程序中设置断点后,程序执行到断点处会暂停运行。

图 1-13 设置断点

步骤 2 单击"编辑器"选项卡"运行"组中的"运行"按钮(调试程序过程中,"运行"按钮会变为"继续"按钮),运行调试程序。可见,程序在第 3 行处暂停运行,并使用绿色箭头对暂停的行进行了标记。此时,工作区中只显示已运行的变量 n 的值,如图 1-14 所示。

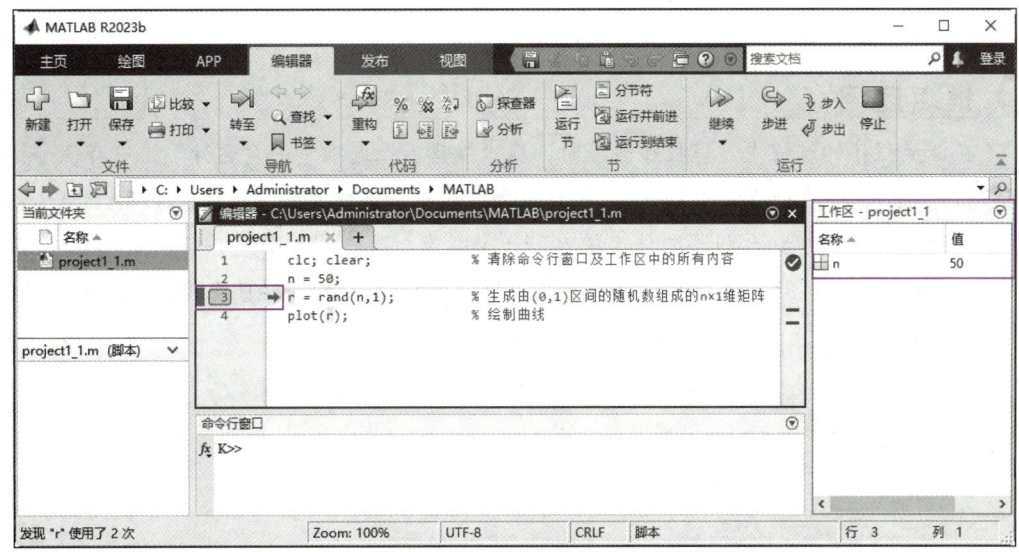

图 1-14 程序暂停运行

指点迷津

在调试程序的过程中，当程序暂停时，可以通过将光标放到变量上或在命令行窗口中键入变量名称来查看变量的值。

步骤3　单击"编辑器"选项卡"运行"组中的"步进"按钮，运行当前行代码（"步进"按钮只运行当前行代码，在下一行暂停），工作区中更新变量 r 的值，如图1-15所示。

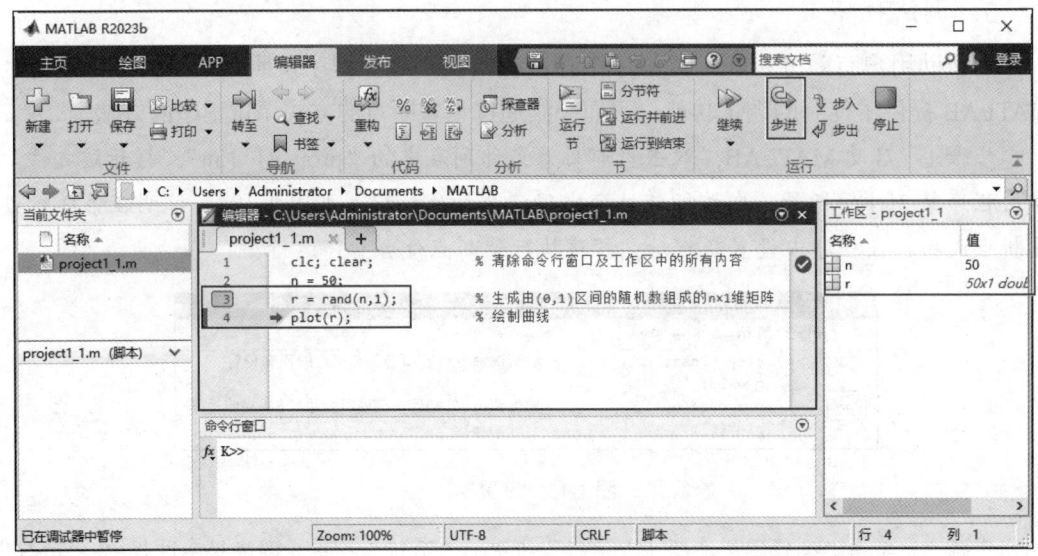

图1-15　程序继续运行

步骤4　单击"编辑器"选项卡"运行"组中的"继续"按钮，继续运行脚本文件，直至结束。

指点迷津

在调试程序的过程中，当程序暂停时，在"编辑器"选项卡的"运行"组中有3个控制按钮："继续""步进"和"停止"。它们的含义如下：单击"继续"按钮，MATLAB会继续运行脚本文件，直至到达文件末尾或下一个断点；单击"步进"按钮，MATLAB会运行当前行代码，然后在下一行暂停；单击"停止"按钮，MATLAB会停止程序的调试。

项目实训

1. 实训目的

（1）掌握使用 MATLAB 命令行窗口编辑和运行程序的方法。

（2）掌握使用 MATLAB 编辑器编辑、运行和调试程序的方法。

（3）掌握查看 MATLAB 工作区中的变量和变量值的方法。

2. 实训内容

（1）在 MATLAB 命令行窗口中编辑代码并运行。

① 在 MATLAB 命令行窗口中依次输入并运行以下代码。

```
>> a = 4; b = 1; c = 7;        % 定义变量
>> b = a * c;
>> c = b - a;
>> a + b + c                   % 得到最终结果，存储在变量 ans 中
>> a, b, c, ans                % 打印变量值
```

② 观察并记录代码运行过程中，工作区内变量的值及其变化情况。

（2）使用 MATLAB 编辑器编写脚本文件并运行。

① 新建 MATLAB 脚本文件，并将其命名为"practice1_1.m"。

② 在编辑器中输入以下代码并运行，记录变量值的变化。

```
clc; clear;                    % 清除命令行窗口及工作区中的所有内容
r = rand(3);                   % 随机生成 3×3 的矩阵
a = r(1,2) + r(3,1);
r(1,2) = 9;                    % 修改矩阵在第 1 行第 2 列的元素值
r(3,1) = 9;                    % 修改矩阵在第 3 行第 1 列的元素值
a = r(1,2) + r(3,1);
```

3. 实训小结

按要求完成实训内容，并将实训过程中遇到的问题和解决办法记录在表 1-2 中。

表 1-2　实训过程

序号	主要问题	解决办法

项目总结

完成本项目的学习与实践后，请总结应掌握的重点内容，并将图 1-16 的空白处填写完整。

```
使用数字图像处理开发工具
├── 数字图像处理的相关概念
│   ├── 图像与数字图像
│   │   图像是用来传达视觉信息的一种载体，是自然景物的客观反映，是人类认识世界的重要源泉。根据信息记录方式的不同，图像可以分为（    ）和（    ）
│   │   数字图像是指在二维空间中用有限数值表示的图像，按照其像素值取值方式的不同，可分为二值图像、（    ）、彩色图像和（    ）等
│   └── 数字图像处理
│       数字图像处理是指使用计算机对数字图像进行去除噪声、增强、复原、分割、提取特征等处理的方法和技术。数字图像处理的目的主要有（    ）、获取图像中物体的特征、提高图像传输和存储效率
├── 数字图像处理的相关学科
│   ├── 计算机视觉
│   ├── 计算机图形学
│   └── 模式识别
├── 数字图像处理的研究内容
│   ├── 图像变换
│   ├── 图像编码与压缩
│   ├── 图像增强
│   ├── 图像复原
│   └── 图像分割
├── 数字图像处理的应用领域
│   ├── 医学领域
│   ├── 遥感领域
│   ├── 工业生产领域
│   └── 军事和公安领域
└── 数字图像处理开发工具 MATLAB
    ├── 什么是 MATLAB
    └── MATLAB 的常用命令
        ├── help
        ├── doc
        ├── who/whos
        ├── clear
        └── clc
```

图 1-16　项目总结

项目考核

1. 选择题

（1）下列选项中，不属于数字图像的是（　　）。

    A．用手机拍摄并存储在内存卡中的照片

    B．使用 Adobe Photoshop 软件绘制并保存的图片

    C．CT 扫描仪生成的电子医学影像

    D．显微镜下观察到的细胞样本

（2）下列数字图像中，具有丰富色彩信息的是（　　）。

    A．黑白图像   B．RGB 图像

    C．二值图像   D．灰度图像

（3）数字图像处理的目的不包含（　　）。

    A．提取图像中物体的特征 B．提高图像传输和存储效率

    C．使用计算机模拟人类视觉 D．提高图像质量

（4）图像的（　　）变换使用图像的频率特性对图像进行处理。

    A．时域   B．空域

    C．频域   D．值域

（5）下列选项中，符合 MATLAB 文件命名规范的是（　　）。

    A．test1_1.m   B．1Test.m

    C．test1-1.m   D．-test1.m

2. 判断题

（1）RGB 图像中绿色像素的像素值为（0, 255, 0）。（　　）

（2）图像增强是沿图像退化的逆过程改善图像质量的技术。（　　）

（3）在 MATLAB 中，末尾带有分号的语句会在命令行窗口中显示运行结果。（　　）

3. 简答题

（1）简述模拟图像与数字图像的区别。

（2）数字图像处理的研究内容主要有哪些？

（3）请列举 4 个数字图像处理的应用领域。

项目评价

结合本项目的学习情况，完成项目评价并将评价结果填入表 1-3 中。

表 1-3　项目评价

评价项目	评价内容	评价分数			
		分值	自评	互评	师评
项目完成度评价（20%）	项目准备阶段，回答问题是否清晰准确，能够紧扣主题，没有明显错误	5 分			
	项目实施阶段，是否能够根据操作步骤完成本项目	5 分			
	项目实训阶段，是否能够出色完成实训内容	5 分			
	项目总结阶段，是否能够正确地将项目总结的空白信息补充完整	2 分			
	项目考核阶段，是否能够正确地完成考核题目	3 分			
知识评价（30%）	是否理解图像、数字图像和数字图像处理的基本概念	6 分			
	是否理解数字图像处理与相关学科之间的关系	9 分			
	是否了解数字图像处理的研究内容与应用领域	10 分			
	是否了解数字图像处理开发工具 MATLAB 及其常用命令	5 分			
技能评价（30%）	是否能够使用 MATLAB 命令行窗口和编辑器独立编写、运行程序	15 分			
	是否能够使用 MATLAB 的调试功能调试程序	15 分			
素养评价（20%）	是否遵守课堂纪律，上课精神是否饱满	5 分			
	是否具有自主学习意识，做好课前准备	5 分			
	是否善于思考，积极参与，勇于提出问题	5 分			
	是否具有团队合作精神，出色完成小组任务	5 分			
合计	综合分数_____自评（25%）+互评（25%）+师评（50%）	100 分			
	综合等级_____	指导老师签字_____			
综合评价（创新、进步及不足）					

项目 2

夯实数字图像处理基础

项目目标

知识目标

- 了解图像数字化的关键环节。
- 了解图像的表示方法与图像文件的常见格式。
- 掌握使用 MATLAB 对图像进行读取、保存、显示等操作的方法。
- 掌握使用 MATLAB 进行图像类型转换的方法。
- 掌握使用 MATLAB 对图像进行加法、减法、乘法、除法等算术运算的方法。
- 掌握使用 MATLAB 对图像进行逻辑运算的方法。
- 理解图像灰度直方图的概念和性质。
- 掌握使用 MATLAB 绘制灰度直方图的方法。

技能目标

- 能够使用 MATLAB 对图像进行基本处理。
- 能够使用基本的像素运算为图像添加滤镜效果。

素养目标

- 培养探索精神，激发学习兴趣，提高创新能力。
- 增强遵守规则的意识，养成良好的学习和工作习惯。

项目描述

小旌最近下载了一款修图 App，这款 App 提供了多种滤镜。通过使用滤镜功能，小旌能够轻松地为自己拍摄的照片添加滤镜。滤镜作为数字图像处理的一种常见技术，通过改变图像的亮度、对比度、色彩等属性，能够为图像创造出各种独特的视觉效果。

通过查阅资料，小旌发现对图像进行减法运算和除法运算即可为图像添加素描滤镜效果。于是，他开始尝试对图像"Goldhill.tif"（见本书配套素材"project2/image/Goldhill.tif"）进行处理，并为其添加素描滤镜效果。

小旌了解到，为图像"Goldhill.tif"添加素描滤镜效果时，还需要一幅模糊图像，于是他又准备了模糊图像"Goldhill_blur.tif"（见本书配套素材"project2/image/Goldhill_blur.tif"）。对该模糊图像进行处理，得到模糊图像的反色图像，再利用反色图像对图像"Goldhill.tif"进行处理，即可得到该图像的素描滤镜效果图像。

项目分析

按照项目要求，为图像添加素描滤镜效果的具体步骤分解如下。

第 1 步：读取图像。使用 imread() 函数读取图像文件"Goldhill.tif"和"Goldhill_blur.tif"，并使用 imshow() 函数显示两幅图像。

第 2 步：获取模糊反色图像。创建与图像"Goldhill.tif"大小相同的数值矩阵，并将该数值矩阵的数据类型转换为 uint8，然后使用 imsubtract() 函数将数值矩阵与模糊图像相减，得到模糊图像的反色图像。

第 3 步：添加滤镜。将图像"Goldhill.tif"和模糊反色图像的数据类型均转换为 double，然后使用 imdivide() 函数将图像"Goldhill.tif"与模糊反色图像相除，得到图像"Goldhill.tif"的素描滤镜效果图像，并将其保存到"output"文件夹中，文件名为"Goldhill_sketch.tif"。

为更好地实现图像滤镜效果的添加，本项目将对相关知识进行介绍，包括图像数字化，图像的表示，图像的文件格式，使用 MATLAB 读取、保存、显示图像和转换图像类型，图像的像素运算，以及图像的灰度直方图。

项目准备

全班学生以 3~5 人为一组进行分组，各组选出组长，组长组织组员扫码观看"人眼的视觉感知现象"视频，讨论并回答下列问题。

项目 2　夯实数字图像处理基础

问题 1：什么是马赫带效应？

问题 2：请列举两个视觉错觉的例子。

人眼的视觉感知现象

2.1　数字图像基础

2.1.1　图像数字化

图像数字化是指将连续的模拟图像转换为计算机可以存储和处理的离散数字图像的过程，主要包括采样和量化两个关键环节。

1. 采样

采样是将空间上连续的模拟图像转换为一个离散的像素集合的过程。经过采样操作，模拟图像被划分为由多个像素组成的网格，网格中像素中心点之间的距离称为采样间隔，采样间隔在 x、y 两个方向上分别用 Δx、Δy 表示，如图 2-1 所示。

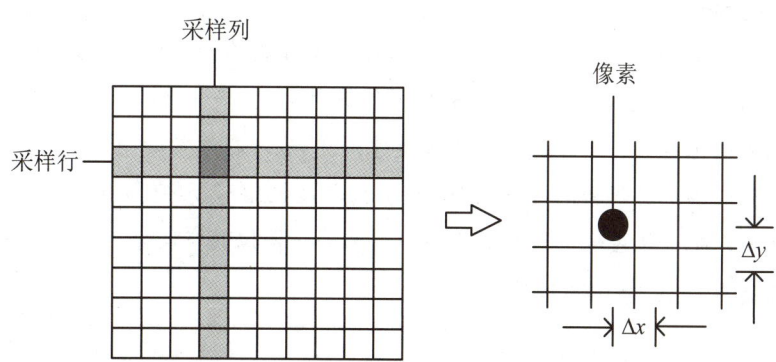

图 2-1　采样

采样间隔决定了数字图像的质量。对于同一幅图像，采样间隔越小，所得到的像素数量越多，空间分辨率越高，图像质量越好，图像文件越大；反之，采样间隔越大，所得到的像素数量越少，空间分辨率越低，图像质量越差，图像文件越小。例如，一幅空间分辨率为 256×256 的图像，经过间隔分别为 2、4、8、16 和 32 的采样操作后，得到的采样图像的空间分辨率分别为128×128、64×64、32×32、16×16和8×8，如图2-2所示。可见，随着采样间隔不断增大，图像的空间分辨率不断降低，图像中所能包含的信息量不断减少，逐渐无法准确地描绘物体。

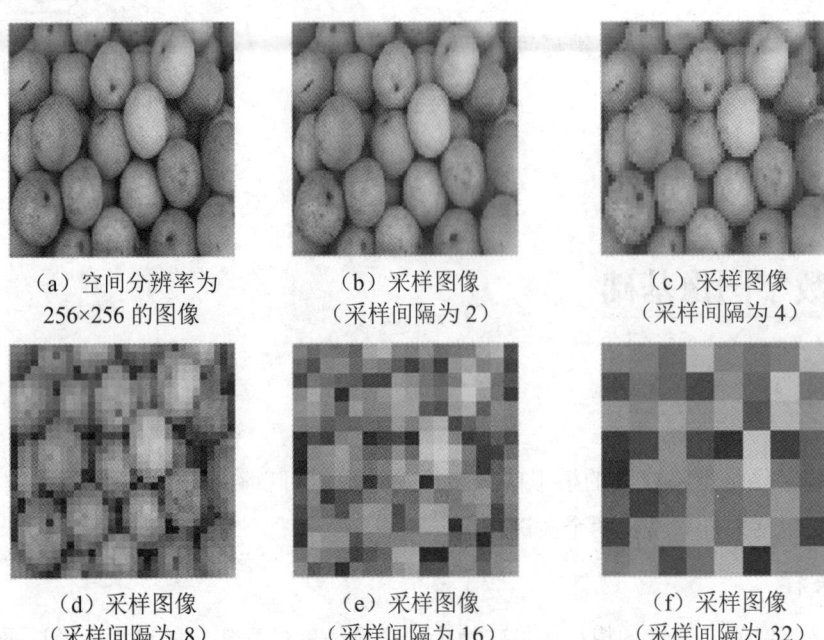

（a）空间分辨率为256×256的图像　　（b）采样图像（采样间隔为2）　　（c）采样图像（采样间隔为4）

（d）采样图像（采样间隔为8）　　（e）采样图像（采样间隔为16）　　（f）采样图像（采样间隔为32）

图2-2　采样间隔与图像质量的关系

指点迷津

图像的空间分辨率是图像数字化中反映传感器性能的一个重要参数，它描述的是图像中最小可辨别细节的尺寸，主要由采样间隔值所决定。一种常用的空间分辨率的定义是单位距离内的像素数，其单位为像素每英寸，即ppi。在通常的图像处理任务中，一般不会涉及图像的实际分辨率的度量细节，故当简单地把矩形数字化仪的尺寸看作"单位距离"时，就可以把一幅图像的阵列大小 $M \times N$ 称为该图像的空间分辨率。其中，M 表示图像的像素行数，N 表示图像的像素列数。

2. 量化

经采样后的图像在空间上虽然是离散的像素，但其灰度值仍然是连续的，此时的图像需要经过量化才能被计算机处理。量化是将像素中连续的数值转换为一个离散的整数的过程。如果对每个像素都使用 G 个整数值中的一个来赋值，则称 G 为图像的**量化级数**或**幅度分辨率**。其中，G 表示图像所能表现的最大颜色数量，其取值通常为2的整数次幂，用 $G = 2^k$ 来表示。例如，对于一幅灰度图像来说，若其像素值的取值范围为0～255，则其量化级数为256。在灰度图像中，量化级数也被称为灰度级数。

量化级数同样决定着数字图像的质量。对于同一幅图像，量化级数越高，图像所能包含的颜色数量越多，图像质量越好；反之，量化级数越低，图像所能包含的颜色数量越少，图像质量越差。例如，一幅灰度级数为 256 的图像，经过量化级数分别为 64、32、16、4 和 2 的量化操作后，得到的量化图像如图 2-3 所示。可见，随着量化级数逐渐降低，图像逐渐丢失了更多的颜色信息。当量化级数为 2 时，图像转换为二值图像。

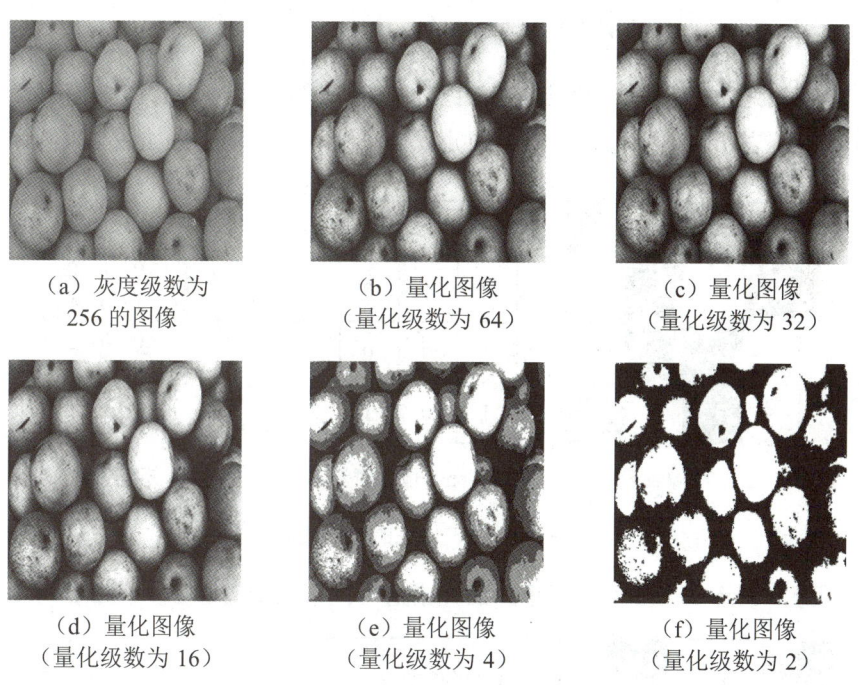

（a）灰度级数为 256 的图像　　（b）量化图像（量化级数为 64）　　（c）量化图像（量化级数为 32）

（d）量化图像（量化级数为 16）　　（e）量化图像（量化级数为 4）　　（f）量化图像（量化级数为 2）

图 2-3　量化级数与图像质量的关系

高手点拨

> 存储一幅图像所需的数据量通常由图像的空间分辨率和幅度分辨率共同决定。假设一幅图像的空间分辨率为 $M \times N$，幅度分辨率为 $G = 2^k$，则存储该图像所需的二进制位数为 $M \times N \times k$ 比特（bit）。其中，k 表示存储像素的颜色所需的位数。

2.1.2　图像的表示

一幅图像可以被定义为一个二元函数 $f(x, y)$。其中，(x, y) 表示二维空间的坐标；$f(x, y)$ 表示图像在空间坐标 (x, y) 处的幅值，反映了光的辐射能量。当一幅图像的坐标 x、y 和幅值 f 均为连续数值时，该图像为模拟图像。模拟图像经过采样和量化处理后，即可转换为计算机可以接受的数字图像。为了便于描述，本书仍使用 $f(x, y)$ 表示数字图像。

此时，(x,y) 表示图像像素的离散空间坐标，$f(x,y)$ 表示图像的像素值。设 $x \in [1, M]$，$y \in [1, N]$，则一幅数字图像 $f(x,y)$ 可表示为一个 $M \times N$ 的二维矩阵

$$\begin{pmatrix} f(1,1) & \cdots & f(1,c) & \cdots & f(1,N) \\ \vdots & \ddots & \vdots & \ddots & \vdots \\ f(r,1) & \cdots & f(r,c) & \cdots & f(r,N) \\ \vdots & \ddots & \vdots & \ddots & \vdots \\ f(M,1) & \cdots & f(M,c) & \cdots & f(M,N) \end{pmatrix}$$

矩阵中的每个元素对应图像中相应位置的像素，矩阵的元素值为图像中相应位置的像素值。当使用矩阵表示二值图像时，矩阵的元素值只有 0 和 1 两种，如图 2-4 所示。

（a）图像表示

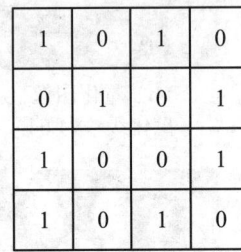
（b）像素表示

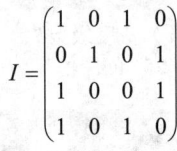
（c）矩阵表示

图 2-4　二值图像的矩阵表示

当使用矩阵表示灰度图像时，矩阵的元素值为像素的灰度值，如图 2-5 所示。

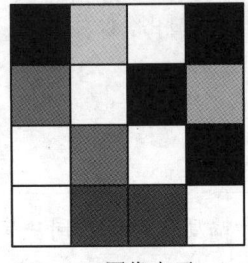
（a）图像表示

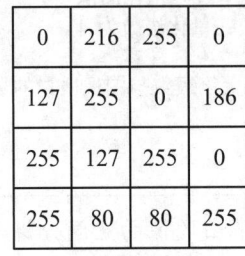
（b）像素表示

（c）矩阵表示

图 2-5　灰度图像的矩阵表示

RGB 图像的像素值为 3 个色彩通道的值所构成的三元组，因此需要使用 3 个维度相同的矩阵来表示，这 3 个矩阵分别表示 RGB 图像 3 个色彩通道的值，如图 2-6 所示。

为了准确描述数字图像中像素的位置（坐标），MATLAB 图像处理工具箱引入了两种不同的坐标系，分别是像素索引坐标系和空间坐标系，如图 2-7 所示（图中的点代表像素的中心）。

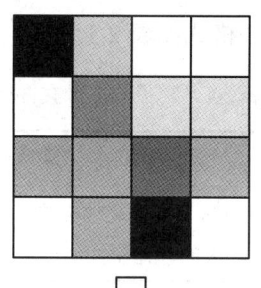

图 2-6 中的 RGB 图像

$$R = \begin{pmatrix} 0 & 251 & 255 & 255 \\ 255 & 217 & 255 & 255 \\ 191 & 191 & 120 & 146 \\ 255 & 255 & 0 & 255 \end{pmatrix} \quad G = \begin{pmatrix} 0 & 215 & 255 & 255 \\ 255 & 149 & 255 & 255 \\ 191 & 191 & 148 & 205 \\ 255 & 192 & 0 & 255 \end{pmatrix} \quad B = \begin{pmatrix} 0 & 187 & 255 & 255 \\ 255 & 143 & 0 & 0 \\ 191 & 191 & 64 & 220 \\ 255 & 0 & 0 & 255 \end{pmatrix}$$

图 2-6　RGB 图像的矩阵表示

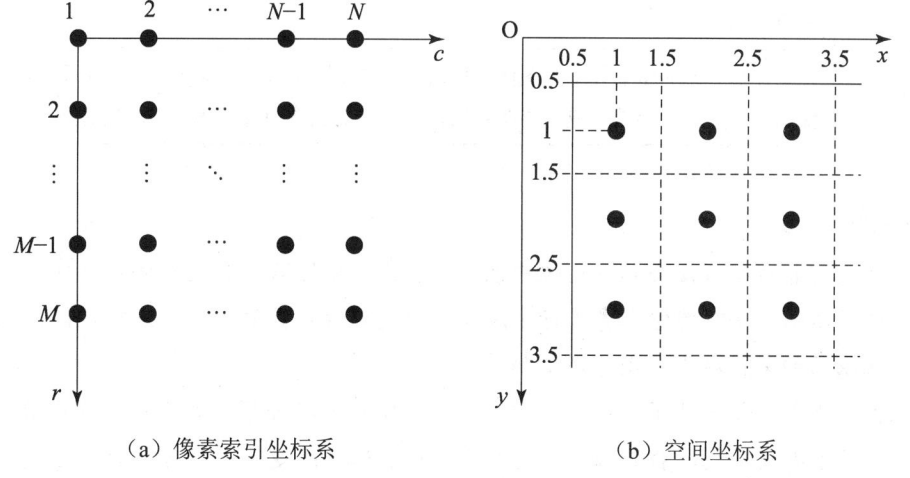

（a）像素索引坐标系　　　　　　　（b）空间坐标系

图 2-7　MATLAB 中数字图像的坐标表示

当图像在屏幕上显示时，通常采用像素索引坐标系。像素索引坐标系以图像左上角像素的中心为坐标原点 $(1,1)$，沿垂直向下方向距离原点的单位距离数为行坐标，沿水平向右方向距离原点的单位距离数为列坐标。当对图像进行数学运算时，通常采用空间坐标系。空间坐标系的坐标原点位于左上角，水平向右方向为 x 轴正方向，垂直向下方向为 y 轴正方向，图像的左上角位于坐标 $(0.5, 0.5)$ 处，图像的像素坐标 (x, y) 中的 x 和 y 分别表示图像的列索引和行索引，与像素索引坐标系正好相反。

2.1.3　图像的文件格式

图像的文件格式是计算机中组织和存储图像数据的标准方法，定义了图像数据的排列

方式和压缩类型。常见的图像文件格式如表 2-1 所示。

表 2-1 常见的图像文件格式

图像格式	说明
BMP	Windows 操作系统中的标准图像文件格式，文件扩展名为".bmp"。它不对图像进行任何压缩，因此会占用较大的存储空间
JPEG	由联合图像专家组制定，其文件扩展名为".jpg"或".jpeg"。它是一种有损压缩技术，允许使用不同的压缩比例对文件进行压缩，可以保留丰富的颜色信息，被广泛应用于互联网和数码相机中
GIF	一种基于无损压缩技术的图像文件格式，最多支持 256 种颜色，文件扩展名为".gif"。它可以在一个文件中保存多个图像数据，从而形成动画，因此常用于简单动图的制作
TIFF	一种灵活且复杂的文件格式，文件扩展名为".tif"或".tiff"。它既支持有损压缩技术，也支持无损压缩技术，能保留原有图像的颜色及层次，但需要较大的存储空间，常用于出版印刷等行业
PNG	一种基于无损压缩技术的图像文件格式，文件扩展名为".png"。它能够保留丰富的图像细节，并支持半透明或全透明效果，所存储的图像质量比 JPEG 格式更高

指点迷津

图像的有损压缩方法会损失图像中的部分信息，压缩后的数据无法完全恢复成原始数据。这种压缩方法对图像本身进行了改变，通过删除不重要的信息来降低图像文件的大小。压缩后的文件越小，图像质量越差。

图像的无损压缩方法不会损失图像信息，压缩后的数据可以完全恢复成原始数据。这种压缩方法对文件的数据存储方式进行了优化，通过改变重复数据的存储方式来降低图像文件的大小。图像质量不受压缩后文件大小的影响。

2.2 MATLAB 数字图像处理基础

2.2.1 图像的读取与保存

1. 图像的读取

MATLAB 使用 imread() 函数将指定的图像文件读入工作区，其一般格式如下。

```
imread(filename,fmt)
```

其中，filename 表示指定的图像文件名称；fmt 为可选参数，表示指定的图像文件格式。如果指定的图像文件为多图像文件（如 GIF 格式），则函数默认读取该文件中的第一个图像。

对于除索引图像以外的图像类型，imread()函数的返回值是一个图像数据矩阵；对于索引图像，imread()函数的返回值包含一个图像数据矩阵和一个颜色索引矩阵。

2. 图像的保存

MATLAB 使用 imwrite()函数将指定的图像数据保存到文件中，其一般格式如下。

```
imwrite(I,filename,fmt)
```

其中，I 表示需要保存的图像数据矩阵；filename 表示保存图像的文件名称；fmt 为可选参数，表示保存图像的文件格式，当指定 fmt 时，文件的格式以 fmt 为准。

对于索引图像，imwrite()函数还需要将颜色索引矩阵保存到文件中，其格式如下。

```
imwrite(X,cmap,filename,fmt)
```

其中，X 表示需要保存的索引图像数据矩阵；cmap 表示与图像关联的颜色索引矩阵。

【例 2-1】 读取 MATLAB 图像处理工具箱中的图像文件"pout.tif"，查看该图像的变量信息，并将图像数据保存到"pout.bmp"文件中。

【参考代码】

```
clc; clear;                  % 清除命令行窗口及工作区中的所有内容
I = imread('pout.tif');      % 读取图像
whos I                       % 查看图像的变量信息
imwrite(I,'pout.bmp');       % 将图像数据保存到"pout.bmp"文件中
```

【运行结果】 程序运行结果如图 2-8 所示。可见，该图像的变量名称为 I，空间分辨率（或大小）为 291×240，在计算机中所占用的字节数为 69 840，数据类型为 uint8。程序运行完成后，该图像的数据会被保存到"pout.bmp"文件中。

Name	Size	Bytes	Class	Attributes
I	291x240	69840	uint8	

图 2-8　例 2-1 程序运行结果

指点迷津

MATLAB 支持多种数据类型，包括 double 类型、single 类型、uint8 类型等。其中，double 类型用于存储双精度浮点数；single 类型用于存储单精度浮点数；uint8 类型用于存储 8 位无符号整数。默认情况下，普通变量的数据类型为 double，imread()函数所读取的图像变量的数据类型为 uint8。

由于图像处理所用到的很多函数并不支持 double 以外的数据类型。因此，在处理图像数据时，往往需要进行数据类型的转换。常见的图像数据类型的转换函数包括 im2double()

函数和 im2uint8()函数等。其中，im2double()函数用于将图像的数据类型转换为 double；im2uint8()函数用于将图像的数据类型转换为 uint8。

2.2.2 图像的显示

MATLAB 使用 imshow()函数显示图像，该函数有以下 3 种常用格式。

（1）显示存储在数据矩阵中的二值图像、灰度图像或彩色图像。

```
imshow(I,[low high])
```

其中，I 表示图像数据矩阵；[low high]为可选参数，表示灰度图像的显示范围，像素值小于或等于 low 的像素显示为黑色，像素值大于或等于 high 的像素显示为白色，像素值介于 low 和 high 之间的像素按比例显示为不同深度的灰色。

（2）显示存储在数据矩阵中的索引图像。

```
imshow(X,cmap)
```

其中，X 表示图像数据矩阵；cmap 表示与图像关联的颜色索引矩阵。

（3）显示存储在指定文件中的图像。

```
imshow(filename)
```

其中，filename 为指定的图像文件名称。

【例 2-2】 读取 MATLAB 图像处理工具箱中的 RGB 图像文件 "peppers.png"，分别显示其红色、绿色和蓝色分量。

RGB 图像 "peppers.png"

【参考代码】

```
clc; clear;
RGB = imread('peppers.png');      % 读取图像
R = RGB(:,:,1);                   % 提取图像的红色分量
G = RGB(:,:,2);                   % 提取图像的绿色分量
B = RGB(:,:,3);                   % 提取图像的蓝色分量
% 显示图像
subplot(2,2,1);                   % 在第 1 行第 1 列创建第 1 个子图
imshow(RGB);                      % 显示原图像
title('原图像');                   % 为第 1 个子图添加标题
subplot(2,2,2);                   % 在第 1 行第 2 列创建第 2 个子图
imshow(R);                        % 显示红色分量图像
title('红色分量图像');              % 为第 2 个子图添加标题
subplot(2,2,3);                   % 在第 2 行第 1 列创建第 3 个子图
imshow(G);                        % 显示绿色分量图像
```

```
title('绿色分量图像');            % 为第 3 个子图添加标题
subplot(2,2,4);                   % 在第 2 行第 2 列创建第 4 个子图
imshow(B);                        % 显示蓝色分量图像
title('蓝色分量图像');            % 为第 4 个子图添加标题
```

【运行结果】 程序运行结果如图 2-9 所示。

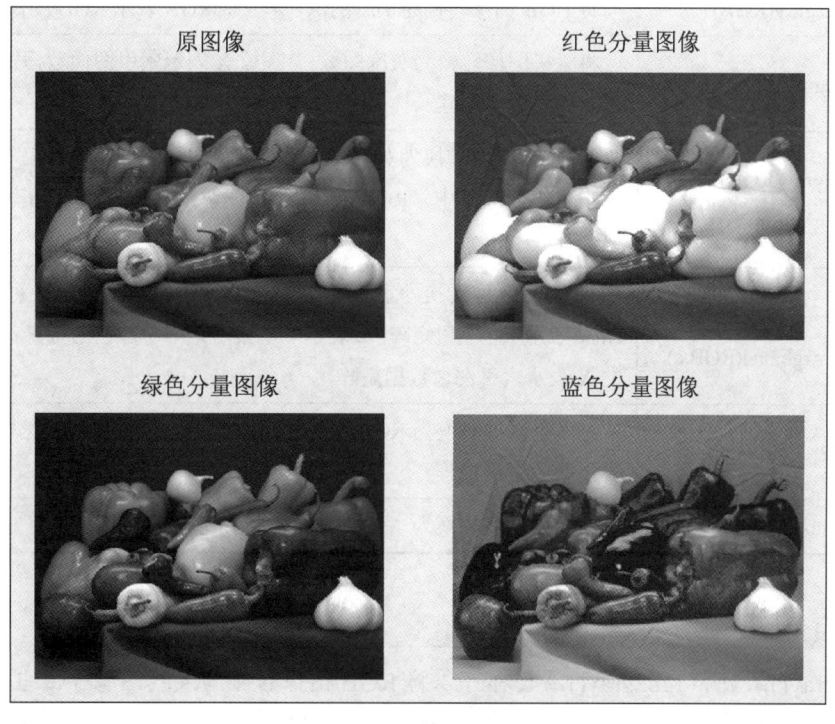

图 2-9 例 2-2 程序运行结果

【程序说明】 ① subplot(m,n,p)函数用于创建包含多个子图的图像窗口，该函数将当前显示图像的窗口划分为 m 行 n 列的网格，并将图像绘制位置设置为指定的第 p 个位置。MATLAB 按行号对子图位置进行编号，第一个子图是第 1 行的第 1 列，第二个子图是第 1 行的第 2 列，依此类推。例如，subplot(2,3,5)表示将窗口划分为 2 行 3 列的网格，并将子图绘制在第 5 个位置，即第 2 行第 2 列；② title()函数可为图像添加标题，通常用于 imshow()函数之后。

2.2.3 图像类型的转换

MATLAB 提供了一系列图像类型的转换函数，用于灰度图像、二值图像、RGB 图像和索引图像之间的转换，如表 2-2 所示。

表 2-2　图像类型的转换函数

函数	说明
gray2ind(I,c)	将灰度图像或二值图像转换为索引图像。其中，I 表示图像数据矩阵；c 表示颜色索引矩阵中颜色的数量
im2gray(RGB)	将 RGB 图像转换为灰度图像。其中，RGB 表示 RGB 图像数据矩阵
ind2gray(X,cmap)	将索引图像转换为灰度图像。其中，X 表示索引图像数据矩阵；cmap 表示颜色索引矩阵
rgb2gray(RGB)或 rgb2gray(cmap)	将 RGB 图像转换为灰度图像或将索引图像的颜色索引矩阵转换为灰度索引矩阵。其中，RGB 表示 RGB 图像数据矩阵；cmap 表示颜色索引矩阵
X = rgb2ind(RGB,cmap)或 [X,cmap] = rgb2ind(RGB,c)	将 RGB 图像转换为索引图像。其中，RGB 表示 RGB 图像数据矩阵；cmap 表示颜色索引矩阵；c 表示颜色索引矩阵中颜色的数量；返回值中的 X 表示索引图像数据矩阵
ind2rgb(X,cmap)	将索引图像转换为 RGB 图像。其中，X 表示索引图像数据矩阵；cmap 表示颜色索引矩阵
imbinarize(I)	将灰度图像转换为二值图像。其中，I 表示灰度图像数据矩阵

指点迷津

　　im2gray()函数和 rgb2gray()函数都可以将 RGB 图像转换为灰度图像，但当函数的输入是灰度图像或颜色索引矩阵时，二者的用法有所不同。im2gray()函数的输入可以是灰度图像，但不接受颜色索引矩阵作为输入；rgb2gray()函数在输入灰度图像时会产生错误信息，但可以将颜色索引矩阵作为输入。

【例 2-3】　读取 MATLAB 图像处理工具箱中的灰度图像文件"circuit.tif"，将其转换为二值图像，然后显示该灰度图像和转换后的二值图像。

【参考代码】

```
clc; clear;                          % 清除命令行窗口及工作区中的所有内容
I = imread('circuit.tif');           % 读取灰度图像
J = imbinarize(I);                   % 将灰度图像转换为二值图像
% 显示图像
subplot(1,2,1);imshow(I);title('灰度图像');
subplot(1,2,2);imshow(J);title('二值图像');
```

【运行结果】　程序运行结果如图 2-10 所示。

项目 2　夯实数字图像处理基础

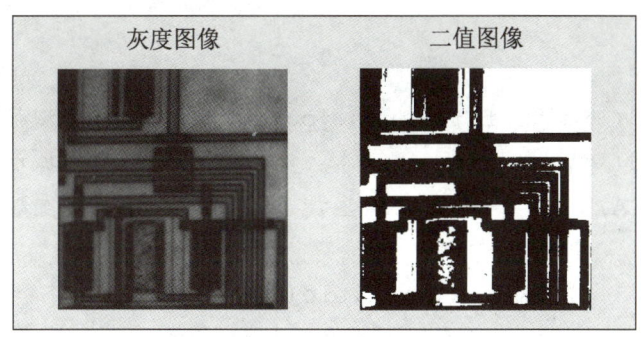

图 2-10　例 2-3 程序运行结果

2.3　图像的像素运算

图像的像素运算是指对两幅或多幅图像对应位置处的像素值进行特定运算，从而得到一幅新图像的过程。图像的像素运算通常包括算术运算和逻辑运算。

2.3.1　算术运算

图像的算术运算包含加法运算、减法运算、乘法运算和除法运算。在进行算术运算时，要求参与运算的两幅图像的矩阵大小、数据类型和通道数完全相同。

1. 加法运算

对两幅图像进行加法运算，就是将两幅图像的内容进行叠加。在 MATLAB 中，imadd() 函数可实现图像的加法运算，其一般格式如下。

```
imadd(X,Y)
```

其中，X 和 Y 表示两幅图像对应的数据矩阵。对于相加后超出取值范围的数据，imadd() 函数会将其自动截断为取值范围的最大值。

图像的加法运算是实现图像叠加、图像合成等技术的基础。通过在两幅或多幅图像之间进行加法运算，不同的图像元素可以呈现在同一个画面之中，从而增强图像的视觉效果。

【例 2-4】　读取本书配套素材"project2/image"文件夹中的图像文件"fireworks.jpg"和"city.png"，将两幅图像进行叠加，然后显示两幅图像和叠加后的图像。

> 指点迷津
>
> 开始编写程序前，须将本书配套素材"fireworks.jpg"和"city.png"文件复制到当前工作目录的"image"文件夹中，也可将其放于其他盘，如果放于其他盘，读取图像文件时要指定相应路径。
>
> 本书其他例题中如果需要从配套素材中读取图像文件，也需要进行类似的操作。

【参考代码】
```
clc; clear;
A = imread('image/fireworks.jpg');     % 读取烟花图像
B = imread('image/city.png');          % 读取城市图像
C = imadd(A,B);                        % 图像叠加
% 显示图像
subplot(1,3,1);imshow(A);title('烟花图像');
subplot(1,3,2);imshow(B);title('城市图像');
subplot(1,3,3);imshow(C);title('叠加后的图像');
```

【运行结果】 程序运行结果如图 2-11 所示。

图 2-11　例 2-4 程序运行结果

图像加法运算的另一个重要应用是减少或去除图像采集中混入的噪声。在图像的采集过程中，由于传感器自身限制或环境等因素的影响，常会有一些干扰或噪声混入到采集的图像中。在很多情况下，实际采集到的有噪图像可以看作是由原始图像和噪声图像叠加而成的图像。如果在同一场景下采集了多幅有噪图像，并且图像中的噪声具有随机性和独立性，那么通过对这些图像取平均值，就可以降低噪声对图像的影响。在这一过程中，参与计算的有噪图像数量越多，去除噪声的效果越好。

【例 2-5】 本书配套素材"project2/image/noise"文件夹中有 8 幅在同一场景下采集到的有噪图像，这些有噪图像按照其被采集到的顺序进行命名。例如，第一幅有噪图像的文件名为"1.jpg"，第二幅有噪图像的文件名为"2.jpg"，依此类推。分别对前 4 幅有噪图像和全部有噪图像取平均值，然后显示第一幅有噪图像和取平均值后的两幅图像。

【参考代码】
```
clc; clear;
I1 = imread('image/noise/1.jpg');
                        % 读取第一幅有噪图像
[m,n] = size(I1);       % 获取图像大小
J = zeros(m,n);         % 创建与图像大小相同的全零矩阵
% 对前 4 幅有噪图像取平均值
for i = 1:4
```

```
        I = imread("image/noise/"+i+".jpg");
        I = im2double(I);      % 将图像的数据类型转换为 double
        J = imadd(I,J);        % 图像求和
    end
    I2 = mat2gray(J/4);        % 取前 4 幅有噪图像的平均值并将矩阵转换为图像
    % 继续对剩余的 4 幅图像进行处理
    for i = 5:8
        I = imread("image/noise/"+i+".jpg");
        I = im2double(I);
        J = imadd(I,J);
    end
    I3 = mat2gray(J/8);        % 取全部有噪图像的平均值
    % 显示图像
    subplot(1,3,1);imshow(I1);title('第一幅有噪图像');
    subplot(1,3,2);imshow(I2);title('前 4 幅有噪图像的平均效果');
    subplot(1,3,3);imshow(I3);title('8 幅有噪图像的平均效果');
```

【运行结果】 程序运行结果如图 2-12 所示。

图 2-12 例 2-5 程序运行结果

【程序说明】 ① size()函数用于获取图像的大小,其返回值为图像的行数和列数; ② zeros(m,n)函数用于创建一个大小为 $m \times n$ 的全零矩阵; ③ mat2gray()函数用于将矩阵转换为灰度图像。

2. 减法运算

对两幅图像进行减法运算,得到的差值图像表现了二者之间的差异。在 MATLAB 中,imsubtract()函数可实现图像的减法运算,其一般格式如下。

```
imsubtract(X,Y)
```

其中,X 和 Y 表示两幅图像对应的数据矩阵,X 是被减图像。对于相减后为负值的数据,imsubtract()函数会将其舍入为 0。

图像的减法运算常用于消除图像背景或检测物体的运动信息。在进行物体的运动检测时，由于前后两帧图像的背景通常保持相对稳定，通过减法运算得到的差值图像的非零像素区域就可以表示由物体移动引起的差异，从而突显出物体的位置或形状的变化情况。

【例2-6】 读取 MATLAB 图像处理工具箱中的图像文件"rice.png"和本书配套素材"project2/image"文件夹中的背景图像文件"rice_bg.png"，将两幅图像相减，消除图像"rice.png"的背景。

【参考代码】

```
clc; clear;
% 读取图像
I = imread('rice.png');
bg = imread('image/rice_bg.png');
J = imsubtract(I,bg);                    % 图像相减
% 显示图像
subplot(1,3,1);imshow(I);title('原图像');
subplot(1,3,2);imshow(bg);title('背景图像');
subplot(1,3,3);imshow(J);title('消除背景后的图像');
```

【运行结果】 程序运行结果如图2-13所示。

图2-13 例2-6程序运行结果

3．乘法运算

MATLAB 使用 immultiply()函数实现图像的乘法运算，其一般格式如下。

`immultiply(X,Y)`

其中，X 和 Y 表示两幅图像对应的数据矩阵。

图像的乘法运算常用于图像局部信息的提取。使用二值蒙版图像与原图像进行乘法运算，可遮盖图像中不需要的内容，只保留有效信息。

指点迷津

在二值蒙版图像中，像素值为 1 的部分表示需要被提取的感兴趣区域，像素值为 0 的部分表示需要被遮盖掉的区域。

【例 2-7】 读取本书配套素材"project2/image"文件夹中的图像文件"llama.tif"和二值蒙版图像文件"llama_bw.tif",将两幅图像相乘,提取出图像中的动物。

【参考代码】
```
clc; clear;
A = imread('image/llama.tif');         % 读取图像"llama.tif"
B = imread('image/llama_bw.tif');      % 读取二值蒙版图像"llama_bw.tif"
C = immultiply(A,B);                   % 图像相乘
% 显示图像
subplot(1,3,1);imshow(A);title('原图像');
subplot(1,3,2);imshow(B);title('二值蒙版图像');
subplot(1,3,3);imshow(C);title('提取出的动物图像');
```

【运行结果】 程序运行结果如图 2-14 所示。

图 2-14 例 2-7 程序运行结果

4. 除法运算

MATLAB 使用 imdivide() 函数实现图像的除法运算,其一般格式如下。

```
imdivide(X,Y)
```

其中,X 和 Y 表示两幅图像对应的数据矩阵,X 是被除图像。

图像除法运算的一个重要应用是校正因照明或传感器的非均匀性造成的图像明暗变化。在通常情况下,传感器所成图像 $g(x,y)$ 可以看作是原始图像 $f(x,y)$ 与阴影图像 $s(x,y)$ 的乘积,即

$$g(x,y) = f(x,y)s(x,y)$$

如果 $s(x,y)$ 已知或可估计,则可以通过图像的除法运算得到原始图像。

【例 2-8】 读取本书配套素材"project2/image"文件夹中的图像文件"checkerboard_with_shadow.tif"和"shadow.tif",将两幅图像相除,校正图像中的阴影。

【参考代码】
```
clc; clear;
% 读取图像
A = imread('image/checkerboard_with_shadow.tif');
B = imread('image/shadow.tif');
```

```
% 将图像的数据类型转换为 double
A = im2double(A);
B = im2double(B);
C = imdivide(A,B);              % 图像相除
C = im2uint8(C);                % 将图像的数据类型转换回 uint8
% 显示图像
subplot(1,3,1);imshow(A);title('原图像');
subplot(1,3,2);imshow(B);title('阴影图像');
subplot(1,3,3);imshow(C);title('校正阴影后的图像');
```

【运行结果】 程序运行结果如图 2-15 所示。

图 2-15 例 2-8 程序运行结果

> **知识库**
>
> imadd()函数、imsubtract()函数、immultiply()函数和 imdivide()函数都可以将常量作为第二个参数进行运算，如 imdivide(I,30)表示将图像 I 中每个像素的像素值除以 30。图像与常量进行运算会改变图像的亮度，若运算结果大于原像素值，则图像亮度提高；若运算结果小于原像素值，则图像亮度降低。

2.3.2 逻辑运算

逻辑运算只针对 true（逻辑值 1）和 false（逻辑值 0）进行运算，因此通常在二值图像中使用。图像的逻辑运算主要包含与运算、或运算、非运算和异或运算，相应的运算符或函数如表 2-3 所示。

表 2-3　逻辑运算符或函数

运算符或函数	运算规则	主要应用
&或 and(A,B)	执行逻辑与运算。其中，A 和 B 表示存储图像数据的矩阵。如果 A 和 B 在相同位置的像素值均为 1，则运算结果中对应位置的像素值为逻辑值 1；否则，该像素的值为逻辑 0	获得两幅图像的相交图像
|或 or(A,B)	执行逻辑或运算。如果 A 和 B 在相同位置的像素值含有 1，则运算结果中对应位置的像素值为逻辑值 1；否则，该像素的值为逻辑值 0	获得两幅图像的合并图像
~或 not(A)	执行逻辑非运算。如果 A 中某位置的像素值为 0，则运算结果中对应位置的像素值为逻辑值 1；如果 A 中某位置的像素值为 1，则运算结果中对应位置的像素值为逻辑值 0	获得二值图像的反色图像
xor(A,B)	执行逻辑异或运算。如果 A 和 B 在相同位置的像素值均为 1 或 0，则运算结果中对应位置的像素值为逻辑值 0；否则，该像素的值为逻辑值 1	获得两幅图像的不相交图像

高手点拨

逻辑运算也可以应用在灰度图像之间，此时，非零的像素值均视为逻辑值 1，零值视为逻辑值 0。

【例 2-9】　创建两幅二值图像，使用这两幅图像进行逻辑与、或、非和异或运算，然后显示这些图像。

【参考代码】

```
clc; clear;
A = zeros(256);                  % 创建二值图像 A
A(40:120,60:200) = 1;
B = zeros(256);                  % 创建二值图像 B
B(80:200,80:150) = 1;
C = A&B;                         % 执行逻辑与运算
D = A|B;                         % 执行逻辑或运算
E = ~A;                          % 执行逻辑非运算
F = xor(A,B);                    % 执行逻辑异或运算
% 显示图像
```

```
subplot(2,3,1);imshow(A);title('二值图像A');
subplot(2,3,2);imshow(B);title('二值图像B');
subplot(2,3,3);imshow(C);title('逻辑与运算图像');
subplot(2,3,4);imshow(D);title('逻辑或运算图像');
subplot(2,3,5);imshow(E);title('图A的逻辑非运算图像');
subplot(2,3,6);imshow(F);title('逻辑异或运算图像');
```

【运行结果】　程序运行结果如图 2-16 所示。可见，逻辑与运算能够得到两幅二值图像白色区域的交集，逻辑或运算能够得到两幅二值图像白色区域的并集，逻辑非运算能够得到二值图像白色区域的补集，逻辑异或运算能够得到两幅二值图像白色区域的不相交部分。

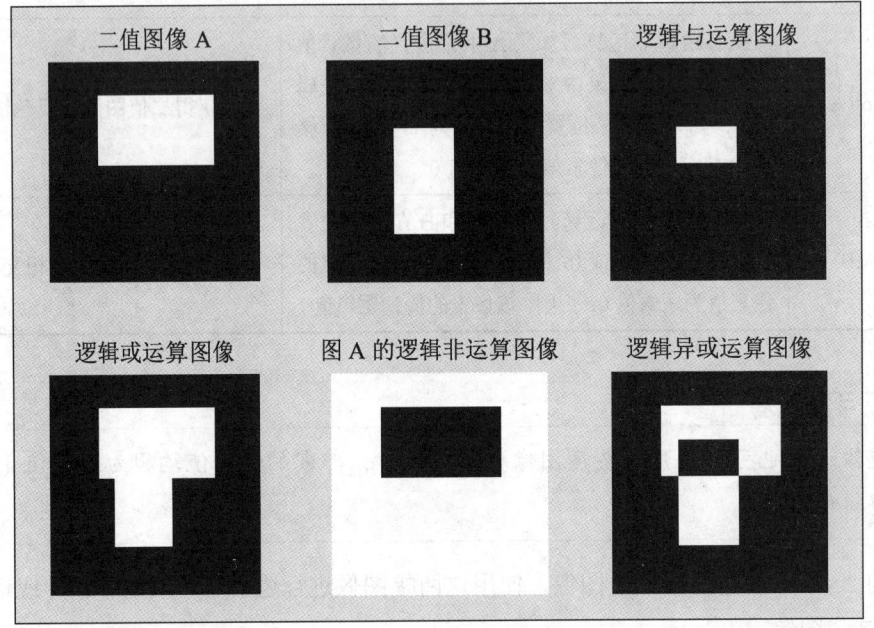

图 2-16　例 2-9 程序运行结果

2.4　图像的灰度直方图

2.4.1　认识灰度直方图

灰度直方图是数字图像处理技术中非常实用的一种统计工具，它描述的是图像中各级灰度值与其出现次数之间的关系。灰度直方图实质上是一个柱状图，柱状图的横轴表示图像中像素的灰度值，纵轴表示各灰度值出现的次数，如图 2-17 所示。可见，图（a）表示的图像中，灰度值为 1 的像素有 6 个，灰度值为 2 的像素有 3 个，灰度值为 3 的像素有 5 个，灰度值为 4 的像素有 2 个。

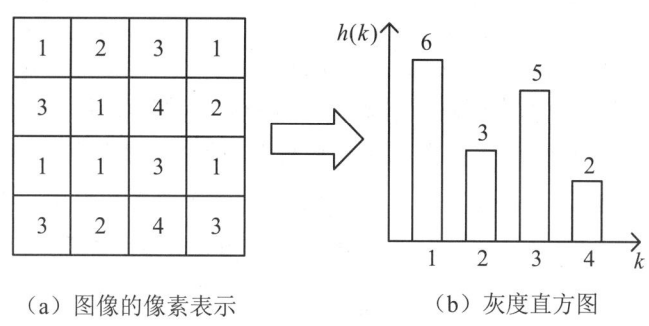

（a）图像的像素表示　　　　（b）灰度直方图

图 2-17　灰度直方图

灰度直方图具有如下性质。

（1）灰度直方图只能反映图像的灰度分布情况，而不能反映某一像素所在的位置，即丢失了像素的位置信息。

（2）任意给定图像的灰度直方图是唯一的，任意给定的灰度直方图所对应的图像不唯一。

（3）若多个互不重叠的区域组成一幅图像，则这幅图像的灰度直方图应等于这些区域的灰度直方图之和。

灰度直方图体现了图像中各像素灰度值的分布情况，反映了图像的亮度和对比度。当直方条（bin）集中分布在灰度直方图的左端时，图像中各像素的灰度值较小，灰度直方图对应的图像较暗；当直方条集中分布在灰度直方图的右端时，图像中各像素的灰度值较大，灰度直方图对应的图像较亮；当直方条集中分布在灰度直方图的较小范围内时，图像中各像素的灰度值相差较小，灰度直方图对应的图像对比度较低；当直方条较均匀地分布在灰度直方图的整个灰度范围内时，图像中各像素的灰度值相差较大，灰度直方图对应的图像对比度较高，如图 2-18 所示。

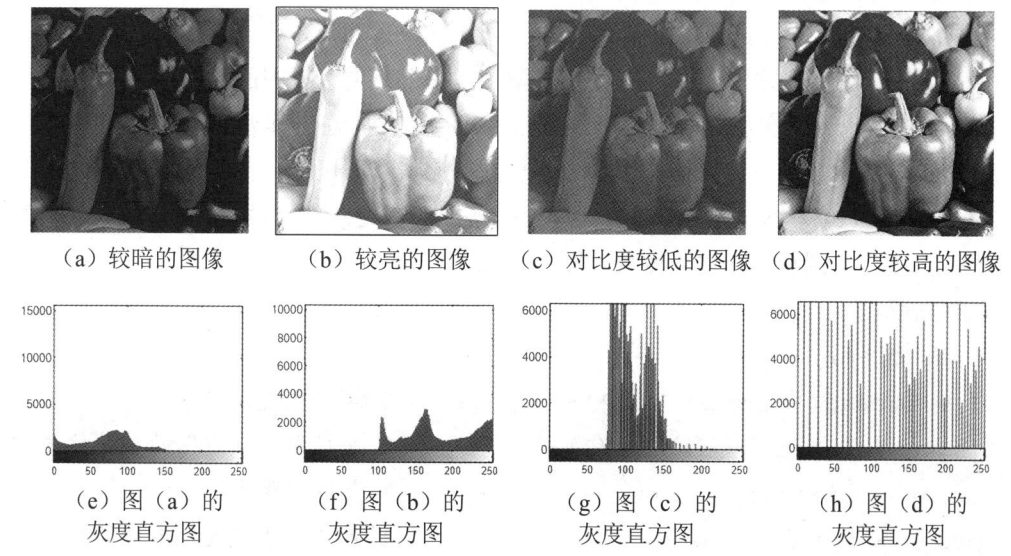

（a）较暗的图像　　（b）较亮的图像　　（c）对比度较低的图像　　（d）对比度较高的图像

（e）图（a）的灰度直方图　　（f）图（b）的灰度直方图　　（g）图（c）的灰度直方图　　（h）图（d）的灰度直方图

图 2-18　图像的灰度直方图与其亮度和对比度之间的关系

> **指点迷津**
>
> 图像的对比度是指图像中明暗区域最亮的白和最暗的黑之间的亮度差异，是衡量图像中灰度反差大小的一种指标。图像的最大灰度值与最小灰度值相差越大，对比度越高，呈现出的画面层次越丰富，视觉冲击力越强；图像的最大灰度值与最小灰度值相差越小，对比度越低，呈现出的画面越柔和，越缺乏明显的明暗反差和细节表现力。

> **知识库**
>
> 灰度直方图反映的是图像中各灰度值的实际出现次数，当某个灰度值出现的次数远远大于其他灰度值时，根据图像的某个或某些像素出现的次数来确定灰度直方图的纵坐标的最大尺度就不太方便了，因此又引入了归一化灰度直方图的概念。
>
> 归一化灰度直方图表示图像中各级灰度值与其出现概率之间的关系。利用归一化灰度直方图，可以将不同大小的图像在同一标准下进行比较。故在一些情况下，需要使用归一化灰度直方图来代替灰度直方图进行处理。

2.4.2 绘制灰度直方图

在 MATLAB 中，imhist()函数可用于绘制灰度直方图，其一般格式如下。

```
[hgram,binLoc] = imhist(I,n)
```

其中，I 表示灰度图像的数据矩阵；n 为可选参数，表示灰度直方图中直方条的数量；返回值 hgram 表示灰度直方图的数据，binLoc 表示灰度直方图中各直方条的位置。

在 MATLAB 中使用 imhist()函数时，若函数不接收返回值，则表示绘制灰度直方图；若函数接收返回值，则表示不绘制灰度直方图，只获得灰度直方图的数据信息。此外，通过 imhist()函数也可以实现归一化灰度直方图的计算，即先通过其返回值来获取图像中各级灰度值出现的次数，再计算该次数与像素总数的比值，即可得到归一化灰度直方图。

【例 2-10】 读取 MATLAB 图像处理工具箱中的灰度图像文件"circuit.tif"，并绘制该图像的灰度直方图和归一化灰度直方图。

【参考代码】

```
clc; clear;
I = imread('circuit.tif');              % 读取灰度图像
[hgram,binLoc] = imhist(I);             % 统计灰度直方图的相关数据
[m,n] = size(I);                        % 获取图像大小
probs = hgram/(m*n);                    % 计算各级灰度值出现的概率
% 显示图像及其灰度直方图
```

```
subplot(1,3,1);imshow(I);title('灰度图像');
subplot(1,3,2);imhist(I);            % 显示图像的灰度直方图
axis('auto y');title('图像的灰度直方图');
subplot(1,3,3);bar(binLoc,probs);    % 显示图像的归一化灰度直方图
title('图像的归一化灰度直方图');
```

【运行结果】 程序运行结果如图 2-19 所示。

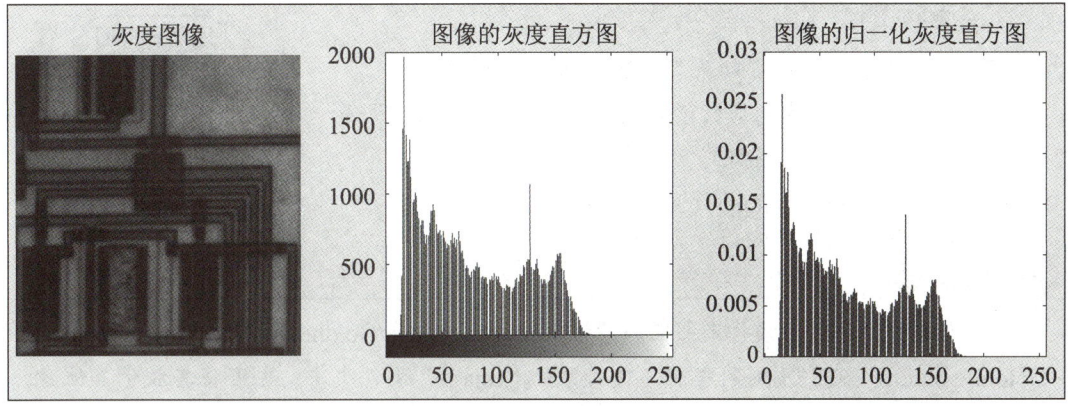

图 2-19 例 2-10 程序运行结果

【程序说明】 ① axis('auto y')函数用于自动设置纵坐标的显示范围，以完全显示灰度直方图数据；② bar(binLoc,probs)函数用于在 binLoc 指定的位置绘制并显示图形。

科技铸魂——通义万相助力非遗焕发新活力

通义万相是一款人工智能视觉生成大模型，它具备强大的自然语言理解和图像生成功能，可以根据用户提供的文字描述生成高质量的图像，实现从文本到图像的创造性转化。同时，通义万相还具备强大的图像处理功能，可以对现有图像进行智能编辑与再创作，进一步拓展了其在视觉创作领域的应用边界。

目前，通义万相正积极助力我国非物质文化遗产的传承与创新。在 2025 年中央广播电视总台春节联欢晚会的预告片中，通义万相成功模拟了我国非物质文化遗产——苏绣的整体艺术风格，精确还原了苏绣中每一根丝线的质感与走向，最终为这项拥有千年历史的传统艺术带来了别开生面的呈现形式。

此外，在 2025 年福州"两马同春闹元宵"灯会的主题宣传片中，通义万相利用其图像处理功能，成功将福州的地标建筑转化为花灯造型，不仅实现了现代科技与传统花灯艺术的深度融合，也让非遗文化焕发了新的生命力，唤起了人们对中国传统文化的热爱。

通义万相以人工智能技术赋能中华优秀传统文化，不仅展现了我国科技自主创新的蓬勃力量，更彰显了新时代文化自信的深厚底蕴，推动了中华优秀传统文化的创造性转化和

创新性发展。这一实践启示我们：科技不仅是推动社会发展的工具，更是传承文明、凝聚价值、铸魂育人的桥梁，唯有坚持科技向善、文化铸魂，才能让中华文化在数字时代绽放出更加璀璨的光芒。

项目实施——图像素描滤镜效果的添加

1. 读取图像

步骤1 清除命令行窗口及工作区中的所有内容。

步骤2 使用imread()函数读取图像文件"Goldhill.tif"和"Goldhill_blur.tif"（模糊图像）。

步骤3 使用imshow()函数显示两幅图像。

图像素描滤镜效果的添加

指点迷津

开始编写程序前，须将本书配套素材"project2/image/Goldhill.tif"和"project2/image/Goldhill_blur.tif"文件复制到当前工作目录的"image"文件夹中，也可将其放于其他盘，如果放于其他盘，读取图像文件时要指定相应路径。

【参考代码】

```
clc; clear;                          % 清除命令行窗口及工作区中的所有内容
% 读取图像文件
I = imread('image/Goldhill.tif');
I_blur = imread('image/Goldhill_blur.tif');
% 显示两幅图像
subplot(1,2,1);imshow(I);title('原图像');
subplot(1,2,2);imshow(I_blur);title('模糊图像');
```

【运行结果】 程序运行结果如图2-20所示。

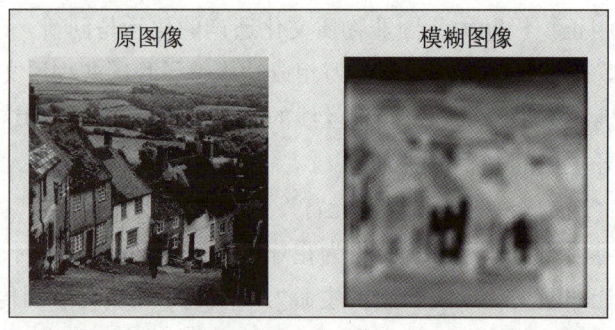

图2-20 原图像与模糊图像

2. 获取模糊反色图像

步骤 1　获取图像"Goldhill.tif"的大小。
步骤 2　创建与图像"Goldhill.tif"大小相同的数值矩阵，其元素值均为 255。
步骤 3　将数值矩阵的数据类型转换为 uint8。
步骤 4　使用 imsubtract()函数将数值矩阵与模糊图像相减，得到模糊图像的反色图像。
步骤 5　显示模糊反色图像。

【参考代码】

```
s = size(I);                              % 获取图像"Goldhill.tif"的大小
mat255 = ones(s)*255;                     % 创建元素值均为 255 的数值矩阵
mat255 = im2uint8(mat255);                % 将数值矩阵的数据类型转换为 uint8
I_blur_inv = imsubtract(mat255,I_blur);
                                          % 图像相减，得到模糊图像的反色图像
figure;imshow(I_blur_inv);                % 显示模糊反色图像
```

【运行结果】　程序运行结果如图 2-21 所示。

图 2-21　模糊反色图像

指点迷津

（1）ones(n)函数用于创建一个大小为 $n×n$ 的矩阵，矩阵的元素值全部为 1。
（2）figure()函数用于创建一个新的图像窗口或激活一个已经存在的图像窗口。

3. 添加滤镜

步骤 1　将图像"Goldhill.tif"和模糊反色图像的数据类型均转换为 double。
步骤 2　使用 imdivide()函数将图像"Goldhill.tif"与模糊反色图像相除，得到图像"Goldhill.tif"的素描图像。
步骤 3　将素描图像的数据类型转换为 uint8。
步骤 4　显示素描图像。

步骤 5　在当前工作目录中新建结果输出文件夹"output"。

步骤 6　保存素描图像到"output"文件夹中,并将其命名为"Goldhill_sketch.tif"。

【参考代码】

```
% 将图像"Goldhill.tif"和模糊反色图像的数据类型均转换为double
I = im2double(I);
I_blur_inv = im2double(I_blur_inv);
sketch = imdivide(I,I_blur_inv);
                                % 图像相除,得到素描图像
sketch = im2uint8(sketch);      % 将素描图像的数据类型转换为uint8
figure;imshow(sketch);          % 显示素描图像
% 保存素描图像
imwrite(sketch,'output/Goldhill_sketch.tif');
```

【运行结果】　程序运行结果如图 2-22 所示。程序运行完成后,素描图像会被保存到"output"文件夹的"Goldhill_sketch.tif"文件中。

图 2-22　素描图像

项目实训

1. 实训目的

(1) 掌握使用 MATLAB 对图像进行基本处理的方法。

(2) 掌握为图像添加素描滤镜效果的方法。

2. 实训内容

读取本书配套素材"project2/image"文件夹中的图像文件"city.png",并为该图像添加素描滤镜。提示:本实训用到的模糊图像为"project2/image"文件夹中的"city_blur.tif"

文件。

(1) 新建 MATLAB 脚本文件，并将其命名为"practice2_1.m"。

(2) 读取图像。

① 清除命令行窗口及工作区中的所有内容。

② 使用 imread()函数读取图像文件"city.png"和"city_blur.tif"。

③ 使用 imshow()函数显示两幅图像。

(3) 获取模糊反色图像。

① 将图像"city.png"转换为灰度图像。

② 获取灰度图像的大小。

③ 创建与灰度图像大小相同的数值矩阵，其元素值均为 255。

④ 将数值矩阵的数据类型转换为 uint8。

⑤ 使用 imsubtract()函数将数值矩阵与模糊图像相减，得到模糊图像的反色图像。

⑥ 显示模糊反色图像。

(4) 添加滤镜。

① 将灰度图像和模糊反色图像的数据类型均转换为 double。

② 使用 imdivide()函数将灰度图像与模糊反色图像相除，得到图像"city.png"的素描图像。

③ 将素描图像的数据类型转换为 uint8。

④ 显示素描图像。

⑤ 保存素描图像到当前工作目录中，并将其命名为"city_sketch.tif"。

3．实训小结

按要求完成实训内容，并将实训过程中遇到的问题和解决办法记录在表 2-4 中。

表 2-4　实训过程

序号	主要问题	解决办法

完成本项目的学习与实践后，请总结应掌握的重点内容，并将图 2-23 的空白处填写完整。

数字图像处理技术及应用

```
夯实数字图像处理基础
├── 数字图像基础
│   ├── 图像数字化
│   │   ├── 采样
│   │   │   └── 采样间隔越小，图像的空间分辨率（    ），图像质量（    ）
│   │   └── 量化
│   │       └── 量化级数越高，图像的幅度分辨率（    ），图像质量（    ）
│   ├── 图像的表示
│   ├── 图像的文件格式
│   │   └── 使用有损压缩的图像文件格式有（    ）；使用无损压缩的图像文件格式有（    ）和PNG；（    ）格式不对图像进行压缩；（    ）格式既支持有损压缩技术，也支持无损压缩技术
│   └── 图像的像素运算
│       ├── 算术运算
│       │   ├── 加法运算常用于图像叠加或去除图像噪声，使用（    ）函数可实现加法运算
│       │   ├── 减法运算常用于消除图像背景或检测物体的运动信息，使用（    ）函数可实现减法运算
│       │   ├── 乘法运算常用于图像局部信息的提取，使用（    ）函数可实现乘法运算
│       │   └── 除法运算常用于校正因照明或传感器的非均匀性造成的图像明暗变化，使用（    ）函数可实现除法运算
│       └── 逻辑运算
│           ├── 逻辑与运算的运算规则为（    ）
│           ├── 逻辑或运算的运算规则为（    ）
│           ├── 逻辑非运算的运算规则为（    ）
│           └── 逻辑异或运算的运算规则为（    ）
└── MATLAB 数字图像处理基础
    ├── 图像的读取与保存
    │   ├── 使用（    ）函数可读取图像
    │   └── 使用（    ）函数可保存图像
    ├── 图像的显示
    │   └── 显示图像的函数为（    ）
    ├── 图像的类型转换
    │   ├── 使用（    ）函数可将灰度图像或二值图像转换为索引图像
    │   ├── 使用（    ）函数可将RGB图像转换为灰度图像
    │   ├── 使用（    ）函数可将索引图像转换为灰度图像
    │   ├── 使用rgb2gray()函数可将RGB图像转换为灰度图像或将索引图像的颜色索引矩阵转换为灰度索引矩阵
    │   ├── 使用（    ）函数可将RGB图像转换为索引图像
    │   ├── 使用（    ）函数可将索引图像转换为RGB图像
    │   └── 使用（    ）函数可将灰度图像转换为二值图像
    └── 图像的灰度直方图
        ├── 认识灰度直方图
        │   └── 灰度直方图描述的是图像中各级灰度值与其出现次数之间的关系，它实质上是一个柱状图，柱状图的横轴表示图像中像素的灰度值，纵轴表示各灰度值出现的次数
        └── 绘制灰度直方图
            └── 使用（    ）函数可绘制图像的灰度直方图
```

图 2-23　项目总结

项目考核

1. 选择题

(1) 将连续的图像转换为离散点的操作称为（　　）。
    A．增强　　　　　　　　　　B．采样
    C．量化　　　　　　　　　　D．复原

(2) 下列选项中，不进行图像压缩的文件格式是（　　）。
    A．JPEG　　　　　　　　　　B．BMP
    C．PNG　　　　　　　　　　D．TIFF

(3) 将显示图像的窗口划分为4行2列，并在第1个位置处绘制子图的选项是（　　）。
    A．subplot(4,2,1)　　　　　B．subplot(4,2,0)
    C．subplot(2,4,1)　　　　　D．subplot(2,4,0)

(4) 下列函数中，能够将索引图像转换为灰度图像的是（　　）。
    A．gray2ind()　　　　　　　B．rgb2gray()
    C．ind2gray()　　　　　　　D．im2gray()

(5) 下列选项中，无法通过图像的算术运算实现的是（　　）。
    A．调整图像的亮度　　　　　B．减少图像中的随机噪声
    C．矫正图像中的阴影　　　　D．重建图像

2. 填空题

(1) 一幅灰度图像的空间分辨率为512×512，量化级数为16，则该图像的文件大小为_____KB。

(2) MATLAB图像处理工具箱引入了两种不同的坐标系，分别为_____和_____。

(3) _____描述的是图像中各级灰度值与其出现次数之间的关系。

3. 简答题

(1) 简述图像的量化级数与图像质量之间的关系。

(2) 图像的算术运算包含哪些运算？每种运算的主要应用是什么？

项目评价

结合本项目的学习情况，完成项目评价并将评价结果填入表2-5中。

表 2-5　项目评价

评价项目	评价内容	评价分数			
		分值	自评	互评	师评
项目完成度评价（20%）	项目准备阶段，回答问题是否清晰准确，能够紧扣主题，没有明显错误	5分			
	项目实施阶段，是否能够根据操作步骤完成本项目	5分			
	项目实训阶段，是否能够出色完成实训内容	5分			
	项目总结阶段，是否能够正确地将项目总结的空白信息补充完整	2分			
	项目考核阶段，是否能够正确地完成考核题目	3分			
知识评价（30%）	是否了解图像数字化的关键环节	3分			
	是否了解图像的表示方法与图像文件的常见格式	3分			
	是否掌握使用MATLAB对图像进行读取、保存、显示等操作的方法	4分			
	是否掌握使用MATLAB进行图像类型转换的方法	4分			
	是否掌握使用MATLAB对图像进行加法、减法、乘法、除法等算术运算的方法	4分			
	是否掌握使用MATLAB对图像进行逻辑运算的方法	4分			
	是否理解图像灰度直方图的概念和性质	4分			
	是否掌握使用MATLAB绘制灰度直方图的方法	4分			
技能评价（30%）	是否能够使用MATLAB对图像进行基本处理	15分			
	是否能够使用基本的像素运算为图像添加滤镜效果	15分			
素养评价（20%）	是否遵守课堂纪律，上课精神是否饱满	5分			
	是否具有自主学习意识，做好课前准备	5分			
	是否善于思考，积极参与，勇于提出问题	5分			
	是否具有团队合作精神，出色完成小组任务	5分			
合计	综合分数_____自评(25%)+互评(25%)+师评(50%)	100分			
	综合等级_____	指导老师签字_____			
综合评价（创新、进步及不足）					

技术篇

JI SHU PIAN

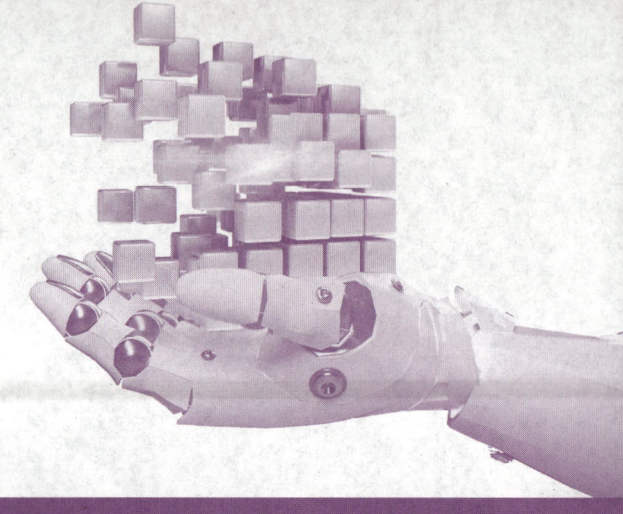

项目 3

使用几何变换进行图像配准

项目目标

知识目标

- 理解图像几何变换的概念。
- 掌握图像几何变换的实现方法,包括向前映射法和向后映射法。
- 掌握最近邻插值法和双线性插值法的基本原理。
- 掌握图像平移变换、镜像变换、旋转变换和缩放变换的基本原理及其在 MATLAB 中的实现方法。
- 掌握图像转置的基本原理及其在 MATLAB 中的实现方法。
- 了解图像几何变换的典型应用——图像配准。

技能目标

- 能够使用 MATLAB 对图像进行平移、镜像、旋转、缩放、转置等几何变换。
- 能够使用图像的几何变换进行图像配准。

素养目标

- 提高总结与归纳的能力,锻炼逻辑推理能力与空间想象能力。
- 培养自我学习与自我提升的意识。

项目 3 使用几何变换进行图像配准

项目描述

在医院就诊时，小旌注意到医生在分析病情时，往往需要对比患者同一部位的多幅医学影像。这些医学影像可能是使用不同的医学影像设备在同一时间拍摄的图像，也可能是使用同一医学影像设备在不同时间拍摄的图像。因此，其成像位置和成像角度存在着细微的差异，难以通过人眼来直观地进行对比与分析。为了解决这一问题，通常会使用图像配准技术来调整和对齐这些医学影像，使得它们在空间上统一于相同的参考体系，以提升医生的工作效率和诊断的准确性。

通过查阅资料，小旌发现对图像进行几何变换即可实现图像配准。于是，他开始尝试对 MATLAB 图像处理工具箱中的两幅磁共振图像 "knee1.dcm" 和 "knee2.dcm" 进行处理，使得这两幅图像在空间上对齐。借助 MATLAB 图像处理工具箱中的控制点选择工具手动选取两幅图像中需要对齐的特征，再使用几何变换技术，即可实现两幅磁共振图像的配准。

项目分析

按照项目要求，对磁共振成像（MRI）进行图像配准的具体步骤分解如下。

第 1 步：图像预处理。使用 dicomread() 函数读取图像文件 "knee1.dcm" 和 "knee2.dcm"，其中，图像 "knee1.dcm" 为基准图像，图像 "knee2.dcm" 为待配准图像，然后使用 imsubtract() 函数计算两幅图像的位置差异，得到差异图像，最后使用 imshow() 函数显示 3 幅图像。

第 2 步：选择控制点。使用 cpselect() 函数打开 MATLAB 图像处理工具箱中的控制点选择工具，手动选择 4 组控制点对，然后关闭控制点选择工具。

第 3 步：图像配准。基于 4 组控制点对的坐标拟合几何变换矩阵，然后使用 imwarp() 函数进行几何变换，得到配准图像，并使用 imsubtract() 函数计算配准图像与基准图像之间的位置差异，最后使用 imshow() 函数显示基准图像、待配准图像、差异图像、配准图像和配准差异图像。

为了对磁共振成像（MRI）进行图像配准，本项目将对相关知识进行介绍，包括图像几何变换的概念，图像几何变换的理论基础，插值算法，图像的平移、镜像、旋转、缩放和转置变换，以及图像几何变换的典型应用——图像配准。

项目准备

全班学生以 3~5 人为一组进行分组，各组选出组长，组长组织组员扫码观看"图像几何变换的层次"视频，讨论并回答下列问题。

问题1：图像的几何变换可分为哪4个层次？

问题2：图像的仿射变换包含哪些变换类型？

图像几何变换的层次

问题3：仿射变换后的图像具有什么性质？

3.1 图像几何变换概述

3.1.1 什么是图像的几何变换

图像的几何变换是指将一幅图像中的像素从一个位置映射到另一个位置的过程。它不改变图像的像素值，只是在图像平面上进行像素位置的重新安排。图像的几何变换主要包括平移变换、镜像变换、旋转变换、缩放变换和图像转置等。适当的几何变换不仅可以有效地消除因成像角度或摄像机抖动引起的图像形状上的畸变（见图3-1），还可以在空间位置上对齐多幅图像。

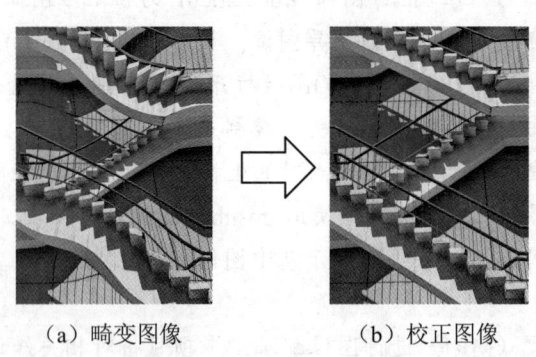

（a）畸变图像　　　　（b）校正图像

图3-1　几何变换消除图像形状畸变

图像的几何变换经常用于图像识别任务的预处理环节，通过对图像进行位置、大小、形状和方向的调整，使其更适合后续的特征提取和识别算法。

3.1.2 图像几何变换的理论基础

根据原图像与结果图像之间映射方向的不同，可将图像几何变换的实现方法分为向前映射法和向后映射法。

1. 向前映射法

向前映射法是从原图像到结果图像的映射，原图像的任意像素都可以通过具体的映射关系得到其在结果图像中的位置。若原图像 $f(x_0, y_0)$ 经过几何变换后产生的结果图像为 $g(x_1, y_1)$，则这种映射关系可表示为

$$\begin{cases} x_1 = s(x_0, y_0) \\ y_1 = t(x_0, y_0) \end{cases}$$

其中，$s(x_0, y_0)$ 和 $t(x_0, y_0)$ 分别表示由原图像 $f(x_0, y_0)$ 到结果图像 $g(x_1, y_1)$ 的坐标变换函数。例如，当 $x_1 = s(x_0, y_0) = 2x_0$、$y_1 = t(x_0, y_0) = 2y_0$ 时，变换后的图像只是简单地在 x 和 y 两个空间方向上将图像 $f(x_0, y_0)$ 放大一倍。

指点迷津

> 本项目在进行坐标运算时所使用的坐标系为 MATLAB 中的空间坐标系。

向前映射法一般用于平移变换和镜像变换等不改变图像大小的几何变换中，当几何变换改变图像大小（如旋转变换、缩放变换等）时，使用向前映射法会出现映射不完全和映射重叠等问题。

（1）映射不完全。映射不完全是指原图像的像素总数小于结果图像的像素总数时，结果图像中的部分像素与原图像的像素之间不存在映射关系，导致结果图像无法获得有效像素值的现象。例如，大小为 2×2 的原图像放大一倍后可得到大小为 4×4 的结果图像。在结果图像中，只有 4 个像素能够与原图像的像素建立映射关系（见图 3-2），剩余的 12 个像素由于不存在与原图像像素之间的映射关系而无法得到有效的像素值，出现映射不完全的现象。

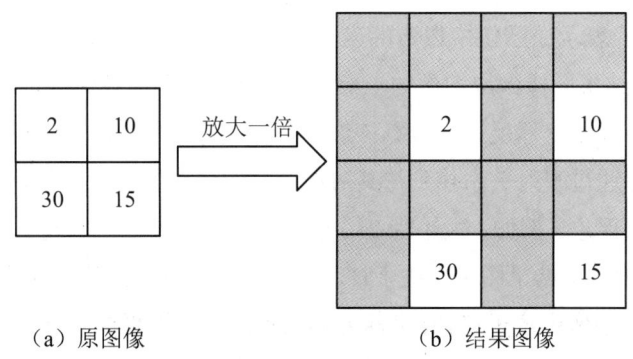

（a）原图像　　　　　　　（b）结果图像

图 3-2　映射不完全

（2）映射重叠。映射重叠是指原图像的像素总数大于结果图像的像素总数时，原图像中多个像素的坐标可能会映射为结果图像中同一个像素的坐标，导致结果图像无法确定具

体像素值的现象。例如，将大小为 4×4 的图像缩小到大小为 2×2 的图像时，原图像中位于 (1,1)、(1,2)、(2,1) 和 (2,2) 坐标处的像素经过缩小计算后，对应的结果图像的坐标分别为 (0.5,0.5)、(0.5,1)、(1,0.5) 和 (1,1)，取整后坐标均为 (1,1)。那么，该像素的像素值应该由原图像中的哪个像素决定呢？这就会导致映射重叠问题，如图 3-3 所示。

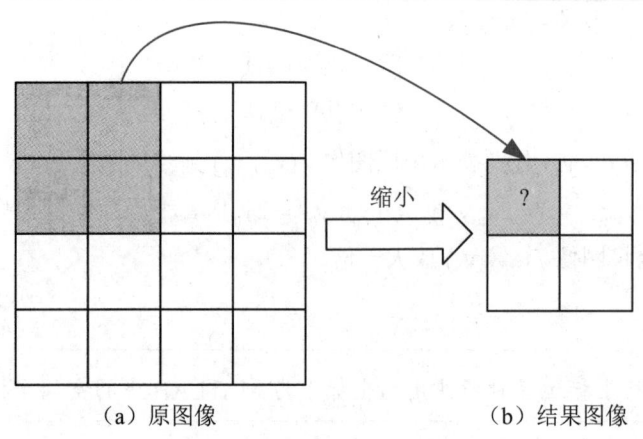

图 3-3　映射重叠

鉴于向前映射法在进行图像几何变换时出现的问题，故在实际的图像处理中，经常使用另一种图像几何变换方法——向后映射法。向后映射法能够解决向前映射法产生的映射不完全和映射重叠问题。

2．向后映射法

向后映射法是从结果图像到原图像的映射，其公式表示如下。

$$\begin{cases} x_0 = s'(x_1, y_1) \\ y_0 = t'(x_1, y_1) \end{cases}$$

其中，x_0 和 y_0 表示原图像中像素的坐标；x_1 和 y_1 表示变换后的结果图像中像素的坐标；s' 和 t' 表示从结果图像到原图像的坐标映射关系。向后映射法与向前映射法刚好相反，它是由结果图像的像素坐标反过来推算该像素在原图像中的坐标位置。这样，结果图像中的每个像素都能够通过映射关系找到与其对应的原图像中的像素坐标，而不会产生映射不完全和映射重叠的现象。例如，大小为 2×2 的原图像放大一倍后可得到大小为 4×4 的结果图像。通过向后映射法，结果图像中位于 (1,1) 坐标处的像素对应原图像中位于 (0.5,0.5) 坐标处的像素，结果图像中位于 (3,3) 坐标处的像素对应原图像中位于 (1.5,1.5) 坐标处的像素，依此类推，可得到所有像素在原图像中的坐标（见图 3-4）。但是，原图像的像素坐标 (0.5,0.5) 和 (1.5,1.5) 出现了浮点数，而浮点数坐标无法直接取得像素值，故在实际的操作中，需要使用插值算法计算浮点数坐标处的近似像素值。

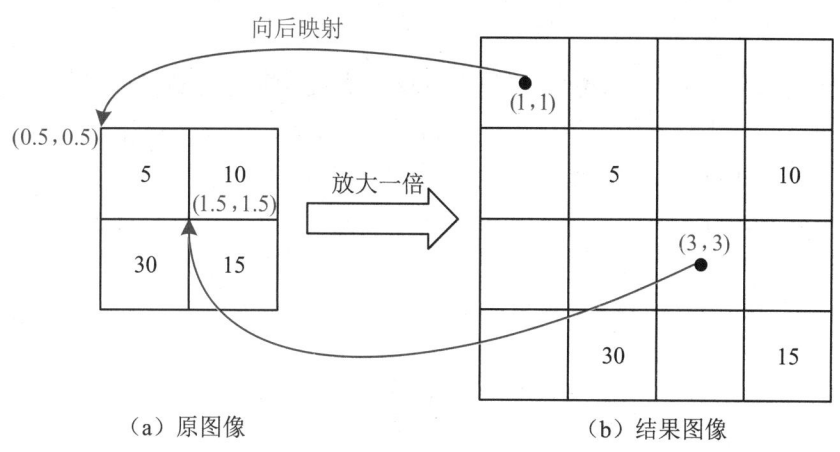

图 3-4 向后映射法

3.1.3 插值算法

在使用向后映射法进行几何变换的过程中,结果图像的像素坐标可能会被映射到原图像的浮点数坐标处。由于图像中像素的坐标通常是离散的非负整数,因此无法直接通过这些浮点数坐标来获得原图像的像素值。此时,需要通过一系列算法来估计原图像在浮点数坐标处的近似像素值,这些算法即为插值算法。常见的插值算法包括最近邻插值法、双线性插值法和双立方插值法等。

一般来说,最近邻插值法的计算量小,运算速度较快,但其效果较差,容易出现马赛克现象,造成图像细节模糊;双线性插值法可明显改善图像质量,避免马赛克现象的出现,但在图像的细节上仍存在一定瑕疵;双立方插值法的效果较好,可以保留更多的图像细节,但其计算量较大,运算速度较慢。可见,良好的效果往往会伴随着运算时间的增长,故在实际操作过程中,应根据应用场景选择合适的插值算法。本节主要介绍最近邻插值法和双线性插值法。

1. 最近邻插值法

最近邻插值法也称零阶插值法,是一种最简单的插值算法。它的基本思想是浮点数坐标处的像素值等于离该点最近的整数坐标的像素值。例如,如图 3-5 所示,A、B、C、D 为浮点数坐标 P 周围的 4 个像素,通过分别计算位置 P 到像素 A、B、C 和 D 的距离,可知 C 为距离最近的像素,因此将像素 C 的像素值作为浮点数坐标 P 的像素值。

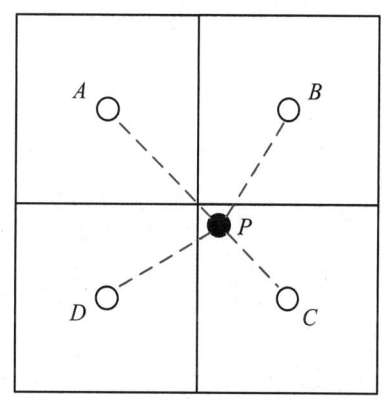

图 3-5 最近邻插值法

2. 双线性插值法

双线性插值法也称二次线性插值法,其基本思想是根据浮点数坐标周围的 2×2 个像素的值计算出浮点数坐标处的近似像素值。如图 3-6 所示,(x,y) 为浮点数坐标,(i,j)、$(i+1,j)$、$(i,j+1)$、$(i+1,j+1)$ 分别为浮点数坐标周围 4 个像素的坐标,u 和 v 分别为浮点数坐标与坐标 (i,j) 之间的横坐标差值和纵坐标差值。使用双线性插值法计算浮点数坐标 (x,y) 处的像素值可分为两个步骤。

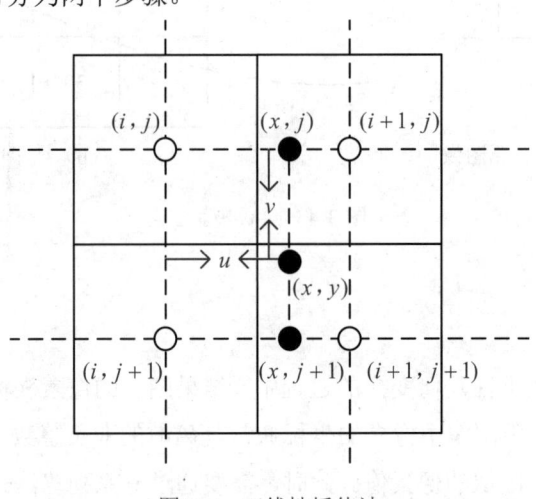

图 3-6 双线性插值法

(1)在水平方向上进行两次线性插值计算,分别得到坐标 (x,j) 和 $(x,j+1)$ 的像素值,其计算公式如下。

$$f(x,j) = f(i,j) + u[f(i+1,j) - f(i,j)]$$
$$f(x,j+1) = f(i,j+1) + u[f(i+1,j+1) - f(i,j+1)]$$

(2)在垂直方向上进行一次线性插值计算,得到坐标 (x,y) 的像素值,其计算公式如下。

$$f(x,y) = f(x,j) + v[f(x,j+1) - f(x,j)]$$

例如,浮点数坐标 $(5.2,6.4)$ 周围 4 个像素的坐标分别为 $(5,6)$、$(6,6)$、$(5,7)$ 和 $(6,7)$,像素值分别为 220、45、98 和 73。使用双线性插值法计算该浮点数坐标的近似像素值的过程如下。

(1)在水平方向上进行两次线性插值计算,分别得到坐标 $(5.2,6)$ 和 $(5.2,7)$ 的像素值,其计算过程如下。

$$f(5.2,6) = f(5,6) + u[f(6,6) - f(5,6)] = 220 + 0.2 \times (45 - 220) = 185$$
$$f(5.2,7) = f(5,7) + u[f(6,7) - f(5,7)] = 98 + 0.2 \times (73 - 98) = 93$$

(2)在垂直方向上进行一次线性插值计算,得到坐标 $(5.2,6.4)$ 的像素值,其计算过程如下。

$$f(5.2,6.4) = f(5.2,6) + v[f(5.2,7) - f(5.2,6)] = 185 + 0.4 \times (93 - 185) = 148.2 \approx 148$$

3.2 图像的平移变换

图像平移是将图像中所有像素按照给定的平移量向水平或垂直方向移动的变换操作,它能够使整幅图像出现移位的效果。例如,将一幅图像向左平移 400 像素,向下平移 300 像素的效果如图 3-7 所示。可见,若图像的大小不发生变化,则超出原图像大小范围的部分会被截去。

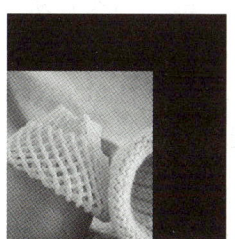

(a)原图像　　　　　　　　(b)平移变换图像

图 3-7　图像平移变换的效果

3.2.1　图像平移变换的基本原理

设 (x_0, y_0) 为原图像中的一个像素坐标,图像的水平平移量为 Δx,垂直平移量为 Δy,则图像平移变换的空间坐标表示如图 3-8 所示。

可见,在图像平移变换的过程中,原图像的像素坐标与结果图像的像素坐标之间的映射关系可用如下公式表示。

$$\begin{cases} x_1 = x_0 + \Delta x \\ y_1 = y_0 + \Delta y \end{cases}$$

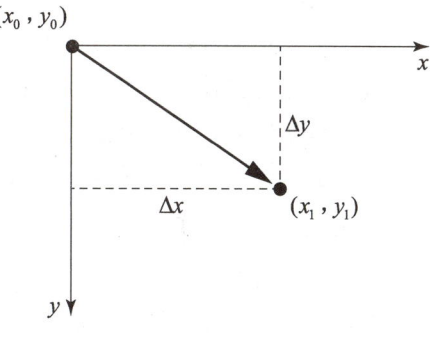

图 3-8　图像平移变换的空间坐标表示

3.2.2　图像平移变换在 MATLAB 中的实现

MATLAB 使用 imtranslate()函数实现图像的平移变换,其一般格式如下。

```
imtranslate(I,translation,method)
```

其中,I 表示图像数据矩阵;translation 表示图像的平移量,以水平向右和垂直向下为正方向;method 为可选参数,表示平移变换所用的插值算法,默认为双线性插值法。此外,imtranslate()函数还可以使用 FillValues 和 OutputView 两个参数处理结果图像的边界。

(1)FillValues 参数。经过平移变换,结果图像中的像素坐标所对应的原图像中的坐标位置可能会超出原图像的边界范围，此时，需要为这些位置的像素指定用于填充的像素值。FillValues 参数的默认值为 0，即使用黑色像素进行填充。

（2）OutputView 参数。经过平移变换，结果图像中的部分像素会超出原图像显示的边界范围，此时，需要对其进行处理。OutputView 参数的默认值为"same"，表示结果图像的大小需要与原图像保持一致，超出边界范围的像素将被截去；另一个可选参数值为"full"，表示需要保留完整的结果图像，最终得到的结果图像会比原图像大。

【例 3-1】 读取本书配套素材"project3/image"文件夹中的图像文件"scene.jpg"，设置水平方向的平移量为 –400 像素，垂直方向的平移量为 300 像素。对图像按照该平移量分别进行两次不同设置的平移变换：① FillValues 参数和 OutputView 参数都使用默认值；② 设置 FillValues=255、OutputView='full'，然后显示原图像和两幅平移变换后的图像。

【参考代码】

```
clc; clear;
I = imread('image/scene.jpg');% 读取图像
I1 = imtranslate(I,[-400,300]);
                        % 向左平移400像素，向下平移300像素
% 设置FillValues和OutputView参数
I2 = imtranslate(I,[-400,300],FillValues=255,OutputView='full');
% 显示图像
a1 = subplot(1,3,1);imshow(I);title('原图像');
a2 = subplot(1,3,2);imshow(I1);
title({'平移变换图像','（两个参数取默认值）'});
a3 = subplot(1,3,3);imshow(I2);
title({'平移变换图像','（两个参数取指定值）'});
sz = size(I);              % 获取原图像的大小
sz2 = size(I2);            % 获取设置了参数的平移变换图像的大小
xs = a3.XLim;              % 获取第3个子图x轴的坐标范围
ys = a3.YLim;              % 获取第3个子图y轴的坐标范围
% 设置第1个子图的坐标区属性，使得图像相对第3个子图的位置居中显示
a1.XLim = xs-sz2(2)/2+sz(2)/2;% 调整x轴的坐标范围
a1.YLim = ys-sz2(1)/2+sz(1)/2;% 调整y轴的坐标范围
% 设置第2个子图的坐标区属性，使得图像相对第3个子图的位置居中显示
a2.XLim = xs-sz2(2)/2+sz(2)/2;
a2.YLim = ys-sz2(1)/2+sz(1)/2;
```

【运行结果】 程序运行结果如图 3-9 所示。

项目 3 使用几何变换进行图像配准

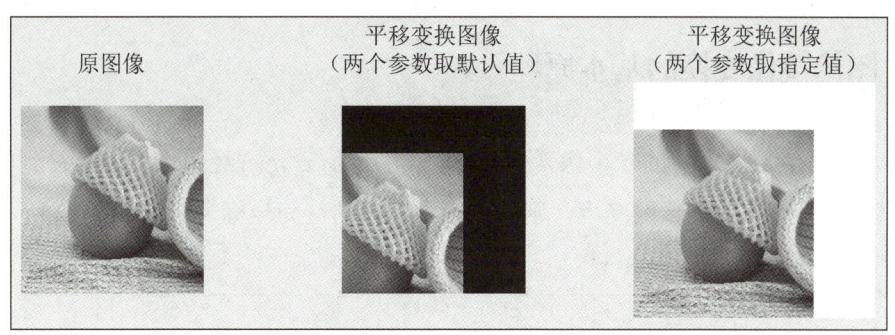

图 3-9 例 3-1 程序运行结果

【程序说明】 subplot()函数的返回值是一个 Axes 对象,存储图像窗口的坐标区信息。Axes 对象具有 XLim 属性和 YLim 属性等多种属性。其中,XLim 属性表示 x 轴的坐标范围;YLim 属性表示 y 轴的坐标范围。通过对 XLim 属性和 YLim 属性进行调整,可以改变图像的显示位置。

3.3 图像的镜像变换

图像的镜像变换可分为水平镜像变换和垂直镜像变换。水平镜像变换以图像的垂直中线为对称轴进行翻转,其效果如图 3-10 所示;垂直镜像变换以图像的水平中线为对称轴进行翻转,其效果如图 3-11 所示。

图 3-10 图像水平镜像变换的效果

图 3-11 图像垂直镜像变换的效果

3.3.1 图像镜像变换的基本原理

设 (x_0, y_0) 为原图像中的一个像素坐标，(x_1, y_1) 为 (x_0, y_0) 经镜像变换后得到的坐标，w 为图像的宽度，h 为图像的高度，则图像镜像变换的空间坐标表示如图 3-12 所示。

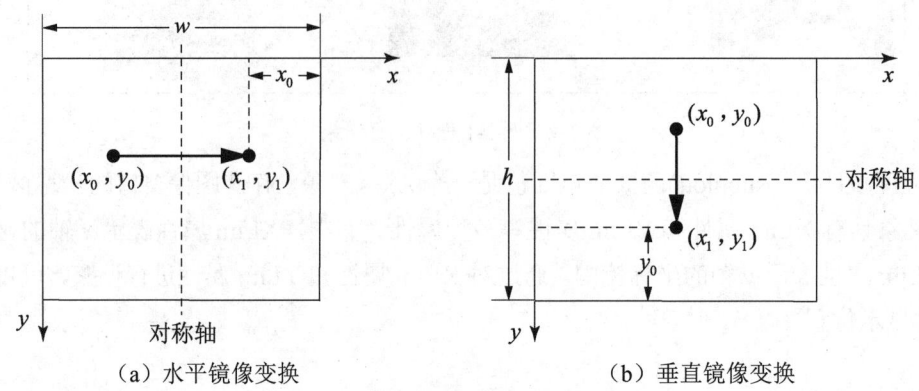

（a）水平镜像变换　　　　　　　　　（b）垂直镜像变换

图 3-12　图像镜像变换的空间坐标表示

可见，在水平镜像变换的过程中，原图像的像素坐标与结果图像的像素坐标之间的映射关系可用如下公式表示。

$$\begin{cases} x_1 = w - x_0 \\ y_1 = y_0 \end{cases}$$

在垂直镜像变换的过程中，原图像的像素坐标与结果图像的像素坐标之间的映射关系可用如下公式表示。

$$\begin{cases} x_1 = x_0 \\ y_1 = h - y_0 \end{cases}$$

3.3.2 图像镜像变换在 MATLAB 中的实现

MATLAB 中没有提供专门的镜像变换函数，但可以使用 imwarp() 函数实现图像的镜像变换。imwarp() 函数可对图像进行一般的几何变换操作，其一般格式如下。

```
imwarp(I,tform,method)
```

其中，I 表示图像数据矩阵；tform 表示几何变换对象，用于存储几何变换的信息，包括变换矩阵和变换所在的维度等信息，图像水平镜像变换的变换矩阵为 [-1 0 w;0 1 0;0 0 1]（w 为图像的宽度），图像垂直镜像变换的变换矩阵为 [1 0 0;0 -1 h;0 0 1]（h 为图像的高度），在实际应用中，可使用 affinetform2d() 函数创建几何变换对象；method 为可选参数，表示几何变换所用的插值算法。

【例 3-2】 读取本书配套素材"project3/image"文件夹中的图像文件"mountain.jpg",对其进行水平镜像变换和垂直镜像变换,然后显示原图像、水平镜像变换图像和垂直镜像变换图像。

【参考代码】
```
clc; clear;
I = imread('image/mountain.jpg');        % 读取图像
[w,h] = size(I);                         % 获取图像大小
h_tform = affinetform2d([-1 0 w;0 1 0;0 0 1]);
                                         % 创建水平镜像变换对象
v_tform = affinetform2d([1 0 0;0 -1 h;0 0 1]);
                                         % 创建垂直镜像变换对象
h_J = imwarp(I,h_tform);                 % 进行水平镜像变换
v_J = imwarp(I,v_tform);                 % 进行垂直镜像变换
% 显示图像
subplot(1,3,1);imshow(I);title('原图像');
subplot(1,3,2);imshow(h_J);title('水平镜像变换图像');
subplot(1,3,3);imshow(v_J);title('垂直镜像变换图像');
```

【运行结果】 程序运行结果如图 3-13 所示。

图 3-13 例 3-2 程序运行结果

3.4 图像的旋转变换

图像旋转通常是指以图像的中心为旋转中心,将图像中的所有像素按照给定的旋转角度进行旋转的变换操作,其效果如图 3-14 所示。图像旋转不会改变图像的形状,但其宽度和高度均会发生变化。与图像平移变换相同,在图像旋转变换过程中,可以将旋转出显示区域的图像截去,也可以扩大图像范围以显示全部图像。

（a）原图像　　　　　　　　（b）旋转变换图像

图 3-14　图像旋转变换的效果

> **高手点拨**
>
> 图像旋转变换的旋转中心通常是图像的中心，但在一些情况下，也可以是任意一个指定的点。若要实现以任意一个指定点为旋转中心的旋转变换，可将平移变换和以图像中心为旋转中心的旋转变换进行结合。

3.4.1　图像旋转变换的基本原理

图像旋转变换时，像素的坐标已不能通过简单的加减法来获得，而是需要经过较复杂的数学运算。分别以图像左上角的顶点 O 和图像的中心点 O' 为原点构建坐标系 xOy 和 $x'O'y'$，设原图像中某像素在两个坐标系下的坐标分别为 (x_0, y_0) 和 (x'_0, y'_0)，旋转后结果图像中与 (x_0, y_0) 对应的像素在两个坐标系下的坐标分别为 (x_1, y_1) 和 (x'_1, y'_1)，则图像旋转变换的空间坐标表示如图 3-15 所示。

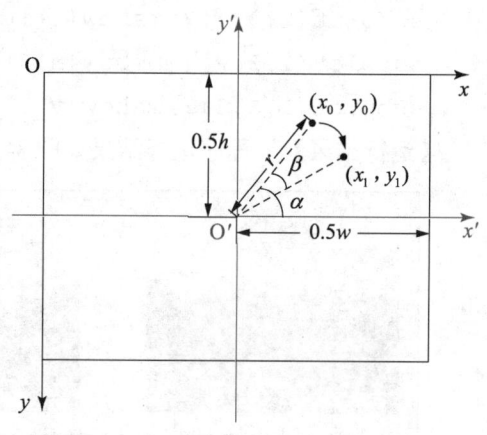

图 3-15　图像旋转变换的空间坐标表示

图像旋转变换的实现可分为以下 3 个步骤。

（1）将坐标系 xOy 平移到坐标系 $x'O'y'$ 的位置。假设原图像的宽度为 w、高度为 h，则坐标系 xOy 到坐标系 $x'O'y'$ 的平移映射关系可用如下公式表示。

$$\begin{cases} x' = -0.5w + x \\ y' = 0.5h - y \end{cases}$$

（2）使图像在坐标系 $x'O'y'$ 中以原点为旋转中心进行旋转。假设图像的旋转角度为 β，原图像中像素 (x_0, y_0) 到坐标原点 O' 的线段与水平方向的夹角为 α，线段的长度为 r，则有

$$\begin{cases} x'_0 = r\cos\alpha \\ y'_0 = r\sin\alpha \end{cases}$$

则结果图像中像素的坐标与原图像中像素的坐标之间的关系可用如下公式表示。

$$\begin{cases} x_1' = r\cos(\alpha - \beta) = r\cos\alpha\cos\beta + r\sin\alpha\sin\beta = x_0'\cos\beta + y_0'\sin\beta \\ y_1' = r\sin(\alpha - \beta) = r\sin\alpha\cos\beta - r\cos\alpha\sin\beta = -x_0'\sin\beta + y_0'\cos\beta \end{cases}$$

（3）将坐标系 xOy 平移到以旋转后图像左上角顶点为原点的坐标系的位置。假设旋转变换得到的结果图像的宽度为 w_n、高度为 h_n，则这一过程中的平移映射关系可用如下公式表示。

$$\begin{cases} x = 0.5w_n + x' \\ y = 0.5h_n - y' \end{cases}$$

> **指点迷津**
>
> 图像旋转变换后，结果图像的中心已不再是 $(0.5w, 0.5h)$，而是 $(0.5w_n, 0.5h_n)$，故在进行最后一步计算时，公式中应该使用 $0.5w_n$ 和 $0.5h_n$，而不是 $0.5w$ 和 $0.5h$。

3.4.2 图像旋转变换在 MATLAB 中的实现

MATLAB 使用 imrotate()函数实现图像的旋转变换，其一般格式如下。

```
imrotate(I,angle,method,bbox)
```

其中，I 表示图像数据矩阵；angle 表示图像的旋转角度，以逆时针方向为正方向；method 为可选参数，表示旋转变换所用的插值算法，默认为最近邻插值法；bbox 为可选参数，用于指定结果图像的大小，若取值为"loose"则保留完整的结果图像，若取值为"crop"则需要根据原图像的尺寸裁剪结果图像。

【例 3-3】 读取本书配套素材"project3/image"文件夹中的图像文件"stairs.jpg"，设置旋转角度为 30°。对图像按照该旋转角度分别进行两次不同设置的旋转变换：① 使用默认的 bbox 参数；② 设置 bbox='crop'，然后显示原图像和两幅旋转变换图像。

【参考代码】

```
clc; clear;
I = imread('image/stairs.jpg');     % 读取图像
I1 = imrotate(I,30);                % 图像逆时针旋转30度
I2 = imrotate(I,30,'crop');         % 图像逆时针旋转30度并裁剪边缘
% 显示图像
a1 = subplot(1,3,1);imshow(I);title('原图像');
a2 = subplot(1,3,2);imshow(I1);title('未裁剪的旋转变换图像');
a3 = subplot(1,3,3);imshow(I2);title('裁剪后的旋转变换图像');
sz = size(I);                       % 获取原图像的大小
```

```
sz1 = size(I1);                   % 获取未裁剪的旋转变换图像的大小
xs = a2.XLim;                     % 获取第 2 个子图 x 轴的坐标范围
ys = a2.YLim;                     % 获取第 2 个子图 y 轴的坐标范围
% 设置第 1 个子图的坐标区属性,使得图像相对第 2 个子图的位置居中显示
a1.XLim = xs-sz1(2)/2+sz(2)/2;    % 调整 x 轴的坐标范围
a1.YLim = ys-sz1(1)/2+sz(1)/2;    % 调整 y 轴的坐标范围
% 设置第 3 个子图的坐标区属性,使得图像相对第 2 个子图的位置居中显示
a3.XLim = xs-sz1(2)/2+sz(2)/2;
a3.YLim = ys-sz1(1)/2+sz(1)/2;
```

【运行结果】 程序运行结果如图 3-16 所示。

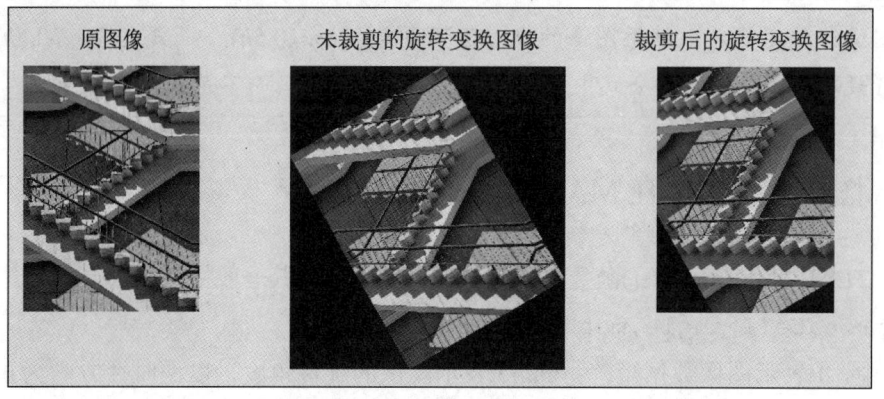

图 3-16 例 3-3 程序运行结果

3.5 图像的缩放变换

图像缩放是对图像的大小进行调整的变换操作,可分为缩小变换和放大变换。缩小变换会减少图像的像素数量,故图像承载的信息量会减少。放大变换会增加图像的像素数量,故图像承载的信息量会增加。图像放大变换时,需要为增加的像素选择合适的灰度值。

图像缩放经常会遇到两个概念,即水平缩放系数和垂直缩放系数。水平缩放系数用于控制水平方向的缩放比例,垂直缩放系数用于控制垂直方向的缩放比例。若水平或垂直方向的缩放系数为 1,则图像的宽度或高度保持不变;若水平或垂直方向的缩放系数小于 1,则图像的宽度或高度将减小,图像被压缩;若水平或垂直方向的缩放系数大于 1,则图像的宽度或高度将增大,图像被拉伸,如图 3-17 所示。

实际上,对图像进行缩放处理时,往往需要保持原图像的宽高比,即设置水平缩放系数与垂直缩放系数的取值相同,这种缩放方式不会使图像变形。

（a）原图像　　　　（b）缩小变换图像　　　　（c）放大变换图像

图 3-17　图像缩放变换的效果

3.5.1 图像缩放变换的基本原理

设 (x_0, y_0) 为原图像中的一个像素坐标，(x_1, y_1) 为 (x_0, y_0) 经过缩放变换后的坐标，图像在水平方向和垂直方向上的缩放系数分别为 s_x 和 s_y，则在图像缩放变换的过程中，原图像的像素坐标与结果图像的像素坐标之间的映射关系可表示为

$$\begin{cases} x_1 = s_x x_0 \\ y_1 = s_y y_0 \end{cases}$$

当 $0 < s_x < 1$ 时，图像在水平方向上被缩小；当 $s_x > 1$ 时，图像在水平方向上被放大；当 $s_x = 1$ 时，图像在水平方向上保持不变。当 $0 < s_y < 1$ 时，图像在垂直方向上被缩小；当 $s_y > 1$ 时，图像在垂直方向上被放大；当 $s_y = 1$ 时，图像在垂直方向上保持不变。

图像缩放一般采用向后映射法进行变换，向后映射法是从结果图像到原图像的映射，故结果图像的像素坐标与原图像的像素坐标之间的映射关系可表示为

$$\begin{cases} x_0 = \dfrac{x_1}{s_x} \\ y_0 = \dfrac{y_1}{s_y} \end{cases}$$

使用向后映射法可找到结果图像中每个像素对应于原图像中的像素坐标，若得到的像素坐标为整数坐标，则直接取整数坐标处的像素值；若得到的像素坐标为非整数坐标，则可采用插值算法估算非整数坐标处的像素值，得到最终的结果图像。例如，将大小为 3×3 的图像放大为 4×4 的图像（见图 3-18）的计算过程如下（缩放系数 $s_x = 4/3$，$s_y = 4/3$）。

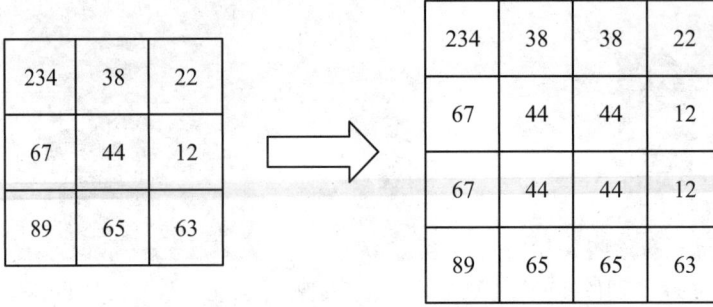

(a) 原图像的像素表示　　　　　(b) 结果图像的像素表示

图 3-18　图像放大

（1）计算结果图像中位于坐标 (1,1) 处的像素在原图像中对应的像素坐标。

$$\begin{cases} x_0 = \dfrac{x_1}{s_x} = \dfrac{1}{4/3} = 0.75 \\ y_0 = \dfrac{y_1}{s_y} = \dfrac{1}{4/3} = 0.75 \end{cases}$$

（2）使用插值算法，对原图像中坐标为 (0.75, 0.75) 的像素估算像素值。若使用最近邻插值法进行计算，可知坐标 (0.75, 0.75) 与坐标 (1,1) 距离最近，故将坐标 (1,1) 的像素值 234 作为坐标 (0.75, 0.75) 的像素值插入结果图像的 (1,1) 坐标处。

（3）重复步骤（1）和步骤（2），采用同样的方法，计算结果图像中其他坐标的像素值，最终得到结果图像。

此外，图像缩小还可以采用其他两种方法进行变换，即基于等间隔采样的图像缩小法和基于局部均值的图像缩小法。

（1）基于等间隔采样的图像缩小法。基于等间隔采样的图像缩小法通过对原图像进行均匀采样来等间隔地选取一部分像素，并舍弃剩余像素，从而获得缩小后的图像。例如，使用基于等间隔采样的图像缩小法对大小为 4×4 的图像按照 $s_x = 0.5$、$s_y = 0.5$ 的缩小比例进行缩小时，可先将图像等间隔划分为 4 个区块，然后选取各区块左上角位置的像素，即可得到大小为 2×2 的图像，如图 3-19 所示。

由于舍弃了很多像素，基于等间隔采样的图像缩小法无法完整地保持原图像的特征，所得到的缩小图像较为生硬，图像中的锯齿较多。

（2）基于局部均值的图像缩小法。基于局部均值的图像缩小法先将原图像划分为多个区块，再计算各区块内像素值的平均值，并将其赋值给缩小图像中相应的像素，从而获得缩小后的图像。使用该方法将大小为 4×4 的图像缩小为 3×3 的图像的过程如图 3-20 所示。图中，原图像的区块与缩小后图像的对应像素的编号相同。

项目 3 使用几何变换进行图像配准

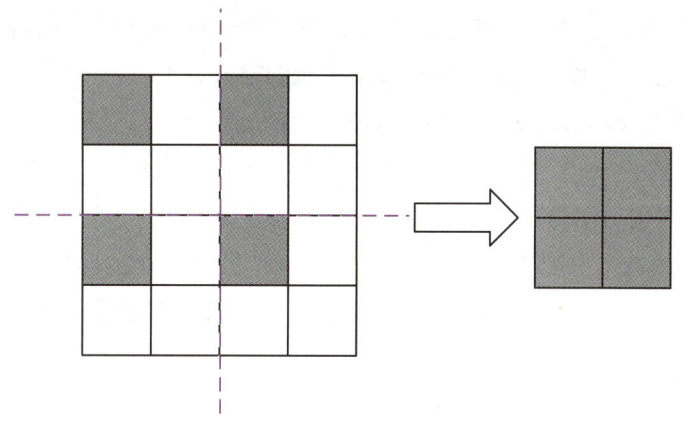

图 3-19 基于等间隔采样的图像缩小法

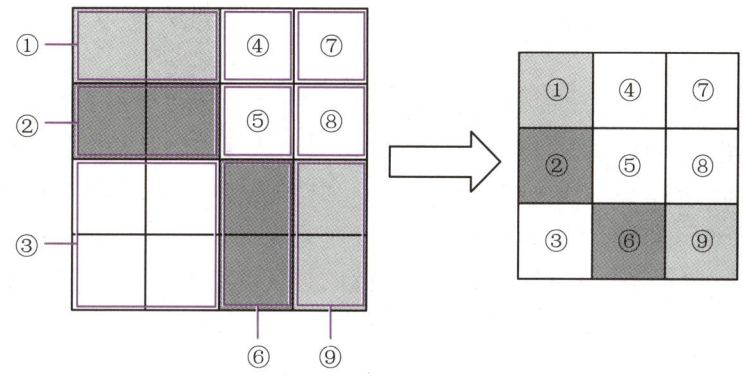

图 3-20 基于局部均值的图像缩小法

指点迷津

基于局部均值的图像缩小法所得到的缩小图像较为平滑，会出现轻微的模糊效果。

3.5.2 图像缩放变换在 MATLAB 中的实现

MATLAB 使用 imresize()函数实现图像的缩放变换，该函数有以下两种常用格式。

（1）指定图像的缩放量，在水平方向和垂直方向上进行等比例缩放。

```
imresize(I,scale,method)
```

其中，I 表示图像数据矩阵；scale 表示图像的缩放量；method 为可选参数，表示缩放变换所用的插值算法。

（2）指定结果图像的大小。

```
imresize(I,[numrows numcols],method)
```

其中，I 表示图像数据矩阵；numrows 和 numcols 分别表示结果图像的像素行数和像素列数；method 为可选参数，表示缩放变换所用的插值算法。

当对索引图像进行缩放变换时，需要将图像的数据矩阵与颜色索引矩阵共同作为 imresize()函数的输入参数，此时，imresize()函数的格式如下。

```
imresize(X,cmap,scale,method)
imresize(X,cmap,[numrows numcols],method)
```

其中，X 表示索引图像数据矩阵；cmap 表示与图像关联的颜色索引矩阵。

【例 3-4】 读取本书配套素材"project3/image"文件夹中的图像文件"icon.png"，分别基于最近邻插值法、双线性插值法和双立方插值法将图像放大 3 倍，然后显示原图像和 3 幅放大图像。

【参考代码】

```
clc; clear;
I = imread('image/icon.png');        % 读取图像
% 将图像放大 3 倍
I1 = imresize(I,3,'nearest');        % 基于最近邻插值法进行放大变换
I2 = imresize(I,3,'bilinear');       % 基于双线性插值法进行放大变换
I3 = imresize(I,3,'bicubic');        % 基于双立方插值法进行放大变换
% 显示图像
a1 = subplot(2,2,1);imshow(I);title('原图像');
a2 = subplot(2,2,2);imshow(I1);
title('基于最近邻插值法的放大图像');
a3 = subplot(2,2,3);imshow(I2);
title('基于双线性插值法的放大图像');
a4 = subplot(2,2,4);imshow(I3);
title('基于双立方插值法的放大图像');
sz = size(I);                        % 获取原图像的大小
sz1 = size(I1);                      % 获取放大图像的大小
xs = a2.XLim;                        % 获取第 2 个子图 x 轴的坐标范围
ys = a2.YLim;                        % 获取第 2 个子图 y 轴的坐标范围
% 设置第 1 个子图的坐标区属性，使得图像相对第 2 个子图的位置居中显示
a1.XLim = xs-sz1(2)/2+sz(2)/2;       % 调整 x 轴的坐标范围
a1.YLim = ys-sz1(1)/2+sz(1)/2;       % 调整 y 轴的坐标范围
```

【运行结果】 程序运行结果如图 3-21 所示。可见，在 3 种插值算法中，最近邻插值法的效果最差，会出现明显的马赛克现象；双线性插值法与双立方插值法均能够较好地保留原图像的信息，但基于双立方插值法得到的放大图像能体现更多的细节，在视觉效果上更加清晰。

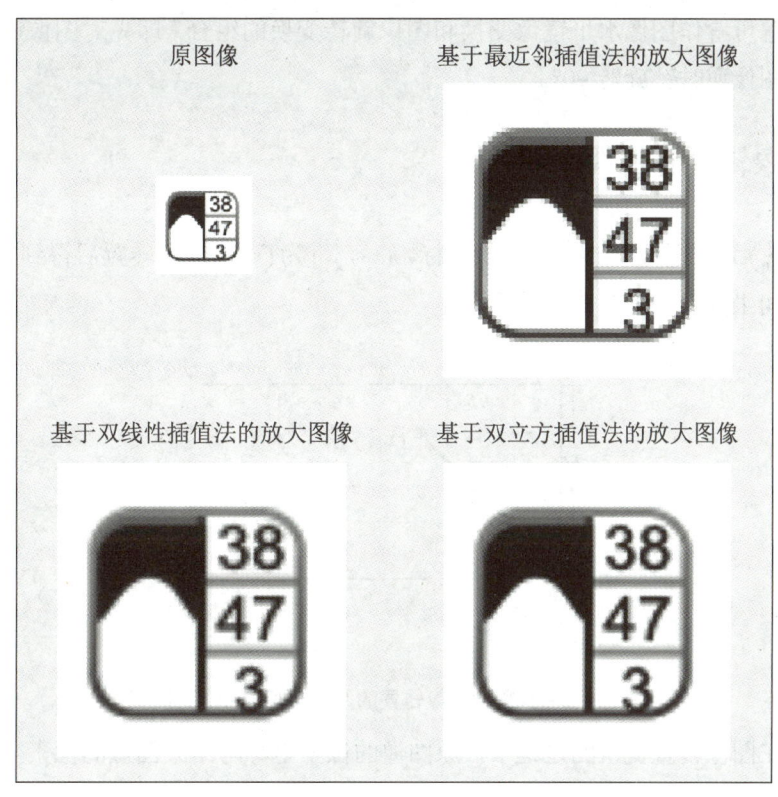

图 3-21 例 3-4 程序运行结果

3.6 图像转置

图像转置是将图像的横坐标和纵坐标交换位置的变换操作。经过转置变换,图像的宽度和高度将互换,图像的大小会发生变化,其效果如图 3-22 所示。

(a)原图像　　　　　　　　(b)转置图像

图 3-22 图像转置的效果

图像转置可看作图像水平镜像变换和图像旋转变换的组合，即先对图像进行水平镜像变换，再将图像逆时针旋转 90°。

3.6.1 图像转置的基本原理

设 (x_0, y_0) 为原图像中的一个像素坐标，(x_1, y_1) 为 (x_0, y_0) 经转置后得到的坐标，则图像转置的空间坐标表示如图 3-23 所示。

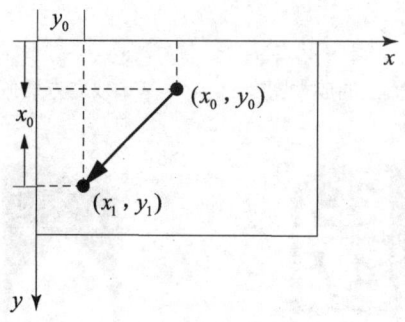

图 3-23 图像转置的空间坐标表示

可见，在图像转置变换的过程中，原图像的像素坐标与结果图像的像素坐标之间的映射关系可用如下公式表示。

$$\begin{cases} x_1 = y_0 \\ y_1 = x_0 \end{cases}$$

3.6.2 图像转置在 MATLAB 中的实现

在 MATLAB 中，图像转置也可以使用 3.3.2 节介绍的 imwarp() 函数实现。imwarp() 函数的 tform 参数用于提供几何变换的变换矩阵和变换所在的维度等信息。其中，图像转置的变换矩阵为 [0 1 0;1 0 0;0 0 1]。

【例 3-5】 读取本书配套素材"project3/image"文件夹中的图像文件"flower.jpg"，并对该图像进行转置，然后显示原图像和转置图像。

【参考代码】
```
clc; clear;
I = imread('image/flower.jpg');              % 读取图像
tform = affinetform2d([0 1 0;1 0 0;0 0 1]);  % 创建转置变换对象
J = imwarp(I,tform);                         % 进行图像转置
% 显示图像
```

```
subplot(1,2,1);imshow(I);title('原图像');
subplot(1,2,2);imshow(J);title('转置图像');
```

【运行结果】 程序运行结果如图 3-24 所示。

图 3-24 例 3-5 程序运行结果

3.7 图像几何变换的典型应用——图像配准

图像配准（image registration）是图像几何变换的一种典型应用，其目的是通过几何变换技术，将同一场景下的两幅或多幅图像准确地对齐到同一个空间参考体系中，从而比较不同图像中的同一特征。图像配准的过程需要先指定一个图像作为基准图像（或固定图像），再对其他待配准图像（或运动图像）应用几何变换，使它们与基准图像对齐。待配准图像可以是使用不同设备在同一时间拍摄的图像（如 MRI 设备和 CT 扫描仪拍摄的同一部位的医学影像），也可以是使用同一设备在不同时间拍摄的图像（如在同一位置间隔几天拍摄的卫星图像）。

图像配准在医学影像、卫星图像分析等领域的应用非常普遍。在这些领域中，图像配准对同一场景中的多幅图像进行处理，以对因摄像机角度、距离、传感器分辨率和其他因素所导致的几何失真进行校正。

MATLAB 的图像处理工具箱提供了 3 种图像配准的方法，分别是使用图像配准器的交互式配准、基于强度的自动图像配准和控制点配准。

（1）使用图像配准器的交互式配准。MATLAB 提供了一个图像配准 App，它使用自动的图像配准方法对齐二维灰度图像，允许用户交互式地比较多种配准方法。用户可通过在命令行窗口中输入"registrationEstimator"命令来打开该 App。

（2）基于强度的自动图像配准。基于强度的自动图像配准通过比较图像中像素的强度（如灰度值或颜色）在分布上的相似性来实现图像配准，既可以应用于单模态图像和多模态图像中，也可以应用于二维图像和三维图像中。

高手点拨

图像的不同成像技术或模式可以被视为不同的模态。例如，在医学领域中，MRI 影像和 CT 影像是不同模态的图像；在遥感领域中，可见光图像和红外图像是不同模态的图像。单模态图像是指使用同种成像技术或模式获得的图像，通常用于特定的应用场景。多模态图像是指使用多种成像技术或模式获得的图像，能够提供同一对象不同类型的信息。

（3）控制点配准。**控制点**是基准图像与待配准图像中位置相互对应的点，代表了基准图像与待配准图像的共同特征。控制点配准允许用户指定图像中控制点的位置，以关注图像中的重要特征或提供更清晰的特征映射。用户可以使用 cpselect() 函数打开 MATLAB 的控制点选择工具，手动选择基准图像与待配准图像中相互对应的控制点，并将控制点的坐标保存到工作区中，再通过控制点对的位置拟合几何变换矩阵，最后对待配准图像应用几何变换，实现图像配准。

科技铸魂——智能医疗影像平台辅助医疗诊断

随着人工智能技术的快速发展，智能医疗影像平台正成为推动现代医学发展的重要力量。这类平台通过深度学习、计算机视觉和大数据分析等先进技术，能够对 CT、MRI 等医学影像进行自动识别、病灶检测与量化分析，显著提升了影像诊断的效率与准确性。在一些医疗资源相对匮乏的地区，智能医疗影像平台不仅能够辅助医生快速筛查疾病，实现早发现、早干预、早治疗，还能够为分级诊疗和智慧医院建设提供坚实的技术支撑。目前，智能医疗影像平台的典型代表有腾讯觅影·数智医疗影像平台、锐达医疗影像云平台等。

腾讯觅影·数智医疗影像平台是一个医学影像人工智能开放创新平台。它专注于数字医疗影像数据的云端管理和应用，集成和开放了腾讯自研的 20 多种科研级别的人工智能引擎，搭建了人工智能分析系统，能够提供产、学、研、管一体化的解决方案。该平台集成了对各类重大疾病的辅助筛查与诊断、病情追踪等功能，有效地提高了医疗服务的效率与精准度，能够帮助高校、科研院所、公立医院和科技企业等开展科研工作。

锐达医疗影像云平台是一个基于"互联网+医疗影像"的共享、智能服务平台。它可以有效汇集各级医疗机构的医疗数据，整合优质医疗资源，实现高效会诊，并向患者、医生提供便捷的影像服务。

智能医疗影像平台不仅是医生的"智能助手"，更是推动医疗公平、提升诊疗质量、优化资源配置的关键设施。未来，智能医疗影像平台将在重大疾病防控、个性化治疗和全民健康管理中发挥更大的作用，真正实现"科技赋能健康中国"的愿景。

项目 ③ 使用几何变换进行图像配准

📝 **项目实施**——磁共振成像的图像配准

磁共振成像的
图像配准

1. 图像预处理

步骤1　清除命令行窗口及工作区中的所有内容。
步骤2　使用dicomread()函数读取图像文件"knee1.dcm"和"knee2.dcm"。其中，图像"knee1.dcm"为基准图像，图像"knee2.dcm"为待配准图像。
步骤3　使用uint8()函数将两幅图像的数据类型均转换为uint8。
步骤4　使用imsubtract()函数计算两幅图像的位置差异，得到差异图像。
步骤5　显示基准图像、待配准图像与差异图像。

【参考代码】

```
clc; clear;                            % 清除命令行窗口及工作区中的所有内容
% 读取两幅图像
fixed = dicomread('knee1.dcm');
moving = dicomread('knee2.dcm');
% 将两幅图像的数据类型均转换为uint8
fixed = uint8(fixed);
moving = uint8(moving);
diff = imsubtract(moving,fixed);
                                       % 计算两幅图像的位置差异
% 显示基准图像、待配准图像与差异图像
subplot(1,3,1);imshow(fixed);title('基准图像');
subplot(1,3,2);imshow(moving);title('待配准图像');
subplot(1,3,3);imshow(diff);title('差异图像');
```

【运行结果】　程序运行结果如图3-25所示。

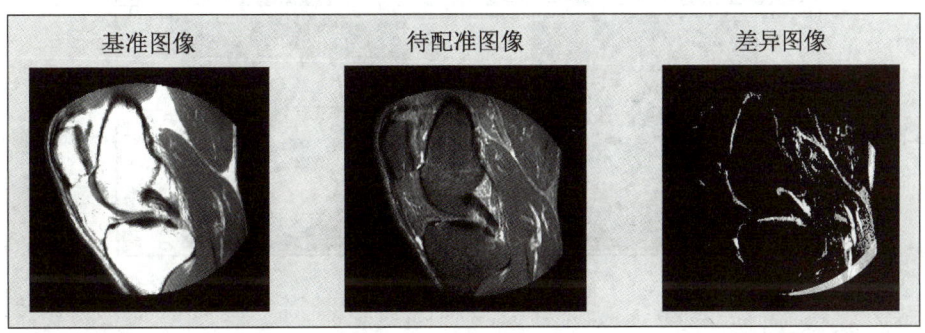

图3-25　基准图像、待配准图像与差异图像

数字图像处理技术及应用

> **指点迷津**
>
> （1）医学影像通常存储在 DICOM 格式的文件中，其文件扩展名为".dcm"。在 MATLAB 中，可使用 dicomread() 函数读取医学影像，所读取图像的数据类型为 uint16。
>
> （2）uint8() 函数用于将变量的数据类型转换为 uint8。与 im2uint8() 函数相比，uint8() 函数不更改变量的数值，而 im2uint8() 函数会将变量的数值按比例缩放到 0~255 范围内。

2．选择控制点

步骤 1　使用 cpselect() 函数打开 MATLAB 图像处理工具箱中的控制点选择工具。

【参考代码】

```
% 打开控制点选择工具，手动选择控制点
[movingPoints,fixedPoints] = cpselect(moving,fixed,Wait=true);
```

【运行结果】　程序运行结果如图 3-26 所示。可见，控制点选择工具的工作界面主要由细节窗口和概览窗口组成。细节窗口位于工作界面的顶部，用于显示图像中某一部分的放大细节，细节窗口的左侧为待配准图像，右侧为基准图像；概览窗口位于工作界面的底部，用于显示图像的整体，概览窗口的左侧为待配准图像，右侧为基准图像。概览窗口中的细节矩形框用于控制在细节窗口中可见的图像部分，可以通过移动细节矩形来改变细节窗口中的图像。

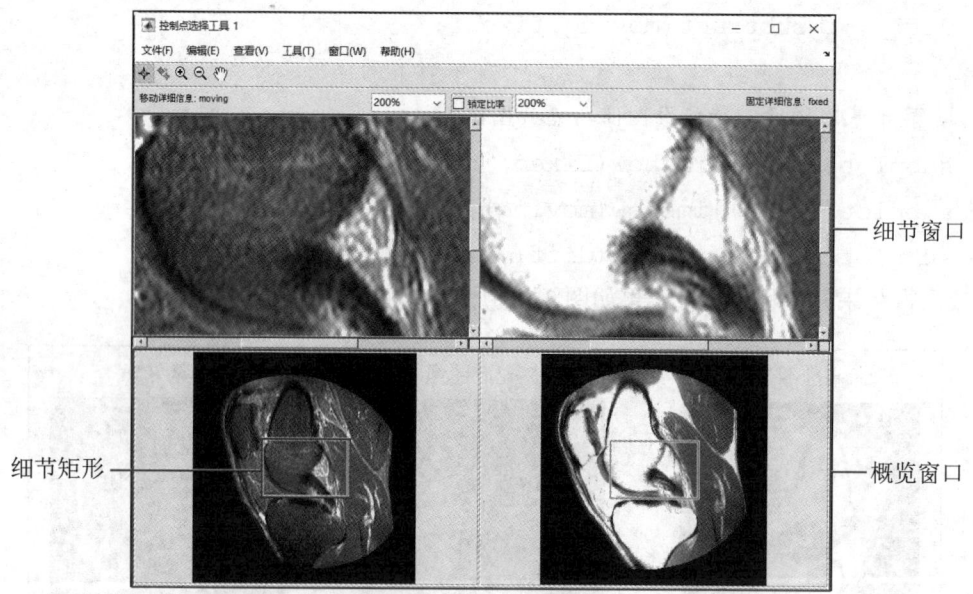

图 3-26　控制点选择工具

步骤 2　在细节窗口中，选择想要对齐的图像特征作为控制点，控制点选择工具会标记所选控制点并进行编号，如图 3-27 所示。

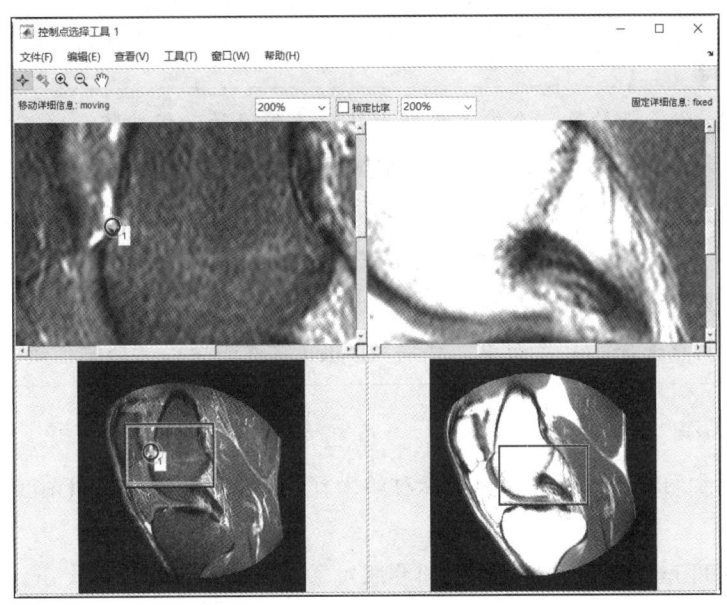

图 3-27 选择控制点

步骤 3 手动选择 4 组控制点对。分别选择两幅图像中的对应特征,得到 4 组控制点对,如图 3-28 所示。两幅图像中相应的控制点具有相同的编号,带有圆形标记的编号表示当前被选中的控制点。

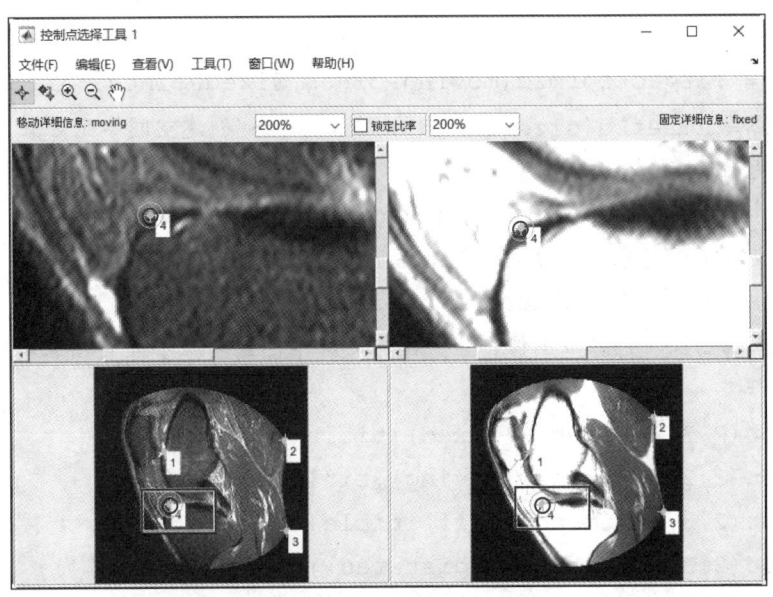

图 3-28 选择所有控制点对

步骤 4 关闭控制点选择工具。

> **指点迷津**
>
> （1）cpselect()函数的第一个输入参数为待配准图像的数据矩阵，第二个输入参数为基准图像的数据矩阵。参数 Wait 用于设置控制点选择工具与脚本主程序之间的运行顺序。若其值设置为 true，则表示在打开控制点选择工具界面时不运行其他程序；若其值设置为 false 或不使用该参数，则表示运行程序，此时，cpselect()函数会立即结束运行，所选择的控制点坐标将无法应用到主程序中。
>
> （2）在控制点选择工具界面中，可按"Delete"键删除已选择的控制点。

3．图像配准

步骤 1　基于两幅图像的 4 组控制点对的坐标，使用 fitgeotform2d()函数拟合几何变换矩阵。

步骤 2　使用 imref2d()函数创建空间参照对象，存储基准图像的大小。

步骤 3　根据得到的几何变换矩阵进行几何变换，并设置结果图像的大小与基准图像一致，实现图像配准。

步骤 4　使用 imsubtract()函数计算配准图像与基准图像的位置差异。

步骤 5　显示基准图像、待配准图像、差异图像、配准图像与配准差异图像。

【参考代码】

```
% 拟合几何变换矩阵
tform = fitgeotform2d(movingPoints,fixedPoints,'affine');
Rfixed = imref2d(size(fixed));        % 创建空间参照对象
% 进行几何变换，得到配准图像
registered = imwarp(moving,tform,OutputView=Rfixed);
% 计算配准图像与基准图像的位置差异
registered_diff = imsubtract(registered,fixed);
% 显示基准图像、待配准图像、差异图像、配准图像与配准差异图像
figure;
subplot(2,3,1);imshow(fixed);title('基准图像');
subplot(2,3,2);imshow(moving);title('待配准图像');
subplot(2,3,3);imshow(diff);title('差异图像');
subplot(2,3,5);imshow(registered);title('配准图像');
subplot(2,3,6);imshow(registered_diff);title('配准差异图像');
```

【运行结果】　程序运行结果如图 3-29 所示。可见，图像配准有效地对齐了待配准图像与基准图像，使得配准图像与基准图像之间的差异远小于待配准图像与基准图像之间的差异。

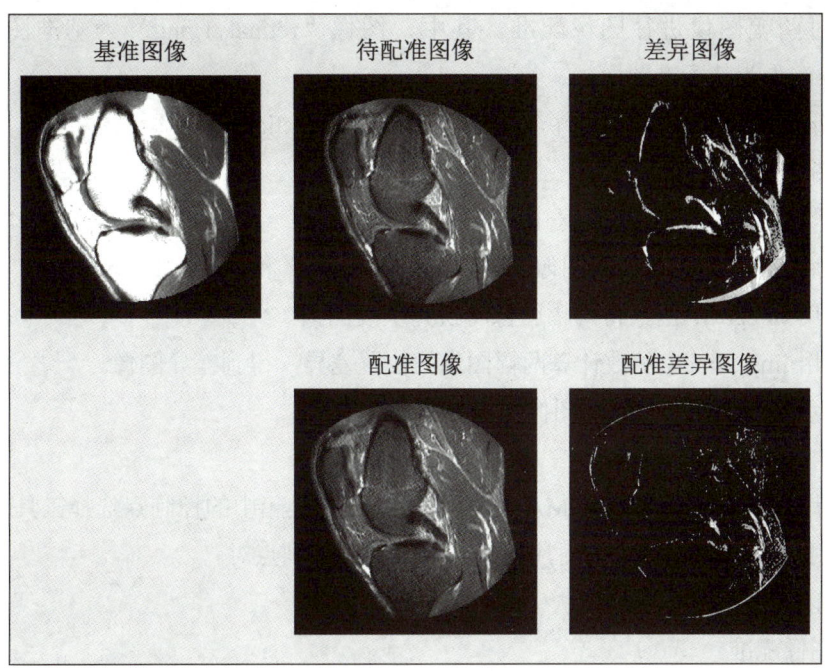

图 3-29　基准图像、待配准图像、差异图像、配准图像与配准差异图像

指点迷津

（1）fitgeotform2d()函数可根据控制点对的坐标拟合二维空间中的几何变换，并返回几何变换对象。它有 3 个输入参数：第一个输入参数为待配准图像的控制点坐标；第二个输入参数为基准图像的控制点坐标；第三个输入参数为几何变换的类型，其中"affine"表示仿射变换。仿射变换是所有二维空间中几何变换类型的统称，包括平移变换、旋转变换、缩放变换等。

（2）imref2d()函数用于创建图像的空间参照对象，存储二维图像的大小与空间位置信息。

项目实训

1. 实训目的
（1）掌握使用 MATLAB 对图像进行几何变换的方法。
（2）掌握使用图像的几何变换进行图像配准的方法。

2. 实训内容
读取本书配套素材"project3/image"文件夹中的图像文件"retinal_1.png"和"retinal_

2.png",对两幅图像进行图像配准。其中,图像"retinal_1.png"为基准图像,图像"retinal_2.png"为待配准图像。

(1)新建 MATLAB 脚本文件,并将其命名为"practice3_1.m"。

(2)图像预处理。

① 清除命令行窗口及工作区中的所有内容。

② 使用 imread()函数读取图像文件"retinal_1.png"和"retinal_2.png"。

③ 使用 im2gray()函数将两幅图像转换为灰度图像。

④ 使用 imsubtract()函数计算两幅图像的位置差异,得到差异图像。

⑤ 显示基准图像、待配准图像与差异图像。

(3)选择控制点。

① 使用 cpselect()函数打开 MATLAB 图像处理工具箱中的控制点选择工具。

② 分别选择两幅图像中的对应特征,得到 4 组控制点对。

③ 关闭控制点选择工具。

(4)图像配准。

① 基于两幅图像的 4 组控制点对的坐标,使用 fitgeotform2d()函数拟合几何变换矩阵。

② 使用 imref2d()函数创建空间参照对象,存储基准图像的大小。

③ 根据得到的几何变换矩阵进行几何变换,并设置结果图像的大小与基准图像一致,实现图像配准。

④ 使用 imsubtract()函数计算配准图像与基准图像的位置差异。

⑤ 显示基准图像、待配准图像、差异图像、配准图像与配准差异图像。

3. 实训小结

按要求完成实训内容,并将实训过程中遇到的问题和解决办法记录在表 3-1 中。

表 3-1 实训过程

序号	主要问题	解决办法

项目总结

完成本项目的学习与实践后,请总结应掌握的重点内容,并将图 3-30 的空白处填写完整。

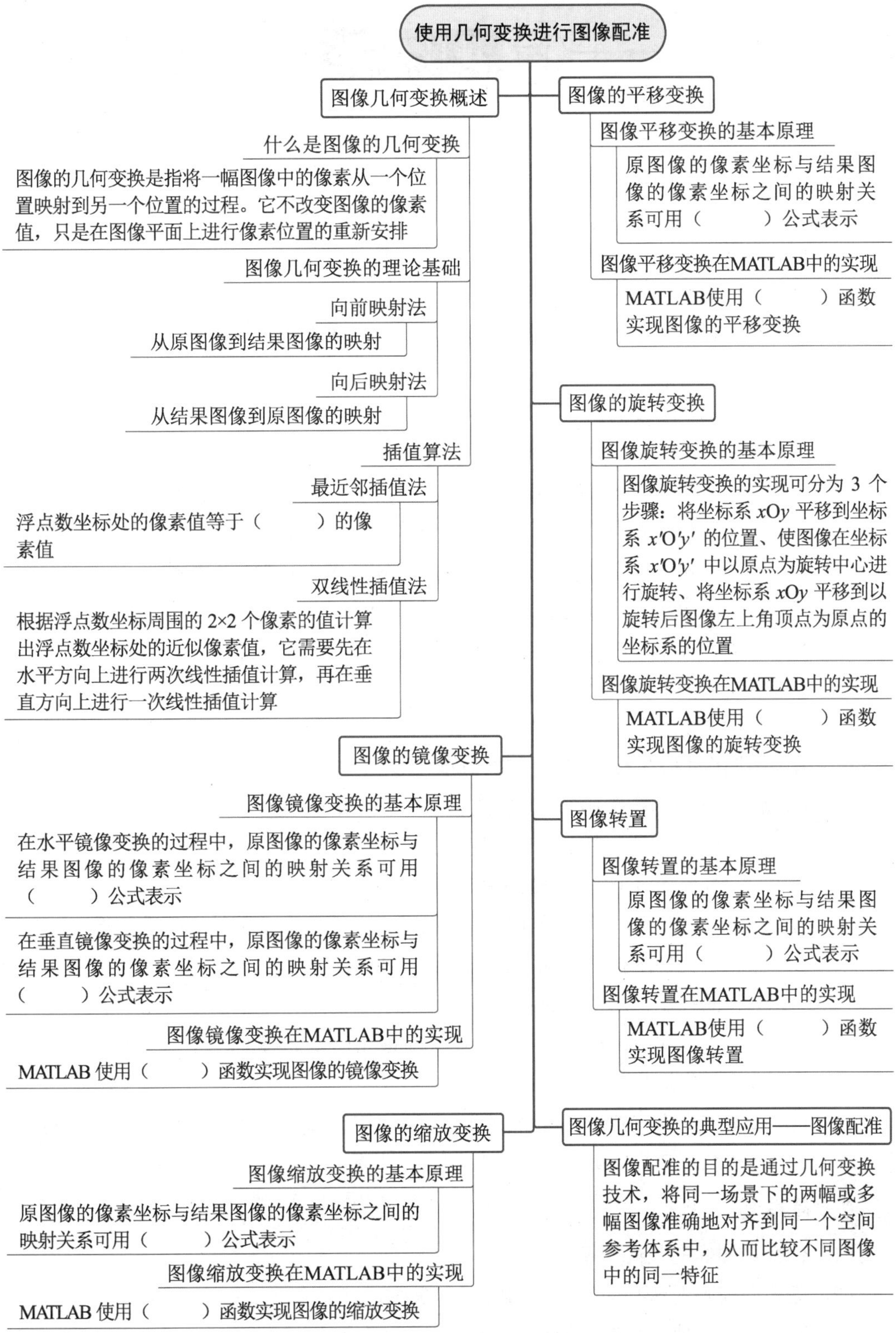

项目 3 使用几何变换进行图像配准

使用几何变换进行图像配准

图像几何变换概述

什么是图像的几何变换
图像的几何变换是指将一幅图像中的像素从一个位置映射到另一个位置的过程。它不改变图像的像素值，只是在图像平面上进行像素位置的重新安排

图像几何变换的理论基础

- **向前映射法**：从原图像到结果图像的映射
- **向后映射法**：从结果图像到原图像的映射

插值算法

- **最近邻插值法**：浮点数坐标处的像素值等于（　　）的像素值
- **双线性插值法**：根据浮点数坐标周围的 2×2 个像素的值计算出浮点数坐标处的近似像素值，它需要先在水平方向上进行两次线性插值计算，再在垂直方向上进行一次线性插值计算

图像的平移变换

图像平移变换的基本原理
原图像的像素坐标与结果图像的像素坐标之间的映射关系可用（　　）公式表示

图像平移变换在MATLAB中的实现
MATLAB使用（　　）函数实现图像的平移变换

图像的旋转变换

图像旋转变换的基本原理
图像旋转变换的实现可分为 3 个步骤：将坐标系 xOy 平移到坐标系 $x'O'y'$ 的位置、使图像在坐标系 $x'O'y'$ 中以原点为旋转中心进行旋转、将坐标系 xOy 平移到以旋转后图像左上角顶点为原点的坐标系的位置

图像旋转变换在MATLAB中的实现
MATLAB使用（　　）函数实现图像的旋转变换

图像的镜像变换

图像镜像变换的基本原理
在水平镜像变换的过程中，原图像的像素坐标与结果图像的像素坐标之间的映射关系可用（　　）公式表示

在垂直镜像变换的过程中，原图像的像素坐标与结果图像的像素坐标之间的映射关系可用（　　）公式表示

图像镜像变换在MATLAB中的实现
MATLAB使用（　　）函数实现图像的镜像变换

图像转置

图像转置的基本原理
原图像的像素坐标与结果图像的像素坐标之间的映射关系可用（　　）公式表示

图像转置在MATLAB中的实现
MATLAB使用（　　）函数实现图像转置

图像的缩放变换

图像缩放变换的基本原理
原图像的像素坐标与结果图像的像素坐标之间的映射关系可用（　　）公式表示

图像缩放变换在MATLAB中的实现
MATLAB使用（　　）函数实现图像的缩放变换

图像几何变换的典型应用——图像配准

图像配准的目的是通过几何变换技术，将同一场景下的两幅或多幅图像准确地对齐到同一个空间参考体系中，从而比较不同图像中的同一特征

图 3-30　项目总结

项目考核

1. 选择题

(1) 下列插值算法中,插值效果最好的是( )。
    A. 双线性插值法   B. 最近邻插值法
    C. 双立方插值法   D. 线性插值法

(2) 函数 imtranslate(I,[-90,75]) 表示( )。
    A. 将图像 I 向左平移 90 像素,向上平移 75 像素
    B. 将图像 I 向左平移 90 像素,向下平移 75 像素
    C. 将图像 I 向右平移 90 像素,向上平移 75 像素
    D. 将图像 I 向右平移 90 像素,向下平移 75 像素

(3) 下列关于图像转置的描述中,正确的是( )。
    A. 图像转置可以看作图像水平镜像变换和图像旋转变换的组合
    B. 图像转置可以看作图像垂直镜像变换和图像旋转变换的组合
    C. 经过图像转置,图像的大小不会发生变化
    D. 在 MATLAB 中,图像转置可以通过 imresize() 函数来实现

(4) 函数 imrotate(I,30) 表示( )。
    A. 将图像 I 绕坐标系原点顺时针旋转 30°
    B. 将图像 I 绕坐标系原点逆时针旋转 30°
    C. 将图像 I 绕图像中心顺时针旋转 30°
    D. 将图像 I 绕图像中心逆时针旋转 30°

(5) 下列关于 cpselect() 函数的描述中,正确的是( )。
    A. cpselect() 函数的第一个参数是基准图像,第二个参数是待配准图像
    B. 在脚本文件中执行语句 "points = cpselect(I,J);",可得到在控制点选择工具中选择的控制点对的坐标
    C. 在脚本文件中执行语句 "points = cpselect(I,J,Wait=false);",可得到在控制点选择工具中选择的控制点对的坐标
    D. 在脚本文件中执行语句 "[pointsA,pointsB] = cpselect(I,J,Wait=true);",可得到在控制点选择工具中选择的控制点对坐标

2. 简答题

(1) 什么是图像的几何变换?
(2) 简述向前映射法与向后映射法的基本原理。
(3) 简述常用插值算法的优缺点。

3. 实践题

读取 MATLAB 图像处理工具箱中的图像文件"trailer.jpg",将该图像先进行垂直镜像变换,再缩小到原来的 0.5 倍。要求垂直镜像变换和缩放变换均使用最近邻插值法进行插值。

项目评价

结合本项目的学习情况,完成项目评价并将评价结果填入表 3-2 中。

表 3-2　项目评价

评价项目	评价内容	评价分数			
		分值	自评	互评	师评
项目完成度评价（20%）	项目准备阶段,回答问题是否清晰准确,能够紧扣主题,没有明显错误	5 分			
	项目实施阶段,是否能够根据操作步骤完成本项目	5 分			
	项目实训阶段,是否能够出色完成实训内容	5 分			
	项目总结阶段,是否能够正确地将项目总结的空白信息补充完整	2 分			
	项目考核阶段,是否能够正确地完成考核题目	3 分			
知识评价（30%）	是否理解图像几何变换的概念	2 分			
	是否掌握向前映射法和向后映射法的基本原理	3 分			
	是否掌握最近邻插值法和双线性插值法的基本原理	3 分			
	是否掌握图像平移变换、镜像变换、旋转变换、缩放变换的基本原理及其在 MATLAB 中的实现方法	16 分			
	是否掌握图像转置的基本原理及其在 MATLAB 中的实现方法	4 分			
	是否了解图像几何变换的典型应用——图像配准	2 分			
技能评价（30%）	是否能够使用 MATLAB 对图像进行平移、镜像、旋转、缩放、转置等几何变换	15 分			
	是否能够使用图像的几何变换进行图像配准	15 分			

表 3-2（续）

评价项目	评价内容	评价分数			
		分值	自评	互评	师评
素养评价 （20%）	是否遵守课堂纪律，上课精神是否饱满	5 分			
	是否具有自主学习意识，做好课前准备	5 分			
	是否善于思考，积极参与，勇于提出问题	5 分			
	是否具有团队合作精神，出色完成小组任务	5 分			
合计	综合分数_____自评(25%)+互评(25%)+师评(50%)	100 分			
	综合等级_____	指导老师签字_____			
综合评价 （创新、进步及不足）					

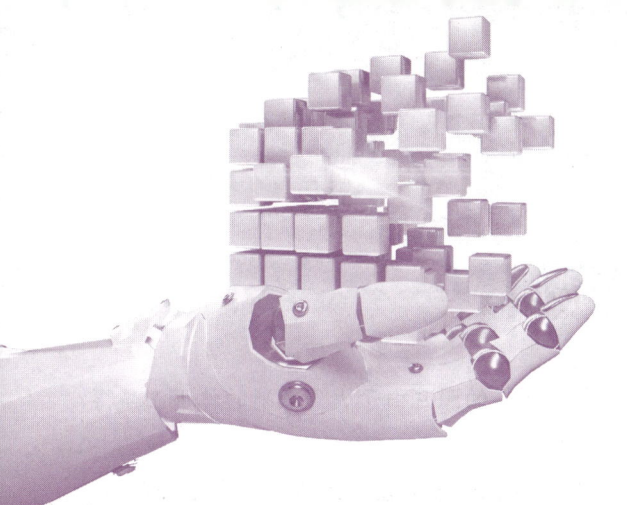

项目 4

使用图像增强改善图片质量

📖 项目目标

📝 知识目标

- 理解图像增强的含义，了解图像增强的常用方法。
- 掌握直方图修正法和灰度变换法的基本原理及其在 MATLAB 中的实现方法。
- 掌握图像平滑的基本原理及其在 MATLAB 中的实现方法。
- 掌握图像锐化的基本原理及其在 MATLAB 中的实现方法。
- 了解傅里叶变换的基本原理及其在 MATLAB 中的实现方法。
- 掌握低通滤波和高通滤波等频域图像增强方法。

🔧 技能目标

- 能够使用直方图修正法和灰度变换法进行图像增强。
- 能够使用均值滤波、高斯滤波和中值滤波进行图像平滑处理。
- 能够使用梯度锐化和拉普拉斯锐化进行图像锐化处理。
- 能够使用理想低通滤波和理想高通滤波对图像进行频域增强处理。

⭐ 素养目标

- 学习图像增强的基本方法，提高举一反三的能力。
- 培养严谨、细致的学习和工作态度。

项目描述

在一次户外摄影活动中，小旌注意到雾霾天气下拍摄的照片由于大气散射的作用而显得模糊不清、色彩暗淡，照片中物体的细节特征难以辨别。雾霾天气不仅会影响照片的视觉效果，还会影响各类光学成像系统的性能。因此，研究如何改善雾霾图像的质量至关重要。

通过查阅资料，小旌了解到图像增强技术可以有效地去除图像中的雾气，恢复图像中物体的真实细节。于是，他开始尝试对 MATLAB 图像处理工具箱中的雾霾图像"foggyroad.jpg"进行处理，去除该图像中的雾气。

项目分析

按照项目要求，图像去雾处理的具体步骤分解如下。

第 1 步：图像预处理。使用 imread()函数读取雾霾图像"foggyroad.jpg"，并将其转换为灰度图像，然后使用 imshow()函数显示雾霾图像及其灰度直方图。

第 2 步：图像去雾。获取雾霾图像的大小，并将其宽度和高度调整为奇数，再使用 imgaussfilt()函数在 3 个不同的空间尺度上对雾霾图像进行高斯滤波处理，得到 3 幅高斯滤波图像，然后在对数域中使用 imsubtract()函数将雾霾图像分别与这 3 幅高斯滤波图像相减，得到 3 幅反射图像，最后对 3 幅反射图像取平均，得到去雾图像。

第 3 步：调整图像对比度。使用 histeq()函数对去雾图像进行直方图均衡化处理，增强其对比度，并显示雾霾图像和直方图均衡化处理后的去雾图像。

为了更好地处理雾霾图像，本项目将对相关知识进行介绍，包括图像增强的基本概念，直方图修正法，灰度变换法，图像平滑，图像锐化，傅里叶变换，以及频域图像增强的常用方法。

项目准备

全班学生以 3～5 人为一组进行分组，各组选出组长，组长组织组员扫码观看"彩色图像增强技术"视频，讨论并回答下列问题。

问题 1：什么是伪彩色图像增强？

彩色图像增强技术

问题 2：真彩色图像增强的处理方法是什么？

4.1 图像增强概述

图像增强是指根据特定的需要突出一幅图像中的关键信息，同时削弱或消除干扰信息的一种处理方法。图像增强并不增加图像中不存在的信息，而是对已有信息进行调整和优化，使其更适合人眼观察或计算机识别。图像增强是图像处理中一种非常主观的方法，它的目标是改善图像的视觉效果，突出图像中感兴趣的信息，抑制不需要的信息，从而提高图像的使用价值。

图像增强根据其作用域的不同，可分为空域图像增强和频域图像增强，如图 4-1 所示。空域图像增强直接对图像的像素进行操作，包括直方图修正法、灰度变换法、图像平滑和图像锐化等；频域图像增强对图像经傅里叶变换后的频谱成分进行操作，再经傅里叶逆变换获得所需结果，主要包括低通滤波和高通滤波。空域图像增强与频域图像增强从不同的角度对图像进行处理，在很多情况下，二者可视为对同一问题的两种解决方案。在实际应用中，往往需要根据特定的任务选择将图像增强作用于空域还是频域，必要时可在空域和频域之间进行转换以应对各种复杂的图像增强需求。

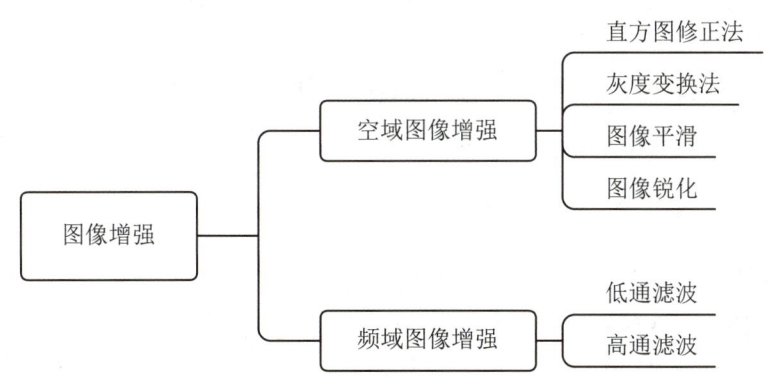

图 4-1 图像增强方法的分类

图像增强广泛应用于医学、公安等领域。例如，在医学领域中，常使用图像增强来提高医学影像的清晰度，突出医学影像的细节，以帮助医生更加准确地判断患者的病情；在公安领域中，图像增强可以有效改善指纹或手迹图像的质量，以及受雾霾天气或低光照影响的监控视频画面，帮助执法人员更清晰地辨识目标，提高犯罪侦破效率。

4.2 空域图像增强

4.2.1 直方图修正法

图像的灰度直方图反映了图像明暗分布的规律，对灰度直方图进行修正可以改变图像的灰度分布，调整图像的亮度和对比度，从而达到图像增强的效果。直方图修正法主要包括直方图均衡化和直方图规定化。

1. 直方图均衡化

直方图均衡化是指将一幅已知灰度分布的图像变换为具有均匀灰度分布的图像，通过增大其灰度值范围和对比度，来实现图像增强的一种技术。经过直方图均衡化处理，图像具有尽可能多的灰度值且每个灰度值对应的像素数量近似相等，从而使得原本集中在某一灰度区间的像素能够均匀地覆盖整个灰度范围。

由于直方图均衡化无法选择需要增强的图像信息，故图像中的噪声数据可能会随物体特征一同被增强。同时，对于灰度直方图存在高峰的图像，经直方图均衡化处理后可能会出现对比度过分增强的现象。

在 MATLAB 中，histeq()函数可实现直方图均衡化，其一般格式如下。

```
histeq(I,n)
```

其中，I 表示灰度图像的数据矩阵；n 为可选参数，表示均衡化后的灰度直方图中直方条的数量，默认为 64。

【例4-1】 读取本书配套素材"project4/image"文件夹中的图像文件"peppers_contrast.tif"，并对其进行直方图均衡化处理，然后显示原图像、直方图均衡化处理后的图像及两幅图像对应的灰度直方图。

【参考代码】

```
clc; clear;
I = imread('image/peppers_contrast.tif');    % 读取图像
I_eq = histeq(I);                             % 直方图均衡化
% 显示图像
subplot(2,2,1);imshow(I);title('原图像');
subplot(2,2,2);imhist(I);
axis('auto y');title('原图像的灰度直方图');
subplot(2,2,3);imshow(I_eq);title('直方图均衡化处理后的图像');
subplot(2,2,4);imhist(I_eq);
axis('auto y');title({'直方图均衡化处理后图像的','灰度直方图'});
```

【运行结果】 程序运行结果如图4-2所示。

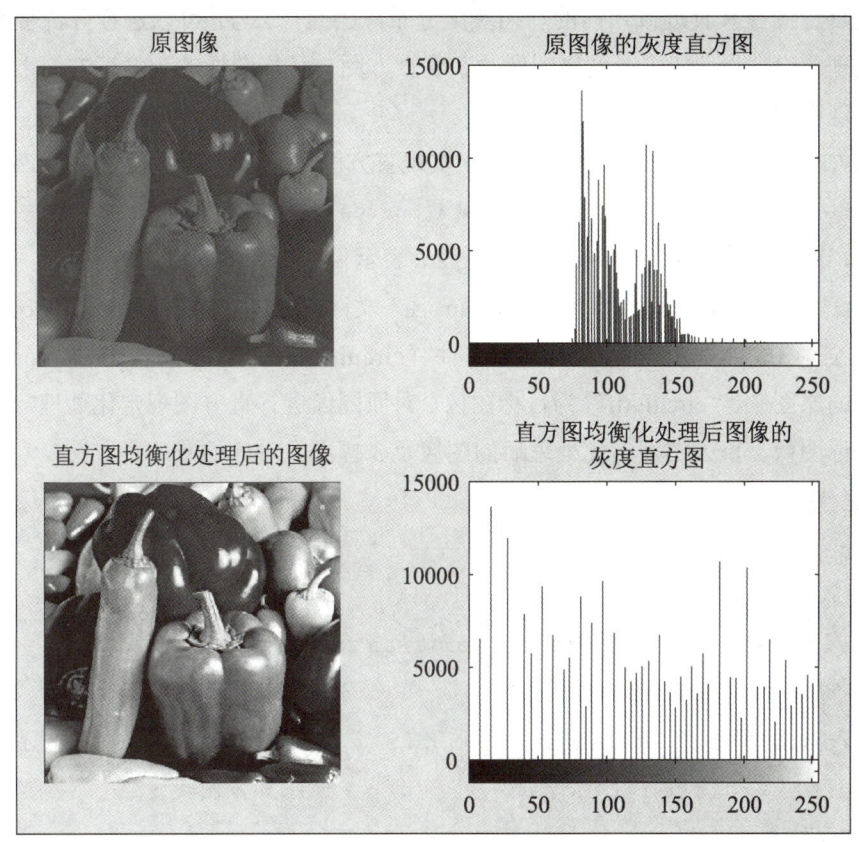

图4-2 例4-1程序运行结果

2. 直方图规定化

直方图均衡化总是得到全局均匀化的灰度直方图，不易控制图像的增强效果。在实际应用中，并不总是需要具有均匀灰度直方图的图像，有时需要变换灰度直方图使之成为某种特定的形状，以便有选择地对图像的特定灰度范围进行增强。此时，可采用较为灵活的直方图规定化技术。

直方图规定化也称直方图匹配，是在直方图均衡化的基础上，通过建立原图像与目标图像（即具有期望形状的灰度直方图的图像）之间的关系，将原图像的灰度直方图变换为具有特定形状的灰度直方图的图像增强技术。直方图规定化可分为以下3个步骤。

（1）对原图像的灰度直方图进行均衡化处理，均衡化过程中的变换函数为 $s = T(r)$。其中，r 表示原图像的原始灰度分布；s 表示原图像的均匀灰度分布。

（2）对目标图像的灰度直方图进行均衡化处理，均衡化过程中的变换函数为 $u = G(z)$。其中，z 表示目标图像的原始灰度分布；u 表示目标图像的均匀灰度分布。

（3）将原图像的灰度直方图映射到目标图像的灰度直方图。经过直方图均衡化处理，原图像与目标图像具有近似相同的均匀灰度分布，因此，s 与 u 可以进行等价替换。通过均衡化处理的逆变换，即可得到原图像的灰度直方图与目标图像的灰度直方图之间的映射关系，实现直方图规定化。

在 MATLAB 中，histeq()函数也可用于实现直方图规定化，其一般格式如下。

```
histeq(I,hgram)
```

其中，I 表示灰度图像的数据矩阵；hgram 表示目标图像的灰度直方图。

【例4-2】 读取本书配套素材"project4/image"文件夹中的图像文件"peppers_contrast.tif"和 MATLAB 图像处理工具箱中的图像文件"circuit.tif"。其中，"peppers_contrast.tif"为待匹配的原图像，"circuit.tif"为目标图像。对原图像进行直方图规定化处理，并显示原图像、目标图像、直方图规定化处理后的图像及 3 幅图像对应的灰度直方图。

【参考代码】

```
clc; clear;
% 读取图像
I = imread('image/peppers_contrast.tif');
J = imread('circuit.tif');
[hgram,binLoc] = imhist(J);              % 获取目标图像的灰度直方图
I_match = histeq(I,hgram);                % 直方图规定化
% 显示图像
subplot(2,3,1);imshow(I);title('原图像');
subplot(2,3,2);imshow(J);title('目标图像');
subplot(2,3,3);imshow(I_match);
title('直方图规定化处理后的图像');
subplot(2,3,4);imhist(I);
axis('auto y');title('原图像的灰度直方图');
subplot(2,3,5);imhist(J);
axis('auto y');title('目标图像的灰度直方图');
subplot(2,3,6);imhist(I_match);
axis('auto y');title({'直方图规定化处理后';'图像的灰度直方图'});
```

【运行结果】 程序运行结果如图 4-3 所示。

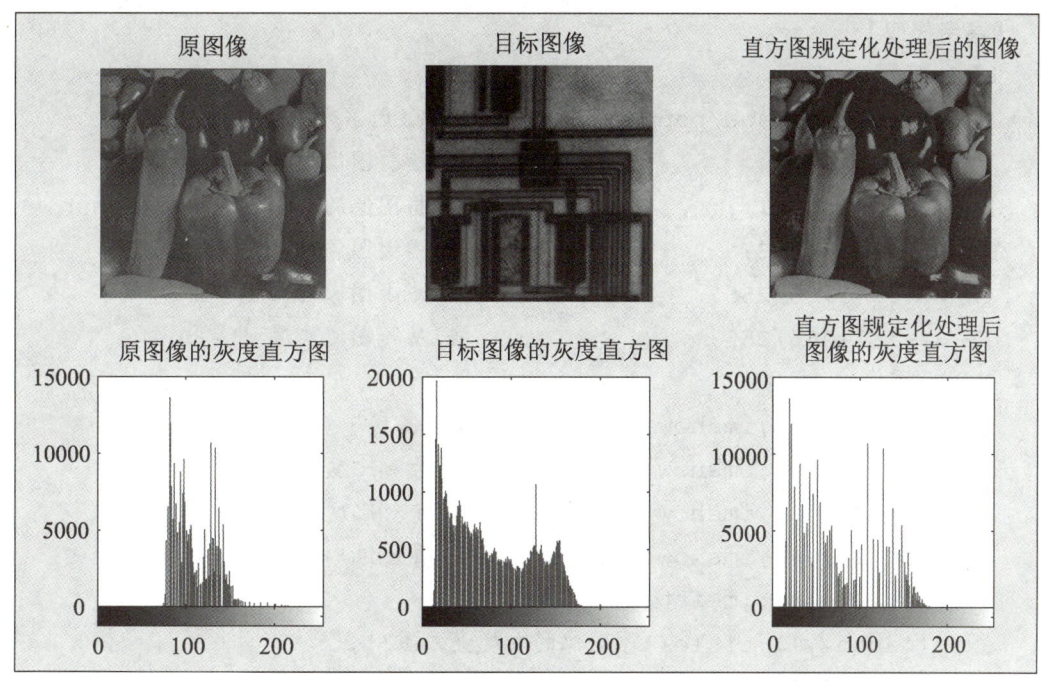

图 4-3 例 4-2 程序运行结果

4.2.2 灰度变换法

与直方图修正法基于灰度值的分布进行图像增强不同，灰度变换法直接对图像的灰度值按照某种映射规则进行变换，其关键是根据图像增强的要求选择合适的灰度映射规则或映射函数。灰度变换法的直接结果是扩大了图像的灰度分布范围，提高了图像的对比度。常用的灰度变换法有线性变换、分段线性变换、对数变换、伽马变换等。

1．线性变换

线性变换是最简单的灰度变换法，它通过对图像中每个像素的灰度值进行统一的比例缩放或平移来达到变换的效果。在变换后，图像中任意两个像素的相对灰度差异保持不变。线性变换的函数定义如下。

$$t = ks + b$$

其中，t 表示变换后图像的灰度值；s 表示原图像的灰度值；k 和 b 表示常数，用于控制图像亮度和对比度的变换程度。当 $k > 1$ 时，线性变换增大图像的对比度；当 $0 \leqslant k < 1$ 时，线性变换减小图像的对比度；当 $k = 1$ 且 $b \neq 0$ 时，线性变换不改变图像的对比度，仅改变图像的亮度；当 $k = -1$ 且 $b = 255$ 时，图像的灰度会被反转。

【例4-3】 读取本书配套素材 "project4/image" 文件夹中的图像文件 "peppers_contrast.tif"，并对其进行下列 3 种不同设置的线性变换：① 设置 $k = 2$ 且 $b = -35$，增大图像的对比度；② 设置 $k = 0.3$ 且 $b = 60$，减小图像的对比度；③ 设置 $k = -1$ 且 $b = 255$，反转图像灰度。

【参考代码】

```
clc; clear;
I = imread('image/peppers_contrast.tif');
                                       % 读取图像
I = im2double(I);                      % 将图像的数据类型转换为double
I1 = 2*I-35/255;                       % 增大图像对比度
I2 = 0.3*I+60/255;                     % 减小图像对比度
I3 = -1*I+255/255;                     % 反转图像灰度
% 显示图像
subplot(2,4,1);imshow(I);title('原图像');
subplot(2,4,2);imshow(I1);title('增大对比度图像');
subplot(2,4,3);imshow(I2);title('减小对比度图像');
subplot(2,4,4);imshow(I3);title('反转图像');
subplot(2,4,5);imhist(I);
axis('auto y');title('原图像的灰度直方图');
subplot(2,4,6);imhist(I1);
axis('auto y');title({'增大对比度图像的';'灰度直方图'});
subplot(2,4,7);imhist(I2);
axis('auto y');title({'减小对比度图像的';'灰度直方图'});
subplot(2,4,8);imhist(I3);
axis('auto y');title('反转图像的灰度直方图');
```

【运行结果】 程序运行结果如图 4-4 所示。

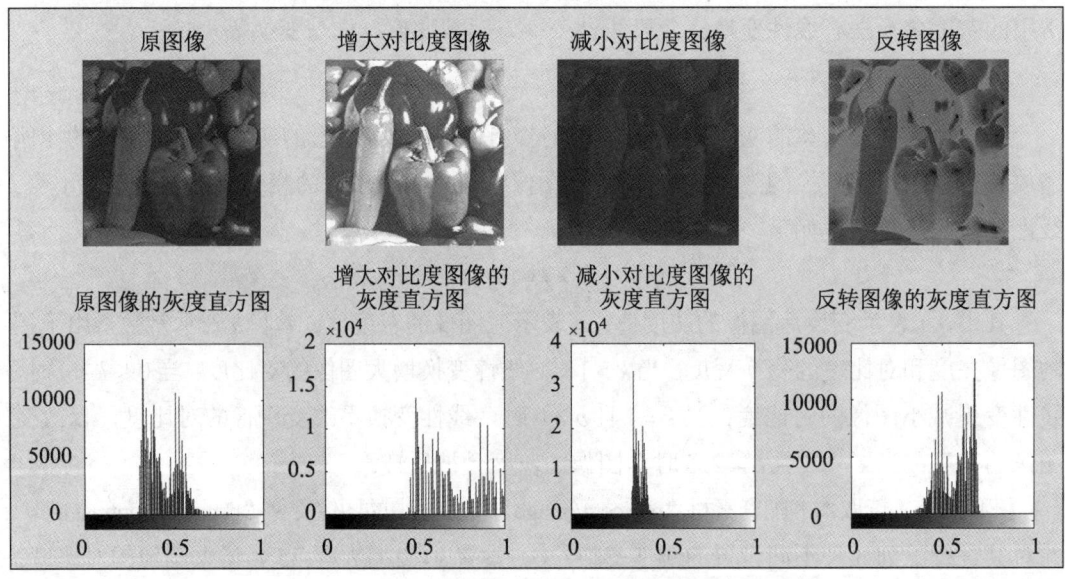

图 4-4 例 4-3 程序运行结果

【程序说明】　im2double()函数会将变量的数值按比例缩放到 0~1 的范围内，因此在计算时需要将常数 b 除以 255。

2．分段线性变换

分段线性变换将图像整体的灰度分布区间划分为多个子区间，并在每个子区间内进行线性变换来调整图像的对比度，使得不感兴趣的区域被抑制、感兴趣的区域被增强，实质上增大了图像中各部分的灰度差异。常见的分段线性变换使用 3 段线性变换函数，其函数定义如下。

$$t = \begin{cases} \dfrac{m}{a}s, & s < a, \\ \dfrac{n-m}{b-a}(s-a)+m, & a \leqslant s \leqslant b, \\ \dfrac{M_t-n}{M_s-b}(s-b)+n, & s > b \end{cases}$$

其中，t 表示变换后图像的灰度值；s 表示原图像的灰度值；M_t 和 M_s 分别表示变换后图像与原图像的最大灰度值；m 和 n 表示变换后图像灰度变换区间的两个端点的值；a 和 b 表示原图像灰度变换区间的两个端点的值。该分段线性变换函数的图像如图 4-5 所示。通过调整区间拐点的位置和分段直线的斜率，可对任一灰度区间进行拉伸或压缩，更灵活地对图像进行变换。

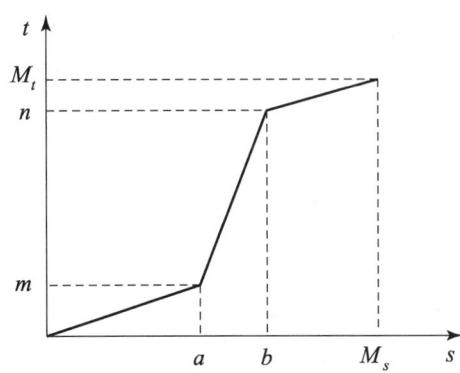

图 4-5　分段线性变换函数的图像

【例 4-4】　读取本书配套素材 "project4/image" 文件夹中的图像文件 "peppers_contrast.tif"，并使用分段线性变换对图像进行增强，然后显示原图像、变换后的图像及两幅图像对应的灰度直方图。规定原图像的灰度变换区间为 [0.4, 0.6]，变换后图像的灰度变换区间为 [0.15, 0.85]。

【参考代码】

```
clc; clear;
a = 0.4; b = 0.6;
m = 0.15; n = 0.85;
I = imread('image/peppers_contrast.tif');       % 读取图像
I = im2double(I);                               % 将图像的数据类型转换为 double
% 创建存储变换后图像数据的矩阵
[M,N] = size(I);
J = zeros(M,N);
% 进行分段线性变换
for i= 1:M
    for j = 1:N
        if I(i,j) < a
            J(i,j) = m*I(i,j)/a;
        elseif I(i,j) > b
            J(i,j) = (I(i,j)-b)*(1-n)/(1-b)+n;
        else
            J(i,j) = (I(i,j)-a)*(n-m)/(b-a)+m;
        end
    end
end
% 显示图像
subplot(2,2,1);imshow(I);title('原图像');
subplot(2,2,2);imshow(J);title('分段线性变换后的图像');
subplot(2,2,3);imhist(I);
axis('auto y');title('原图像的灰度直方图');
subplot(2,2,4);imhist(J);
axis('auto y');title({'分段线性变换后图像的','灰度直方图'});
```

【运行结果】 程序运行结果如图 4-6 所示。

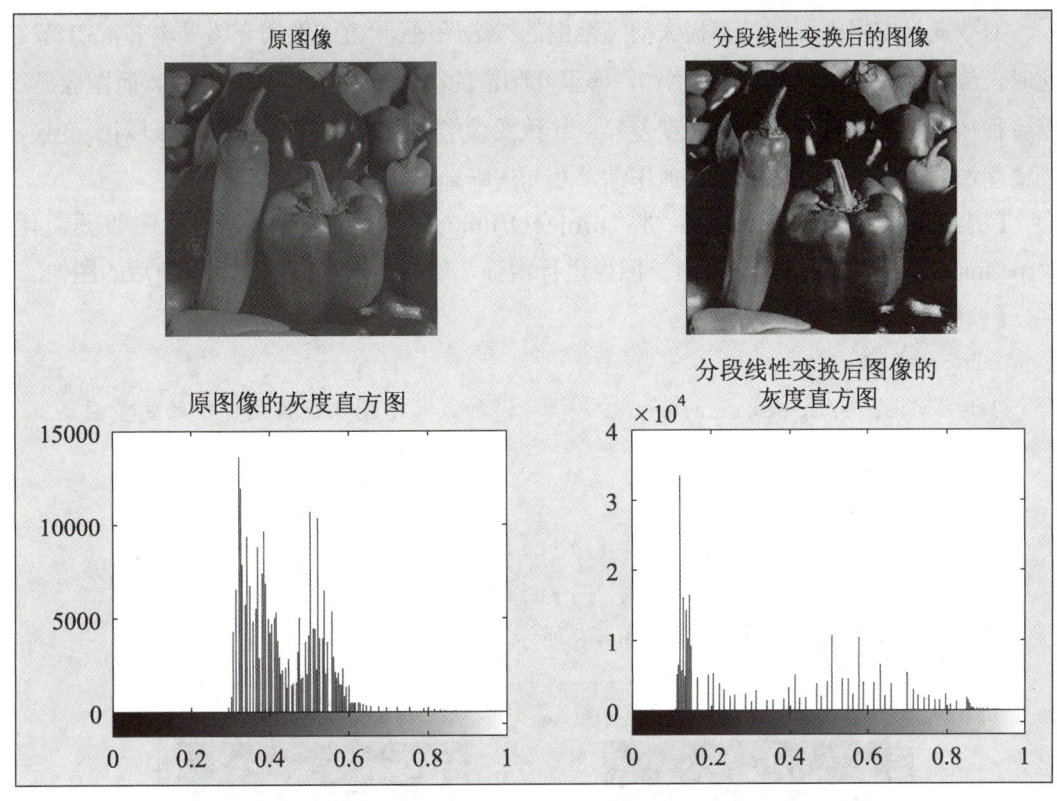

图 4-6 例 4-4 程序运行结果

3. 对数变换

对数变换是一种非线性变换，其作用是对图像灰度值的动态范围进行压缩，并增强图像中较暗部分的细节。对数变换的函数定义如下。

$$t = C\log(1+s)$$

其中，t 表示变换后图像的灰度值；s 表示原图像的灰度值；C 表示常数。该对数变换函数的图像如图 4-7 所示。可见，对数变换函数在横坐标较小时，曲线较陡峭；随着横坐标的增大，曲线趋于平缓。因此，对数变换可以增大图像中较暗区间的灰度范围，并在一定程度上压缩图像的整体灰度范围。

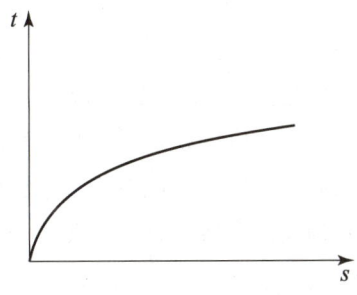

图 4-7 对数变换函数的图像

对数变换常用于压缩具有极大动态范围的频谱图像（频谱图像的介绍见本书4.3.1节），此时，常数C的取值通常为1。例如，傅里叶频谱的动态范围可能为$0\sim10^6$，而图像显示设备往往无法呈现这一过大的亮度差异，导致图像中大量暗部细节丢失。通过对数变换，频谱图像的动态范围能够被合理地压缩，从而清晰地显示图像。

【例4-5】 加载本书配套素材"project4/image"文件夹中的频谱图像数据文件"spectrum.mat"，使用对数变换对该图像进行增强，然后显示频谱图像和变换后的图像。

【参考代码】
```
clc; clear;
load image/spectrum.mat F        % 加载频谱图像数据文件中的变量F
J = log(F+1);                    % 进行对数变换
% 显示图像
subplot(1,2,1);imshow(F,[]);title('频谱图像');
subplot(1,2,2);imshow(J,[]);title('对数变换后的图像');
```

【运行结果】 程序运行结果如图4-8所示。

图4-8 例4-5程序运行结果

【程序说明】 ① load命令可用于加载文件中的变量；② MAT文件是存储数组、矩阵等数据的二进制文件，其文件扩展名为".mat"。

4．伽马变换

伽马变换也称幂次变换或幂律变换，其函数定义如下。

$$t = Cs^\gamma$$

其中，t表示变换后图像的灰度值；s表示原图像的灰度值；C和γ表示常数。伽马变换函数的图像如图4-9所示。γ（伽马系数）用于控制变换的效果，其取值决定了图像对比度增强的区域。当$\gamma<1$时，伽马变换增强图像中较暗区间的对比度，同时提高图像的亮度；当$\gamma=1$时，伽马变换转换为线性变换；当$\gamma>1$时，伽马变换增强图像中较亮区间的对比度，同时降低图像的亮度。

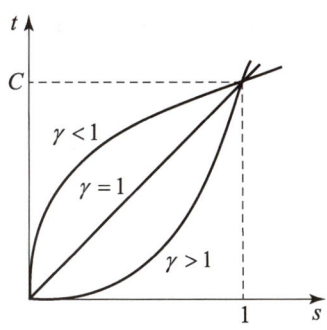

图 4-9 伽马变换函数的图像

在 MATLAB 中，imadjust()函数可实现伽马变换，其一般格式如下。

imadjust(I,[low_in high_in],[low_out high_out],gamma)

其中，I 表示灰度图像的数据矩阵；[low_in high_in]和[low_out high_out]分别表示原图像和变换后图像的灰度映射区间；gamma 为可选参数，表示伽马系数，默认为 1。

imadjust()函数可将图像中小于 low_in 的灰度值映射为 low_out，大于 high_in 的灰度值映射为 high_out，介于 low_in 与 high_in 之间的灰度值映射到 low_out 与 high_out 之间。

指点迷津

（1）MATLAB 规定 low_in 必须小于 high_in，但 low_out 可以大于 high_out。当 low_out 大于 high_out 时，变换后图像的亮度将被反转。

（2）low_in、high_in、low_out 和 high_out 的取值范围均为[0,1]。

【例 4-6】 读取本书配套素材"project4/image"文件夹中的图像文件"peppers_contrast.tif"，对其进行下列 3 种不同设置的伽马变换：① 将 gamma 设置为 0.4；② 将 gamma 设置为 2；③ 将 gamma 设置为 2，并设置原图像的灰度映射区间为[0.3,0.6]。

【参考代码】

```
clc; clear;
I = imread('image/peppers_contrast.tif');
                                    % 读取图像
I1 = imadjust(I,[],[],0.4);         % 伽马变换（gamma=0.4）
I2 = imadjust(I,[],[],2);           % 伽马变换（gamma=2）
% 伽马变换（灰度映射区间为[0.3,0.6], gamma=2）
I3 = imadjust(I,[0.3 0.6],[],2);
% 显示图像
subplot(2,4,1);imshow(I);title('原图像');
subplot(2,4,2);imshow(I1);title('默认区间, gamma=0.4');
```

```
subplot(2,4,3);imshow(I2);title('默认区间, gamma=2');
subplot(2,4,4);imshow(I3);
title('灰度映射区间为[0.3,0.6], gamma=2');
subplot(2,4,5);imhist(I);
axis('auto y');title('原图像的灰度直方图');
subplot(2,4,6);imhist(I1);
axis('auto y');title({'默认区间, gamma=0.4';'对应的灰度直方图'});
subplot(2,4,7);imhist(I2);
axis('auto y');title({'默认区间, gamma=2';'对应的灰度直方图'});
subplot(2,4,8);imhist(I3);axis('auto y');
title({'灰度映射区间为[0.3,0.6], gamma=2';'对应的灰度直方图'});
```

【运行结果】 程序运行结果如图4-10所示。

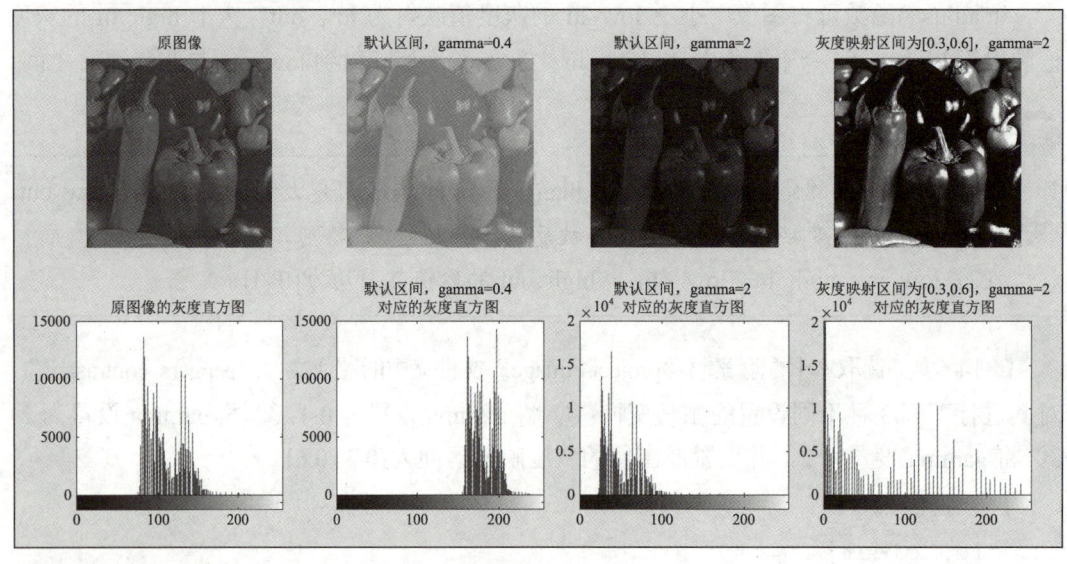

图4-10 例4-6程序运行结果

4.2.3 图像平滑

图像平滑是一种可以减少和抑制图像噪声的实用数字图像处理技术。平滑处理后的图像与原图像相比，具有一定的模糊（平滑）效果，如图4-11所示。

不同的图像平滑方法得到的图像，其模糊程度有所不同。常用的图像平滑方法有均值滤波、高斯滤波和中值滤波。其中，均值滤波处理后的图像，其模糊效应较重，高斯滤波能在一定程度上缓解均值滤

像素的邻域与邻接性

波的模糊现象,中值滤波在降噪时引起的模糊效应较轻。均值滤波、高斯滤波和中值滤波 3 种图像平滑方法的基本原理相似,都是使用一个模板在图像中逐像素地进行扫描。在扫描的过程中,使用模板与图像中每个像素及其邻域内的所有像素进行某种模板运算,得到正在扫描像素的像素值。下面对模板与模板运算进行介绍。

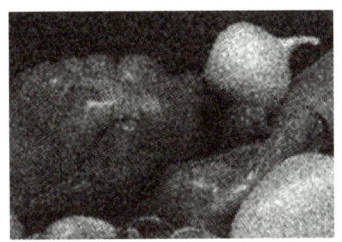　　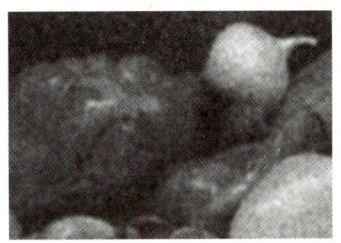

（a）原图像　　　　　　　　（b）平滑处理后的图像

图 4-11　图像平滑的效果

（1）模板。模板也称掩膜、核或滤波器,是一个大小为 $m×n$ 的区域,其内部元素的值决定着模板的功能和性质,其中心元素的位置对应正在处理的像素的位置。常用的模板尺寸一般为 3×3、5×5、7×7,一个大小为 3×3 的模板如图 4-12 所示。其中,$k(s,t)(s,t=-1,0,1)$ 表示模板的元素值。需要注意的是,图像平滑所用模板需要保证其元素值之和为 1,以使图像的整体亮度在进行图像平滑前后保持不变。

$k(-1,-1)$	$k(-1,0)$	$k(-1,1)$
$k(0,-1)$	$k(0,0)$	$k(0,1)$
$k(1,-1)$	$k(1,0)$	$k(1,1)$

中心元素

图 4-12　大小为 3×3 的模板

（2）模板运算。模板运算的主要思路是在图像中从左到右、从上到下逐像素地移动模板,通过计算模板元素与模板下子图像的相应像素值的乘积之和,得到被增强图像的像素值。例如,使用一个大小为 3×3 的模板,对大小为 4×4 的图像进行模板运算,可以得到大小为 2×2 的结果图像,如图 4-13 所示。

图 4-13 所示的模板运算的具体过程如下。

① 将模板置于原图像的左上角,计算模板元素与模板下子图像的相应像素值的乘积之和,得到结果图像中左上角像素的像素值,如图 4-14 所示。

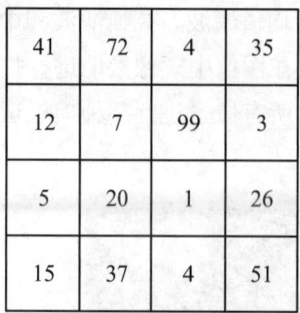

图 4-13 模板运算

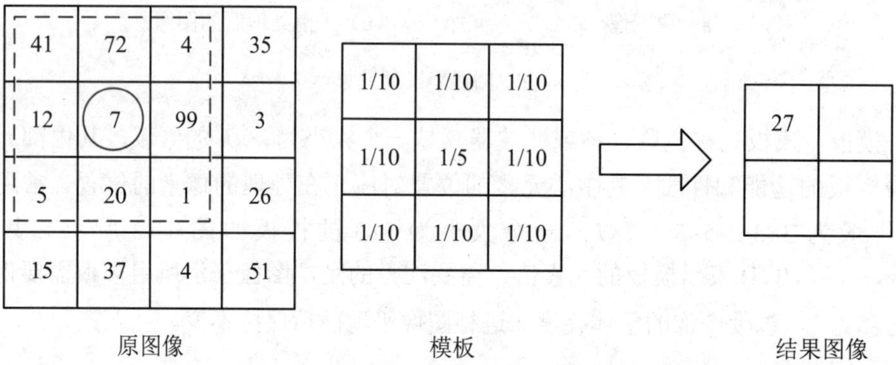

计算过程：$41\times\dfrac{1}{10}+72\times\dfrac{1}{10}+4\times\dfrac{1}{10}+12\times\dfrac{1}{10}+7\times\dfrac{1}{5}+99\times\dfrac{1}{10}+5\times\dfrac{1}{10}+20\times\dfrac{1}{10}+1\times\dfrac{1}{10}=26.8\approx27$

图 4-14 模板运算步骤一

② 将模板向右移动一个像素的距离，计算模板元素与模板下子图像的相应像素值的乘积之和，得到结果图像中右上角像素的像素值，如图 4-15 所示。

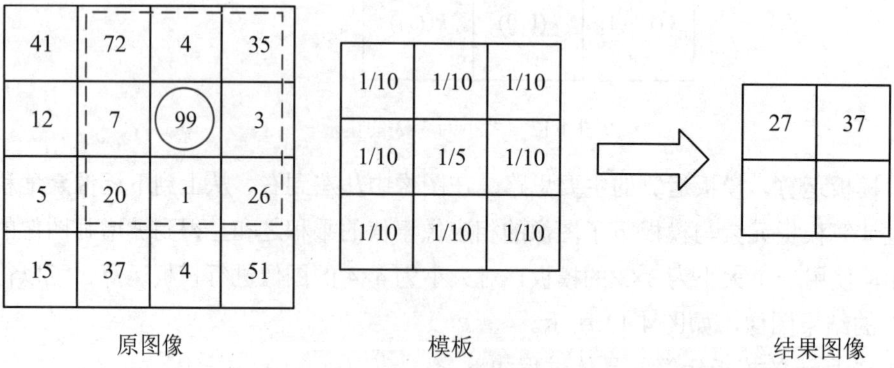

计算过程：$72\times\dfrac{1}{10}+4\times\dfrac{1}{10}+35\times\dfrac{1}{10}+7\times\dfrac{1}{10}+99\times\dfrac{1}{5}+3\times\dfrac{1}{10}+20\times\dfrac{1}{10}+1\times\dfrac{1}{10}+26\times\dfrac{1}{10}=36.6\approx37$

图 4-15 模板运算步骤二

③ 依此类推，可得到结果图像中剩余两个像素的像素值为 22 和 25。

指点迷津

上述模板运算实质上是一种相关运算，除此之外，模板运算还有另外一种运算方法，即卷积运算。卷积运算与相关运算的过程类似，二者的区别在于，卷积运算需要先将模板以其中心元素为中心旋转 180°，再计算模板元素与模板下子图像的相应像素值的乘积之和。

由于图像边界像素的邻域不完整，无法直接使用模板与其进行运算，导致上述模板运算得到的结果图像的尺寸小于原图像的尺寸。为了得到与原图像大小相同的结果图像，在进行模板运算之前，往往需要先根据模板的形状为图像虚拟出边界，再对虚拟边界中像素的像素值进行合理填充，然后再进行模板运算。

均值滤波、高斯滤波和中值滤波 3 种图像平滑方法都采用上述运算对图像进行处理，只是所使用的模板不同。下面对这 3 种图像平滑方法进行介绍。

1. 均值滤波

均值滤波通过计算模板邻域内所有像素灰度值的平均值来去除突变的像素，从而消除图像中的噪声，实现图像平滑。均值滤波模板中的所有元素均具有相同的值。例如，一个大小为 3×3 的均值滤波模板如图 4-16 所示。

1/9	1/9	1/9
1/9	1/9	1/9
1/9	1/9	1/9

图 4-16　大小为 3×3 的均值滤波模板

通常情况下，图像中相邻的像素具有相近的灰度值，而噪声像素的灰度值与其周围像素的灰度值相差较大。通过均值滤波，噪声像素的灰度值会被其邻域内像素灰度值的均值所替代，使得噪声像素的灰度值得到有效修正，从而减小噪声对图像的影响。

在 MATLAB 中，imfilter() 函数可实现均值滤波，其一般格式如下。

```
imfilter(I,h,options)
```

其中，I 表示图像数据矩阵；h 表示均值滤波模板；options 为可选参数，包括边界、尺寸和模式 3 个选项。

（1）边界选项。边界选项指定了填充图像虚拟边界的方法，其参数值如表 4-1 所示。

表 4-1 imfilter()函数的边界选项

参数值	说明
X	常数填充。使用固定数值 X 填充图像的虚拟边界，默认为 0
'symmetric'	镜像（或对称）填充。通过对边界像素以图像边界为轴进行镜面反射，得到用于填充图像虚拟边界的灰度值
'replicate'	复制填充。使用距离最近的图像边界像素的灰度值填充图像的虚拟边界
'circular'	周期填充。将图像视为二维周期函数的一个周期，周期性地填充图像的虚拟边界

（2）尺寸选项。由于滤波处理的过程中对图像边界进行了虚拟扩展，因此有必要指定结果图像的大小。尺寸选项的参数值如表 4-2 所示。

表 4-2 imfilter()函数的尺寸选项

参数值	说明
'same'	结果图像与原图像的大小相同。该值为尺寸选项的默认值
'full'	结果图像的大小为原图像进行边界处理后的大小

（3）模式选项。模式选项指定滤波过程所使用的方法，其参数值如表 4-3 所示。

表 4-3 imfilter()函数的模式选项

参数值	说明
'corr'	滤波所用的模板运算方法为相关。该值为模式选项的默认值
'conv'	滤波所用的模板运算方法为卷积

在 MATLAB 中，滤波模板既可以通过矩阵直接表示，又可以通过 fspecial()函数创建。使用 fspecial()函数创建均值滤波模板的一般格式如下。

```
fspecial('average',hsize)
```

其中，hsize 为可选参数，表示均值滤波模板的大小，默认为 3×3。hsize 可以是一个由正整数组成的二元素向量，也可以是一个单独的正整数。当 hsize 为单独的正整数时，均值滤波模板为方阵。

【例 4-7】 读取本书配套素材"project4/image"文件夹中的噪声图像文件"onion_noise.tif"，使用大小为 3×3、5×5 和 7×7 的均值滤波模板分别对图像进行均值滤波，然后显示原噪声图像和 3 幅均值滤波图像。提示：在对图像进行均值滤波时，图像边界的填充方法为复制，模板运算方法为相关。

【参考代码】
```
clc; clear;
I = imread('image/onion_noise.tif');  % 读取噪声图像
h1 = fspecial('average',3);           % 创建3×3的均值滤波模板
h2 = fspecial('average',5);           % 创建5×5的均值滤波模板
h3 = fspecial('average',7);           % 创建7×7的均值滤波模板
% 使用相关运算进行均值滤波，并使用复制填充的方法处理图像边界
I1 = imfilter(I,h1,'replicate','corr');
I2 = imfilter(I,h2,'replicate','corr');
I3 = imfilter(I,h3,'replicate','corr');
% 显示图像
subplot(2,2,1);imshow(I);title('噪声图像');
subplot(2,2,2);imshow(I1);title('3×3 均值滤波图像');
subplot(2,2,3);imshow(I2);title('5×5 均值滤波图像');
subplot(2,2,4);imshow(I3);title('7×7 均值滤波图像');
```

【运行结果】 程序运行结果如图4-17所示。可见，均值滤波能够有效地抑制图像噪声，但随着模板尺寸的增大，图像的模糊程度也越来越高。

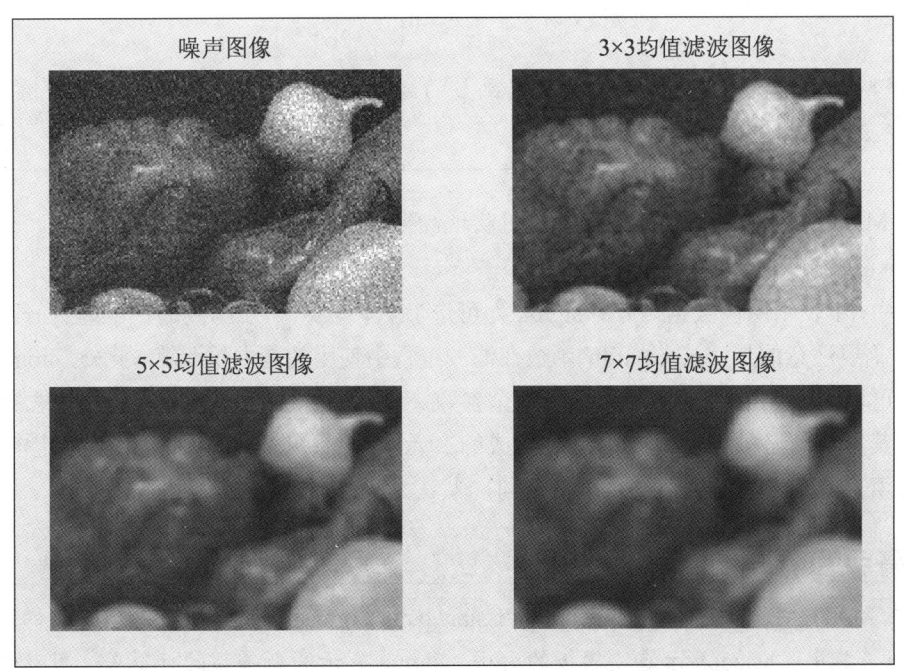

图4-17 例4-7程序运行结果

2. 高斯滤波

均值滤波对邻域内的每个像素赋予了相同的权重（即模板元素的值相同），这种做法虽然简单，但可能会造成图像的过度模糊。为了减少图像平滑过程中的模糊程度，可适当增大模板中心元素的权重，并随着与中心元素距离的增大，降低其他元素的权重，使得结果像素的灰度值更接近与其距离更近的像素的灰度值。基于这样的考虑得到的模板即为高斯滤波模板。大小为 3×3 的高斯滤波模板如图 4-18 所示。

1/16	1/8	1/16
1/8	1/4	1/8
1/16	1/8	1/16

图 4-18　大小为 3×3 的高斯滤波模板

指点迷津

高斯滤波模板名称的由来是二维高斯函数，即二维正态分布密度函数。均值为 0、方差为 σ^2 的二维高斯函数的公式可表示如下。

$$\varphi(x,y) = \frac{1}{2\pi\sigma^2}\exp\left(-\frac{x^2+y^2}{2\sigma^2}\right)$$

高斯滤波模板正是连续的二维高斯函数的离散化表示，模板中每个元素的值即为二维高斯函数在相应位置上的函数值。

在 MATLAB 中，imgaussfilt() 函数可实现高斯滤波，其一般格式如下。

```
imgaussfilt(I,sigma)
```

其中，I 表示图像数据矩阵；sigma 为可选参数，表示高斯函数的标准差（σ），默认为 0.5。需要注意的是，imgaussfilt() 函数在滤波过程中使用的是卷积运算。此外，imgaussfilt() 函数还可以使用 FilterSize 和 Padding 两个参数。其中，FilterSize 参数用于指定滤波模板的大小，其参数值必须为奇数或由奇数组成的二元素向量；Padding 参数用于指定图像虚拟边界的填充方式，其参数值与表 4-1 相同，默认为 "replicate"。

高手点拨

在 MATLAB 中，使用 fspecial('gaussian',hsize,sigma) 函数也可获得预定义的高斯滤波模板。其中，hsize 表示滤波模板的大小；sigma 表示高斯函数的标准差，默认为 0.5。

【例4-8】 读取本书配套素材"project4/image"文件夹中的噪声图像文件"onion_noise.tif",分别使用标准差为 0.5、0.8 和 1.3 的高斯滤波模板进行滤波,然后显示原噪声图像和 3 幅高斯滤波图像。

【参考代码】

```
clc; clear;
I = imread('image/onion_noise.tif');  % 读取噪声图像
I1 = imgaussfilt(I,0.5);              % 高斯滤波(σ=0.5)
I2 = imgaussfilt(I,0.8);              % 高斯滤波(σ=0.8)
I3 = imgaussfilt(I,1.3);              % 高斯滤波(σ=1.3)
% 显示图像
subplot(2,2,1);imshow(I);title('噪声图像');
subplot(2,2,2);imshow(I1);title('高斯滤波图像(σ=0.5)');
subplot(2,2,3);imshow(I2);title('高斯滤波图像(σ=0.8)');
subplot(2,2,4);imshow(I3);title('高斯滤波图像(σ=1.3)');
```

【运行结果】 程序运行结果如图 4-19 所示。可见,标准差的大小影响着高斯滤波的效果。当标准差较小时,高斯滤波对于图像噪声的作用较小;当标准差较大时,高斯滤波可以有效地去除图像噪声,但会造成图像模糊。

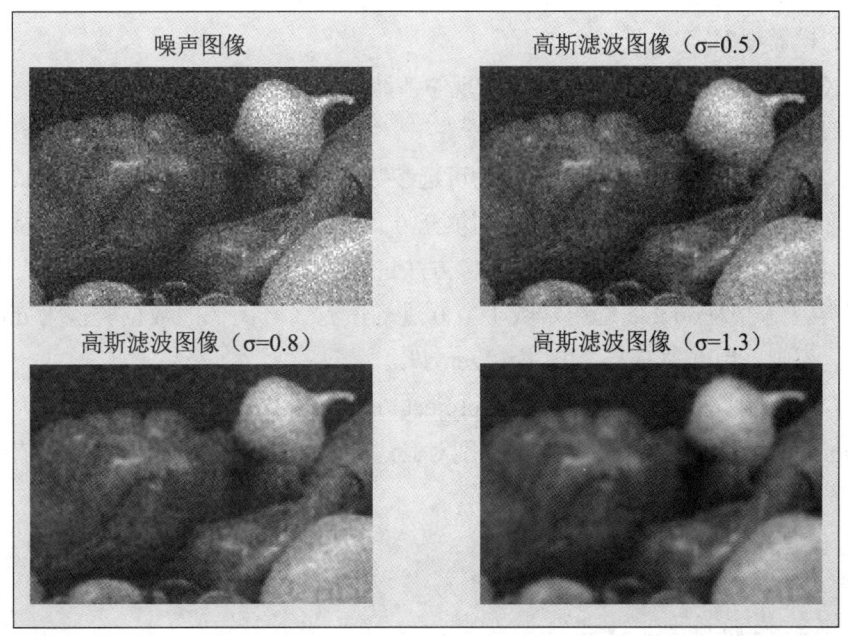

图 4-19 例 4-8 程序运行结果

3. 中值滤波

中值滤波在本质上是一种统计排序滤波。它通过计算模板邻域内所有像素灰度值的中值来实现图像平滑，常用于减少或消除椒盐噪声。例如，使用大小为3×3的中值滤波模板进行中值滤波，将邻域内的9个像素从小到大进行排序，若排序结果为1、4、5、7、12、20、41、72、99，则中值12即为结果像素的灰度值，如图4-20所示。

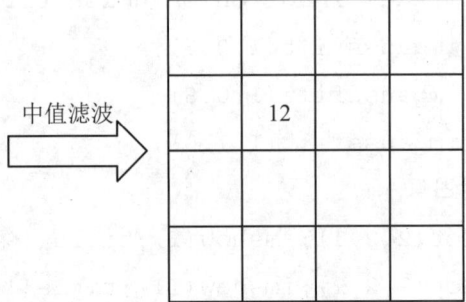

图 4-20　中值滤波

在均值滤波和高斯滤波中，噪声点的灰度值也参与了计算，而中值滤波在经过排序选择后，往往会直接忽略噪声等与其他像素差异过大的部分，同时也避免了图像中过大的灰度值与过小的灰度值之间的平均或加权平均。因此，中值滤波可以在去除图像噪声的同时，减轻图像的模糊程度。

在MATLAB中，medfilt2()函数可实现中值滤波，其一般格式如下。

```
medfilt2(I,[m n],padopt)
```

其中，I表示图像数据矩阵；[m n]为可选参数，表示滤波模板的大小，默认为[3 3]；padopt为可选参数，表示图像虚拟边界的填充方式，若取值为"zeros"则使用常数0进行填充，若取值为"symmetric"则使用镜像方法进行填充，若取值为"indexed"则根据图像的数据类型是否为double选用常数1或0进行填充（若图像的数据类型为double，则用1填充；否则，用0填充），默认为"zeros"。

【例4-9】　读取本书配套素材"project4/image"文件夹中的椒盐噪声图像文件"pears_noise.tif"，使用3×3的模板，分别对其进行均值滤波、高斯滤波和中值滤波，然后显示原噪声图像和3幅滤波图像。

【参考代码】

```
clc; clear;
I = imread('image/pears_noise.tif');             % 读取椒盐噪声图像
k1 = [1/9 1/9 1/9;1/9 1/9 1/9;1/9 1/9 1/9];% 定义均值滤波模板
I1 = imfilter(I,k1,'replicate','corr');          % 进行均值滤波
```

```
I2 = imgaussfilt(I,'FilterSize',3);      % 进行高斯滤波
I3 = medfilt2(I,[3 3]);                  % 进行中值滤波
% 显示图像
subplot(2,2,1);imshow(I);title('椒盐噪声图像');
subplot(2,2,2);imshow(I1);title('均值滤波图像');
subplot(2,2,3);imshow(I2);title('高斯滤波图像');
subplot(2,2,4);imshow(I3);title('中值滤波图像');
```

【运行结果】 程序运行结果如图 4-21 所示。可见，中值滤波对椒盐噪声图像的降噪能力最强，并且去噪后的图像基本没有出现模糊现象。

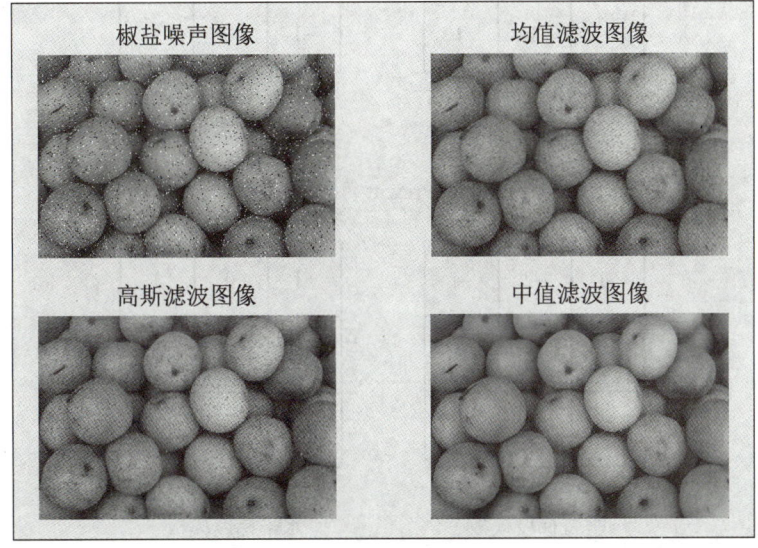

图 4-21 例 4-9 程序运行结果

4.2.4 图像锐化

图像锐化常用于医学影像和工业检测等领域，它能够突出物体的边缘和轮廓，增强图像的细节，使图像变得更加清晰。

在经典的图像理论中，灰度值剧烈变化的区域往往标志着物体的边缘或轮廓。通过在这些区域进行差分运算，可以得到区别于物体其他部分的区域，从而检测出物体的边缘特征。图像锐化就是基于这一原理，使用各种差分运算来实现图像增强的一种技术。常用的图像锐化滤波算子主要有梯度锐化和拉普拉斯锐化。

1. 梯度锐化

梯度锐化是使用梯度算子对图像进行锐化增强的一种方法。梯度算子是基于一阶微分推导出的一种图像邻域增强算法，通常可以使用图像的水平差分和垂直差分近似逼近梯度

算子，并通过模板实现。图像的水平差分和垂直差分关注物体不同方向的边缘，水平差分用于突出物体的垂直边缘；垂直差分用于突出物体的水平边缘。水平差分的绝对值与垂直差分的绝对值之和可近似表示完整的锐化图像，突出物体的所有边缘。梯度锐化所用的梯度算子主要包括 Prewitt 算子和 Sobel 算子。Prewitt 算子与 Sobel 算子的主要区别是所选用的模板不同，Prewitt 算子的模板如图 4-22 所示，Sobel 算子的模板如图 4-23 所示。

-1	-1	-1
0	0	0
1	1	1

（a）突出水平边缘的垂直梯度模板

-1	0	1
-1	0	1
-1	0	1

（b）突出垂直边缘的水平梯度模板

图 4-22 Prewitt 算子的模板

-1	-2	-1
0	0	0
1	2	1

（a）突出水平边缘的垂直梯度模板

-1	0	1
-2	0	2
-1	0	1

（b）突出垂直边缘的水平梯度模板

图 4-23 Sobel 算子的模板

可见，Prewitt 算子与 Sobel 算子在水平方向和垂直方向的模板所对应的矩阵互为转置矩阵。在 MATLAB 中，可使用 fspecial() 函数创建 Prewitt 算子和 Sobel 算子的垂直梯度模板，然后再将两个垂直梯度模板进行转置，得到相应的水平梯度模板。接着使用 imfilter() 函数分别进行水平梯度锐化和垂直梯度锐化，最后将两个方向的锐化结果的绝对值相加，得到完整的锐化图像。其中，使用 fspecial() 函数创建 Prewitt 算子和 Sobel 算子的垂直梯度模板的一般格式如下。

```
fspecial('prewitt')          % 创建 Prewitt 算子的垂直梯度模板
fspecial('sobel')            % 创建 Sobel 算子的垂直梯度模板
```

【例 4-10】 读取 MATLAB 图像处理工具箱中的图像文件"tire.tif"，分别使用 Prewitt 算子和 Sobel 算子对其进行锐化处理，然后显示原图像和锐化处理后的图像。

【参考代码】

```matlab
clc; clear;
I = imread('tire.tif');                    % 读取图像
% 使用Prewitt算子进行锐化
pw_h1 = fspecial('prewitt');               % 创建垂直梯度模板
% 对垂直梯度模板进行转置操作,得到水平梯度模板
pw_h2 = pw_h1';
pw_I1 = imfilter(I,pw_h1);                 % 使用垂直梯度模板进行锐化
pw_I2 = imfilter(I,pw_h2);                 % 使用水平梯度模板进行锐化
pw_I = abs(pw_I1)+abs(pw_I2);              % 得到完整的锐化图像
% 使用Sobel算子进行锐化
sobel_h1 = fspecial('sobel');              % 创建垂直梯度模板
% 对垂直梯度模板进行转置操作,得到水平梯度模板
sobel_h2 = sobel_h1';
sobel_I1 = imfilter(I,sobel_h1);           % 使用垂直梯度模板进行锐化
sobel_I2 = imfilter(I,sobel_h2);           % 使用水平梯度模板进行锐化
sobel_I = abs(sobel_I1)+abs(sobel_I2);
                                           % 得到完整的锐化图像
% 显示图像
subplot(2,4,1);imshow(I);title('原图像');
subplot(2,4,2);imshow(pw_I1);
title({'使用Prewitt算子';'突出水平边缘的图像'});
subplot(2,4,3);imshow(pw_I2);
title({'使用Prewitt算子';'突出垂直边缘的图像'});
subplot(2,4,4);imshow(pw_I);title('Prewitt算子锐化图像');
subplot(2,4,6);imshow(sobel_I1);
title({'使用Sobel算子';'突出水平边缘的图像'});
subplot(2,4,7);imshow(sobel_I2);
title({'使用Sobel算子';'突出垂直边缘的图像'});
subplot(2,4,8);imshow(sobel_I);title('Sobel算子锐化图像');
```

【运行结果】 程序运行结果如图4-24所示。可见,图像经过锐化处理后,边缘和棱角更加分明,纹理也更加清晰。

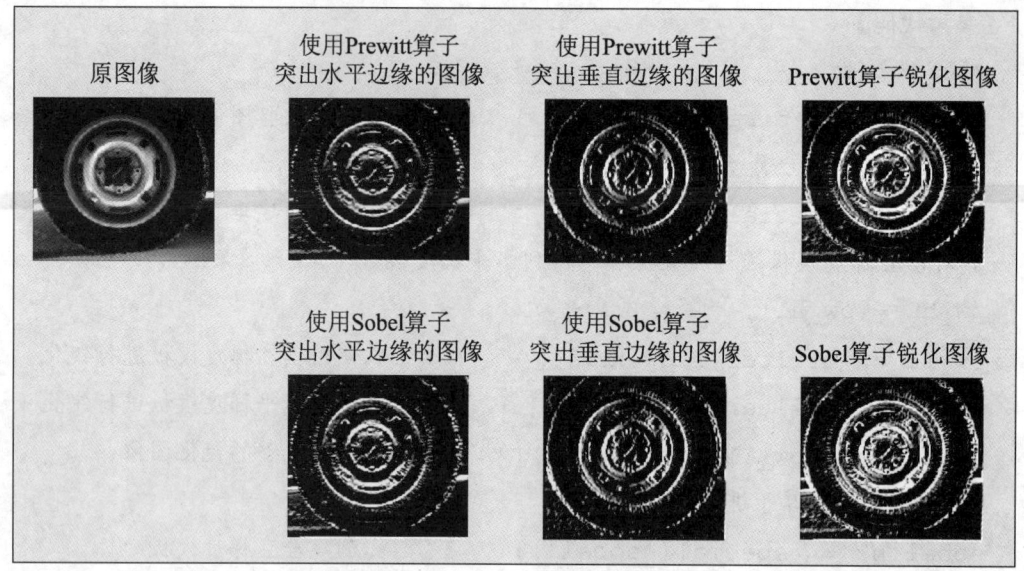

图 4-24 例 4-10 程序运行结果

2. 拉普拉斯锐化

拉普拉斯锐化是使用拉普拉斯算子对图像进行锐化增强的一种方法,拉普拉斯算子是以图像邻域内像素的灰度差分计算为基础,通过二阶微分推导出的一种图像邻域增强算法。其四方向和八方向模板如图4-25所示。

0	−1	0
−1	4	−1
0	−1	0

（a）四方向模板

−1	−1	−1
−1	8	−1
−1	−1	−1

（b）八方向模板

图 4-25 拉普拉斯模板

拉普拉斯算子能突出反映图像中的角线和孤立点,对于接近水平方向和垂直方向的边缘有很好的增强效果,同时又避免了使用梯度算子时进行两次滤波的麻烦。

高手点拨

> 在图像锐化增强中,绝对值相同的正数和负数会产生相同的结果。因此,可将上述两个拉普拉斯算子模板中的系数全部取反,得到二者的等价模板。

在 MATLAB 中,可使用 fspecial()函数创建拉普拉斯模板,然后再使用 imfilter()函数实现拉普拉斯锐化。创建拉普拉斯模板的一般格式如下。

```
fspecial('laplacian',alpha)
```

其中，alpha 为可选参数，表示拉普拉斯模板的形状，默认为 0.2。拉普拉斯模板的元素值与 alpha（α）的关系如下所示。

$$\begin{pmatrix} \dfrac{\alpha}{1+\alpha} & \dfrac{1-\alpha}{1+\alpha} & \dfrac{\alpha}{1+\alpha} \\ \dfrac{1-\alpha}{1+\alpha} & -4 & \dfrac{1-\alpha}{1+\alpha} \\ \dfrac{\alpha}{1+\alpha} & \dfrac{1-\alpha}{1+\alpha} & \dfrac{\alpha}{1+\alpha} \end{pmatrix}$$

【例 4-11】 读取 MATLAB 图像处理工具箱中的图像文件 "tire.tif"，创建 $\alpha=0$ 的拉普拉斯模板，使用该模板对图像进行锐化，并显示原图像和锐化处理后的图像。

【参考代码】

```
clc; clear;
I = imread('tire.tif');              % 读取图像
h = fspecial('laplacian',0);         % 创建拉普拉斯模板
J = imfilter(I,h,'replicate','corr');% 进行拉普拉斯锐化
% 显示图像
subplot(1,2,1);imshow(I);title('原图像');
subplot(1,2,2);imshow(J,[]);title('拉普拉斯锐化图像');
```

【运行结果】 程序运行结果如图 4-26 所示。可见，与图 4-24 的梯度锐化相比，拉普拉斯锐化能够得到更细节的图像信息，锐化增强的效果更明显。

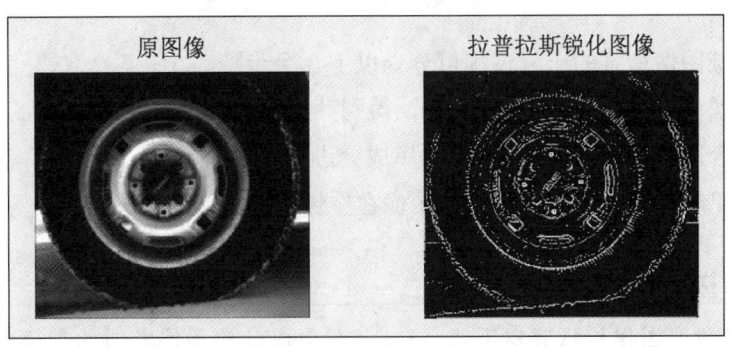

图 4-26 例 4-11 程序运行结果

从例 4-10 和例 4-11 的程序运行结果中可以看出，锐化图像中除了灰度值有剧烈变化的物体边缘之外，其余灰度值变化平缓的区域近乎黑色。在基于锐化的图像增强中，人们往往希望在增强边缘和细节的同时保留原图像中的信息，而不是将平滑区域的灰度信息丢失。为了达到这一效果，往往需要对锐化图像进行进一步的处理。如果使用的锐化算子（模板）的中心元素的值为正数，则需要将原图像与锐化图像进行叠加；如果使用的锐化算子

的中心元素的值为负数,则需要将原图像与锐化图像相减。例如,将例 4-11 中的原图像与锐化图像相减,可得到锐化增强后的图像,如图 4-27 所示。

图 4-27 锐化增强后的图像

4.3 频域图像增强

频域也称频率域,是以空间频率为自变量来描述图像特征的一种表示方法。在频域中,像素的灰度值被表示为随位置变化的空间频率,图像的信息分布特征被表示为频谱。频域图像增强就是在频域中进行变换的一种图像处理技术,其一般过程如图 4-28 所示(图中的 $F(u,v)H(u,v)$ 表示两个二维矩阵逐元素相乘)。

$$f(x,y) \xrightarrow{\text{傅里叶变换}} F(u,v) \xrightarrow[\text{滤波}]{H(u,v)} F(u,v)H(u,v) \xrightarrow{\text{傅里叶逆变换}} g(x,y)$$

图 4-28 频域图像增强的一般过程

可见,频域图像增强的一般过程可分为以下 3 个步骤。

(1)对图像 $f(x,y)$ 进行傅里叶变换,得到其在频域中的表示 $F(u,v)$。

(2)选择合适的滤波器 $H(u,v)$ 对频率成分进行处理。

(3)经傅里叶逆变换得到增强后的图像在空域中的表示 $g(x,y)$。

高手点拨

在频域中研究图像增强有以下优势:① 频率成分和图像之间的对应关系使一些在空域中难以解决的图像增强问题在频域中变得容易;② 在频域中进行图像增强可以迅速且全面地控制滤波器参数;③ 滤波在频域中更为直观,可以解释空域滤波的某些性质。

4.3.1 傅里叶变换

1. 傅里叶变换的基本原理

傅里叶变换的物理意义是将图像的灰度分布函数变换为图像的频率分布函数。从物理效果上看，傅里叶变换是将图像从空域转换为频域的过程。傅里叶变换主要包含连续傅里叶变换（continuous fourier transform, CFT）和离散傅里叶变换（discrete fourier transform, DFT）两种。连续傅里叶变换主要用于处理连续的时域信号；离散傅里叶变换主要用于处理离散的一维时域信号或二维空域信号，是信号处理和数字图像处理中一种非常有效的数学工具。在数字图像处理中，通常使用离散傅里叶变换将图像从空域转换到频域，经过处理后，再使用离散傅里叶逆变换将图像从频域转换回空域。

图像的二维离散傅里叶变换可以等价于分别对图像的列和行进行一维离散傅里叶变换，然后使用这两个一维离散傅里叶变换串行计算图像的二维离散傅里叶变换，如图4-29所示。

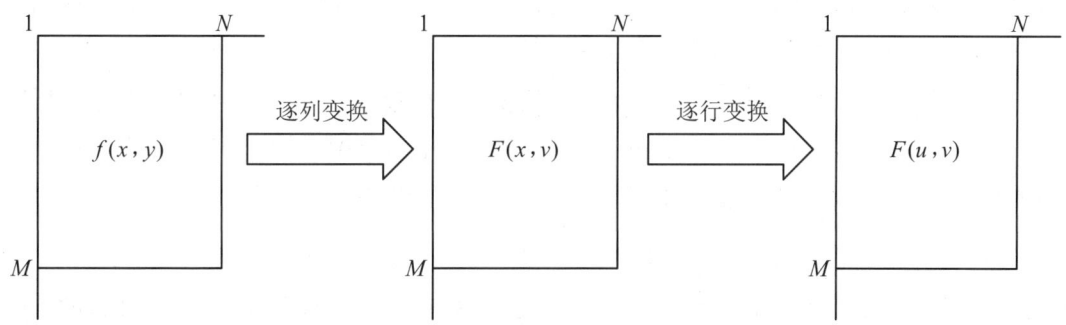

图 4-29　使用一维 DFT 串行计算二维 DFT

为进一步简化计算过程，可将逐列的离散傅里叶变换和逐行的离散傅里叶变换统一为同一个变换过程。具体来讲，就是将逐列变换后的结果进行转置，这样逐行变换时可以使用与逐列变换相同的程序，最后再将逐行变换后的结果进行转置，以将结果矩阵恢复到原本的形状，如图4-30所示。

$$f(x,y) \longrightarrow \text{DFT}[f(x,y)] = F(x,v) \xrightarrow{\text{转置}} F^T(x,v) \longrightarrow \text{DFT}[F^T(x,v)] = F^T(u,v) \xrightarrow{\text{转置}} F(u,v)$$

图 4-30　二维 DFT 的简化过程

📌 指点迷津

在数字图像处理中，当 $M \times N$ 图像阵列的 M 和 N 较大时，直接使用离散傅里叶变换的计算工作量会非常大，无法将其应用于实际处理中。快速傅里叶变换（FFT）的出现，使得傅里叶变换应用于实际的图像处理成为可能。快速傅里叶变换的基本思想是将较长的序列转换为相对较短的序列，然后在每个短序列中应用离散傅里叶变换。

一幅空域图像 $f(x,y)$ 变换到频域 $F(u,v)$ 后，其傅里叶频谱可通过频谱图来表示，如图 4-31 所示。

  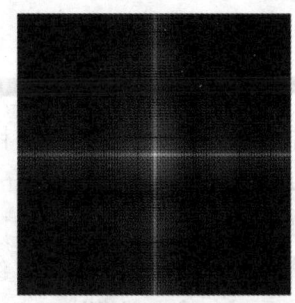

　　（a）原空域图像　　　　　　（b）原始频谱图　　　　　（c）以零频分量为中心的频谱图

图 4-31　傅里叶频谱

在图像的傅里叶频谱中，原空域图像上的灰度突变部位、图像结构复杂的区域、图像细节及干扰噪声等信息主要集中在高频部分，对应于原始频谱图的中间部位；原空域图像上灰度变化平缓部位的信息主要集中在低频部分，对应于原始频谱图的 4 角部位。由于低频部分的能量分布比较集中，故在频谱图上的视觉效果较亮。为了能够更加清晰地分析图像的频谱特性，通常会对原始频谱图以零频分量为中心进行中心化。经过中心化，图像的低频分量被集中显示在频谱图的中间区域，便于进行频域图像增强。

2. 傅里叶变换在 MATLAB 中的实现

MATLAB 使用 fft2()函数实现二维快速傅里叶变换，使用 fftshift()函数实现频谱的中心化，使用 ifft2()函数实现二维快速傅里叶逆变换。3 个函数的一般格式如下。

```
fft2(I)          % 进行二维快速傅里叶变换，其中 I 表示图像数据矩阵
fftshift(F)      % 进行频谱的中心化，其中 F 表示图像的原始傅里叶频谱
ifft2(F)         % 进行二维快速傅里叶逆变换，其中 F 表示图像的傅里叶频谱
```

【例 4-12】　读取 MATLAB 图像处理工具箱中的图像文件"tire.tif"，并对其进行二维快速傅里叶变换，然后显示该图像和对应的频谱图。

【参考代码】

```
clc; clear;
I = imread('tire.tif');         % 读取图像
I = im2double(I);               % 将图像的数据类型转换为 double
F = fft2(I);                    % 进行二维快速傅里叶变换
F = fftshift(F);                % 进行频谱的中心化
F = log(abs(F)+1);              % 进行对数变换，压缩图像的动态范围
F = mat2gray(F);                % 将矩阵转换为灰度图像
```

```
% 显示图像
subplot(1,2,1);imshow(I);title('原图像');
subplot(1,2,2);imshow(F);title('频谱图');
```

【运行结果】 程序运行结果如图 4-32 所示。

图 4-32 例 4-12 程序运行结果

4.3.2 频域图像增强的常用方法

1. 低通滤波

低通滤波是指保留低频分量，同时减弱或阻断高频分量的过程。它可以达到平滑图像、抑制噪声的目的，但也会使图像的边缘变得模糊。最简单的低通滤波是理想低通滤波，它通过设置一个截止频率，使得图像中高于截止频率的频谱为 0、低于截止频率的频谱保持不变，能够达到这一效果的滤波器称为理想低通滤波器。理想低通滤波器的数学定义如下。

$$H(u,v) = \begin{cases} 1, & \sqrt{\left(u-\dfrac{M}{2}\right)^2 + \left(v-\dfrac{N}{2}\right)^2} \leqslant D_0, \\ 0, & \sqrt{\left(u-\dfrac{M}{2}\right)^2 + \left(v-\dfrac{N}{2}\right)^2} > D_0 \end{cases}$$

其中，M 和 N 分别表示图像的像素行数和像素列数；D_0 表示截止频率。

理想低通滤波器的曲面如图 4-33 所示。该滤波器以频谱图的中心位置为频域原点，以截止频率为半径，构建一个圆形区域。在该圆形区域内，滤波器的元素全部为 1，表示频谱中的低频分量全部被保留；在该圆形区域外，滤波器的元素全部为 0，表示频谱中的高频分量全部被过滤。在 MATLAB 中，可根据理想低通滤波器的数学公式来自定义一个函数，实现理想低通滤波。

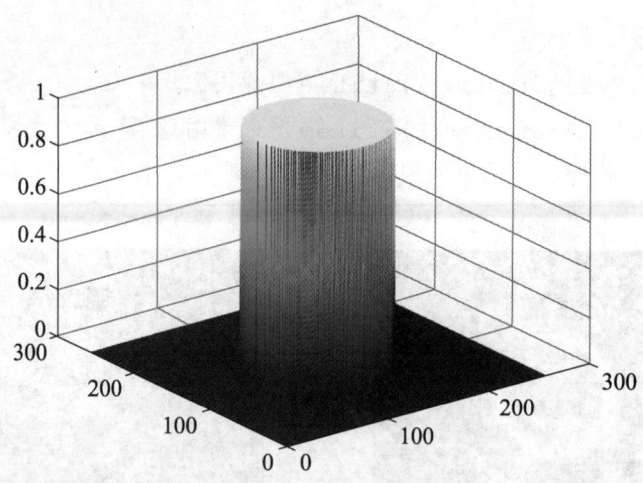

图 4-33 理想低通滤波器的曲面

【例 4-13】 读取本书配套素材"project4/image"文件夹中的噪声图像文件"onion_noise.tif",分别使用截止频率为 20、40 和 60 的理想低通滤波器对该图像进行滤波,然后显示原噪声图像和 3 幅滤波后的图像。

【参考代码】

```
clc; clear;
I = imread('image/onion_noise.tif');
I1 = imideallpfilt(I,20);          % 理想低通滤波（截止频率为20）
I2 = imideallpfilt(I,40);          % 理想低通滤波（截止频率为40）
I3 = imideallpfilt(I,60);          % 理想低通滤波（截止频率为60）
% 显示图像
subplot(1,4,1);imshow(I);title('噪声图像');
subplot(1,4,2);imshow(I1);title('截止频率为20的低通滤波图像');
subplot(1,4,3);imshow(I2);title('截止频率为40的低通滤波图像');
subplot(1,4,4);imshow(I3);title('截止频率为60的低通滤波图像');
% 定义理想低通滤波的实现函数
function J = imideallpfilt(I,freq)
% 参数I表示输入的灰度图像
% 参数freq表示理想低通滤波的截止频率
% 返回值J表示理想低通滤波后的图像
[M,N] = size(I);                   % 获取原图像的大小
H = ones(M,N);                     % 创建理想低通滤波器
for i = 1:M
    for j = 1:N
```

```
            if sqrt((i-M/2)^2+(j-N/2)^2) > freq
                H(i,j) = 0;
            end
        end
    end
    F = fft2(im2double(I));        % 对原图像进行二维快速傅里叶变换
    F = fftshift(F);                % 频谱中心化
    J = F.*H;                       % 进行理想低通滤波
    J = ifftshift(J);               % 频谱逆中心化
    J = ifft2(J);                   % 进行二维快速傅里叶逆变换
    J = abs(J);
end
```

【运行结果】 程序运行结果如图 4-34 所示。可见，随着滤波器截止频率的增大，图像的模糊程度越来越小，但滤波器的去噪能力越来越弱。

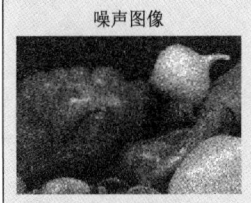
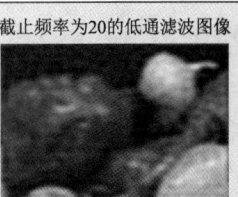
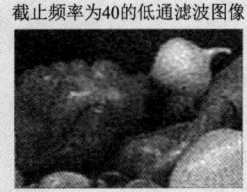
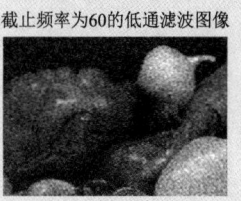

图 4-34　例 4-13 程序运行结果

【程序说明】 ① 运算符 ".*" 用于将两个矩阵的对应元素相乘；② ifftshift() 函数用于实现频谱中心化的逆过程。

高手点拨

理想低通滤波器在数学上定义很清晰，在计算机模拟中也可实现，但由于其在截止频率处十分陡峭，难以在实际应用中实现。在实际应用中常用的低通滤波器主要有巴特沃斯低通滤波器和高斯低通滤波器。巴特沃斯低通滤波器的特性是连续性衰减，在高低频率间的过渡比较平滑。因此，在使用巴特沃斯低通滤波器抑制噪声时，图像的模糊程度会大大减小。高斯低通滤波器是一种基于高斯函数的低通滤波器，当图像中存在大量服从正态分布的随机噪声时，选择高斯低通滤波器更加合适。

2．高通滤波

与低通滤波相反，高通滤波是指保留高频分量，同时减弱或阻断低频分量的过程。它能够实现图像锐化效果，突出图像的边缘信息。最简单的高通滤波是理想高通滤波，它通过设置一个截止频率,使得图像中高于截止频率的频谱保持不变、低于截止频率的频谱为0,能够达到这一效果的滤波器称为理想高通滤波器。理想高通滤波器的数学定义如下。

$$H(u,v)=\begin{cases}0, & \sqrt{\left(u-\dfrac{M}{2}\right)^2+\left(v-\dfrac{N}{2}\right)^2}\leqslant D_0, \\ 1, & \sqrt{\left(u-\dfrac{M}{2}\right)^2+\left(v-\dfrac{N}{2}\right)^2}>D_0\end{cases}$$

其中,M和N分别表示图像的像素行数和像素列数;D_0表示截止频率。

理想高通滤波器的曲面如图4-35所示。该滤波器以频谱图的中心位置为频域原点,以截止频率为半径,构建一个圆形区域。在该圆形区域内,滤波器的元素全部为0,表示频谱中的低频分量全部被过滤;在该圆形区域外,滤波器的元素全部为1,表示频谱中的高频分量全部被保留。在MATLAB中,可根据理想高通滤波器的数学公式来自定义一个函数,实现理想高通滤波。

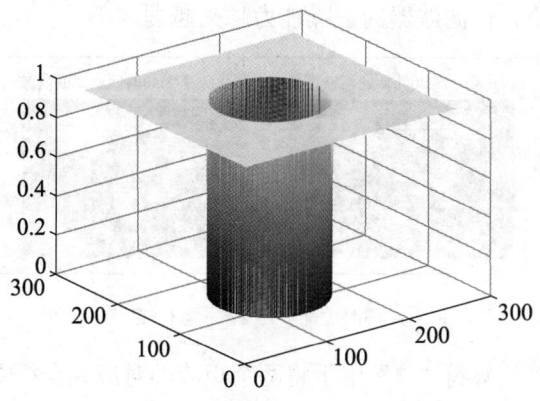

图4-35 理想高通滤波器的曲面

【例4-14】 读取MATLAB图像处理工具箱中的图像文件"tire.tif",分别使用截止频率为20、40和60的理想高通滤波器对该图像进行滤波,然后显示原图像和3幅滤波后的图像。

【参考代码】

```
clc; clear;
I = imread('tire.tif');              % 读取图像
I1 = imidealhpfilt(I,20);            % 理想高通滤波(截止频率为20)
I2 = imidealhpfilt(I,40);            % 理想高通滤波(截止频率为40)
I3 = imidealhpfilt(I,60);            % 理想高通滤波(截止频率为60)
% 显示图像
subplot(1,4,1);imshow(I);title('原图像');
```

```matlab
subplot(1,4,2);imshow(I1,[]);title('截止频率为20的高通滤波图像');
subplot(1,4,3);imshow(I2,[]);title('截止频率为40的高通滤波图像');
subplot(1,4,4);imshow(I3,[]);title('截止频率为60的高通滤波图像');
% 定义理想高通滤波的实现函数
function J = imidealhpfilt(I,freq)
% 参数I表示输入的灰度图像
% 参数freq表示理想高通滤波的截止频率
% 返回值J表示理想高通滤波后的图像
[M,N] = size(I);                    % 获取原图像的大小
H = ones(M,N);                      % 创建理想高通滤波器
for i = 1:M
    for j = 1:N
        if sqrt((i-M/2)^2+(j-N/2)^2) <= freq
            H(i,j) = 0;
        end
    end
end
F = fft2(im2double(I));             % 对原图像进行二维快速傅里叶变换
F = fftshift(F);                    % 频谱中心化
J = F.*H;                           % 进行理想高通滤波
J = ifftshift(J);                   % 频谱逆中心化
J = ifft2(J);                       % 进行二维快速傅里叶逆变换
J = abs(J);
end
```

【运行结果】 程序运行结果如图4-36所示。可见，随着滤波器截止频率的增大，图像的锐化程度越来越小，滤波器逐渐无法获取到图像中的细节。

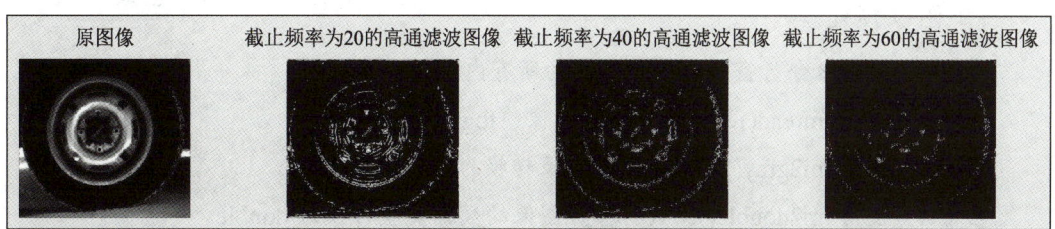

图4-36 例4-14程序运行结果

 数字图像处理技术及应用

> **高手点拨**
>
> 　　与理想低通滤波器类似,理想高通滤波器也难以在实际应用中实现。在实际应用中,常用的高通滤波器主要是巴特沃斯高通滤波器。与巴特沃斯低通滤波器一样,巴特沃斯高通滤波器在高低频率间的过渡比较平滑。

科技铸魂——智能修图产品提升修图效率

　　在数字内容爆炸式增长的今天,高质量的图像已成为商业营销和创意表达的重要载体。在此背景下,智能修图产品依托深度学习、计算机视觉等技术,能够自动识别人像特征、场景元素与光影结构,实现一键美颜、背景替换、色彩优化、瑕疵修复等多种功能。这类产品不仅大幅降低了修图的技术门槛,让普通用户也能轻松产出媲美专业水准的图像内容,更显著提升了专业修图人员的修图效率。

　　作为智能修图领域的代表产品之一,美图云修致力于为用户提供高效、精准的图像美化与后期处理服务。它能够快速地对图像进行智能优化,包括智能调色、智能修复、人像精修等。2025年,美图云修与中国图片社合作推出了"证件照预设"和"红毯写真风格预设"两款大师级影像预设,并发布了局部调色、自定义蒙版等新功能。它们将人工智能作为提效增质的实用工具,切实运用到了各项业务实践中,为摄影师日常工作提供了便捷易用的高效解决方案,能够助力视觉内容的生产与传播水平的提升。

　　智能修图产品的崛起,不仅是技术进步的体现,更是数字时代对效率与美感双重追求的必然结果。未来,智能修图产品将成为连接人类审美与数字表达的重要桥梁,持续赋能内容创作、商业营销乃至文化传播的全链条升级。

项目实施——图像的去雾处理

图像的去雾处理

1. 图像预处理

步骤1　清除命令行窗口及工作区中的所有内容。

步骤2　使用imread()函数读取雾霾图像"foggyroad.jpg"。

步骤3　使用im2gray()函数将雾霾图像转换为灰度图像。

步骤4　使用im2double()函数将雾霾图像的数据类型转换为double。

步骤5　显示雾霾图像及其灰度直方图。

【参考代码】

```
clc; clear;                          % 清除命令行窗口及工作区中的所有内容
I = imread('foggyroad.jpg');         % 读取雾霾图像
I = im2gray(I);                      % 将雾霾图像转换为灰度图像
I = im2double(I);                    % 将雾霾图像的数据类型转换为 double
% 显示雾霾图像及其灰度直方图
subplot(1,2,1);imshow(I);title('雾霾图像');
subplot(1,2,2);imhist(I);
axis('auto y');title('雾霾图像的灰度直方图');
```

【运行结果】　程序运行结果如图 4-37 所示。

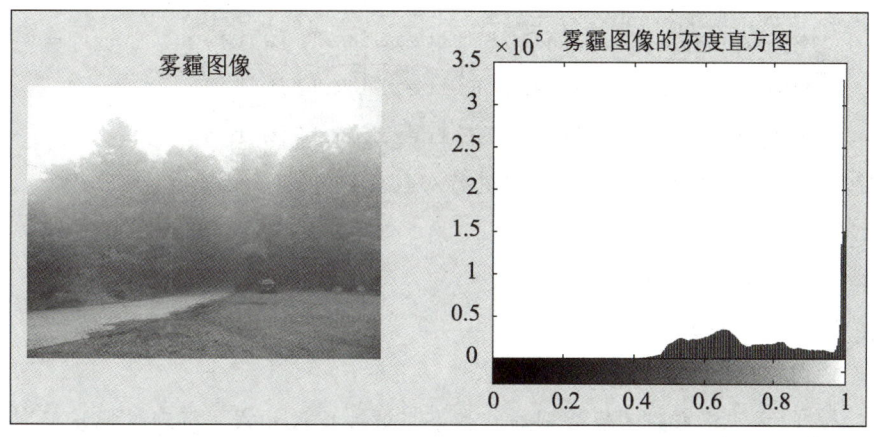

图 4-37　雾霾图像及其灰度直方图

2. 图像去雾

步骤 1　获取雾霾图像的大小。

步骤 2　判断雾霾图像宽度和高度的奇偶性。若为偶数，则在原值的基础上减 1，将其转换为奇数。

步骤 3　使用 imgaussfilt() 函数对雾霾图像进行 3 次高斯滤波处理（标准差分别为 15、80、200），得到 3 幅尺度不同的高斯滤波图像（照度图像）。

步骤 4　对雾霾图像和 3 幅高斯滤波图像进行对数变换，将其转换到对数域中。

步骤 5　在对数域中，使用 imsubtract() 函数将雾霾图像分别与 3 幅高斯滤波图像相减，得到 3 幅不同空间尺度上的反射图像。

步骤 6　对 3 幅反射图像取平均，得到去雾图像。

步骤 7　使用 exp() 函数对去雾图像进行指数运算，使其从对数域转换回原始数域。

步骤 8　对去雾图像进行归一化处理，使其像素值按比例缩放到 0～1 范围内。

步骤 9　显示去雾图像及其灰度直方图。

【参考代码】

```
[w,h] = size(I);                    % 获取雾霾图像的大小
% 判断雾霾图像宽度和高度的奇偶性
if mod(w,2) == 0
    w = w-1;
end
if mod(h,2) == 0
    h = h-1;
end
% 对雾霾图像进行3次高斯滤波处理
sigma1 = 15;sigma2 = 80;sigma3 = 200;
J1 = imgaussfilt(I,sigma1,"FilterSize",[w h]);
J2 = imgaussfilt(I,sigma2,"FilterSize",[w h]);
J3 = imgaussfilt(I,sigma3,"FilterSize",[w h]);
% 对雾霾图像和3幅高斯滤波图像进行对数变换
log_I = log(I+1);
log_J1 = log(J1+1);
log_J2 = log(J2+1);
log_J3 = log(J3+1);
% 在对数域中,将雾霾图像分别与3幅高斯滤波图像相减,得到3幅反射图像
diff_J1 = log_I-log_J1;
diff_J2 = log_I-log_J2;
diff_J3 = log_I-log_J3;
J = (diff_J1+diff_J2+diff_J3)/3;    % 对3幅反射图像取平均
J = exp(J);                         % 对去雾图像进行指数运算
% 对去雾图像进行归一化处理,使其像素值按比例缩放到0~1范围内
J = (J-min(min(J)))/(max(max(J))-min(min(J)));
% 显示去雾图像及其灰度直方图
figure;
subplot(1,2,1);imshow(J);title('去雾图像');
subplot(1,2,2);imhist(J);
axis('auto y');title('去雾图像的灰度直方图');
```

【运行结果】 程序运行结果如图 4-38 所示。可见,图像有效地去除了雾霾,但同时过度压缩了图像的动态范围,导致图像的对比度较低。

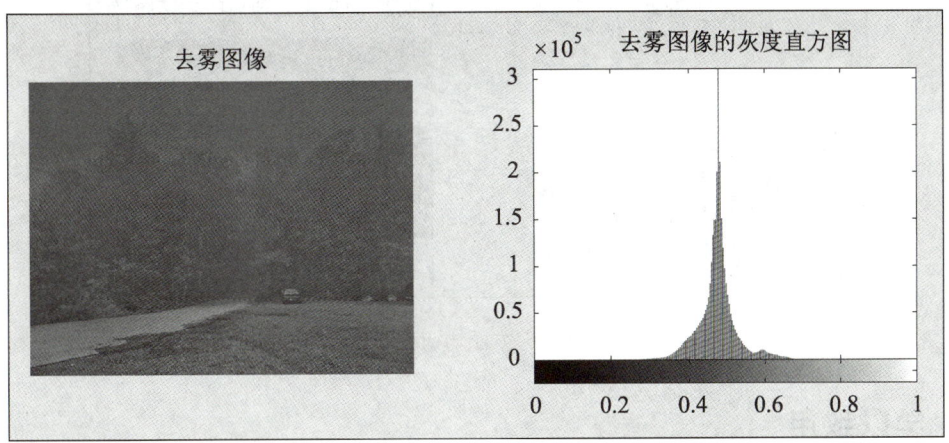

图 4-38 去雾图像及其灰度直方图

高手点拨

上述图像去雾方法称为 Retinex 算法。该算法将人眼实际观察到的图像 $I(x,y)$ 看作是由照度图像 $L(x,y)$ 和反射图像 $R(x,y)$ 共同决定的,它们之间的关系用数学公式表示为 $I(x,y)=L(x,y)\times R(x,y)$。为了便于计算,可以将该公式转换到对数域中进行处理,使得复杂的乘法运算转换为简单的加法运算,即 $\log[I(x,y)]=\log[L(x,y)]+\log[R(x,y)]$。

3. 调整图像对比度

步骤 1 使用 histeq() 函数对去雾图像进行直方图均衡化处理。
步骤 2 显示雾霾图像和直方图均衡化处理后的去雾图像。

【参考代码】

```
J = histeq(J);                    % 对去雾图像进行直方图均衡化处理
% 显示雾霾图像和直方图均衡化处理后的去雾图像
figure;
subplot(1,2,1);imshow(I);title('雾霾图像');
subplot(1,2,2);imshow(J);title('直方图均衡化处理后的去雾图像');
```

【运行结果】 程序运行结果如图 4-39 所示。

图 4-39 雾霾图像与直方图均衡化处理后的去雾图像

学以致用

大疆禅思 H30 系列变焦相机具有电子去雾功能，它能够在雾霾、大气湿度很高的环境下，提高成像的清晰度。同时，大疆禅思 H30 系列变焦相机还能够在智能拍照模式下自动判断环境光的亮度和动态范围，并使用图像增强算法智能优化照片。因此，无论是在强光环境下还是在弱光环境下，该相机都能拍摄到明暗过渡自然、细节丰富的照片。

项目实训

1. 实训目的

（1）掌握使用图像增强技术改善低光照图像质量的方法。

（2）掌握使用直方图均衡化调整图像对比度的方法。

2. 实训内容

读取 MATLAB 图像处理工具箱中的低光照图像文件"lowlight_1.jpg"，然后对该图像进行处理，改善图像的质量。

（1）新建 MATLAB 脚本文件，并将其命名为"practice4_1.m"。

（2）图像预处理。

① 清除命令行窗口及工作区中的所有内容。

② 使用 imread()函数读取低光照图像 "lowlight_1.jpg"。

③ 使用 im2gray()函数将低光照图像转换为灰度图像。

④ 使用 im2double()函数将低光照图像的数据类型转换为 double。

⑤ 显示低光照图像及其灰度直方图。

(3) 低光照图像增强。

① 获取低光照图像的大小。

② 判断低光照图像宽度和高度的奇偶性。若为偶数,则在原值的基础上减 1,将其转换为奇数。

③ 使用 imgaussfilt()函数对低光照图像进行 4 次高斯滤波处理(标准差分别为 10、50、100、300),得到 4 幅不同尺度的高斯滤波图像(照度图像)。

④ 对低光照图像和 4 幅高斯滤波图像进行对数变换,将其转换到对数域中。

⑤ 在对数域中,使用 imsubtract()函数将低光照图像分别与 4 幅高斯滤波图像相减,得到 4 幅不同空间尺度上的反射图像。

⑥ 对 4 幅反射图像取平均,得到增强后的结果图像。

⑦ 使用 exp()函数对结果图像进行指数运算,使其从对数域转换回原始数域。

⑧ 对结果图像进行归一化处理,使其像素值按比例缩放到 0~1 范围内。

⑨ 显示结果图像及其灰度直方图。

(4) 调整图像对比度。

① 使用 histeq()函数对结果图像进行直方图均衡化处理。

② 显示低光照图像和直方图均衡化处理后的结果图像。

3. 实训小结

按要求完成实训内容,并将实训过程中遇到的问题和解决办法记录在表 4-4 中。

表 4-4　实训过程

序号	主要问题	解决办法

项目总结

完成本项目的学习与实践后,请总结应掌握的重点内容,并将图 4-40 的空白处填写完整。

使用图像增强改善图片质量

图像增强概述
图像增强是指根据特定的需要突出一幅图像中的关键信息，同时削弱或消除干扰信息的一种处理方法

空域图像增强

直方图修正法
- 直方图均衡化
  - MATLAB使用（　　）函数实现直方图均衡化
- 直方图规定化
  - MATLAB使用（　　）函数实现直方图规定化

灰度变换法
- 线性变换
  - 线性变换的函数定义是（　　）
- 分段线性变换
  - 3段线性变换的函数定义是（　　）
- 对数变换
  - 对数变换的函数定义是（　　）
- 伽马变换
  - 伽马变换的函数定义是（　　）

图像平滑
- 均值滤波
  - 大小为3×3的均值滤波模板为（　　）
  - MATLAB使用（　　）函数实现均值滤波
- 高斯滤波
  - 大小为3×3的高斯滤波模板为（　　）
  - MATLAB使用（　　）函数实现高斯滤波
- 中值滤波
  - MATLAB使用（　　）函数实现中值滤波

图像锐化
- 梯度锐化
  - Prewitt算子的模板为（　　）
  - Sobel算子的模板为（　　）
- 拉普拉斯锐化

频域图像增强

傅里叶变换
- 傅里叶变换的基本原理
  - 傅里叶变换的物理意义是将图像的灰度分布函数变换为图像的频率分布函数。从物理效果上看，傅里叶变换是将图像从空间域转换为频率域的过程
- 傅里叶变换在MATLAB中的实现
  - MATLAB使用（　　）函数实现二维快速傅里叶变换
  - MATLAB使用（　　）函数实现频谱的中心化
  - MATLAB使用（　　）函数实现二维快速傅里叶逆变换

频域图像增强的常用方法
- 低通滤波
  - 低通滤波是指保留低频分量，同时减弱或阻断高频分量的过程。最简单的低通滤波是理想低通滤波，它通过设置一个截止频率，使得图像中高于截止频率的频谱为0、低于截止频率的频谱保持不变
- 高通滤波
  - 高通滤波是指保留高频分量，同时减弱或阻断低频分量的过程。最简单的高通滤波是理想高通滤波，它通过设置一个截止频率，使得图像中高于截止频率的频谱保持不变、低于截止频率的频谱为0

图 4-40 项目总结

项目考核

1. 选择题

（1）下列关于直方图修正法的描述中，错误的是（　　）。

　　A．直方图均衡化可用于增强图像的全局对比度

　　B．直方图规定化是将原始灰度直方图转换为具有特定形状的灰度直方图的技术

　　C．直方图均衡化能够将原始灰度直方图与某个目标灰度直方图进行匹配

　　D．直方图均衡化和直方图规定化都可以改变原图像的灰度值分布

（2）下列关于线性变换的函数定义 $t = ks + b$ 的描述中，正确的是（　　）。

　　A．当 $k > 1$ 时，线性变换减小图像的对比度

　　B．当 $0 \leqslant k < 1$ 时，线性变换增大图像的对比度

　　C．当 $k = 1$ 且 $b \neq 0$ 时，线性变换不会改变图像的亮度

　　D．当 $k = -1$ 且 $b = 255$ 时，图像的灰度会被反转

（3）下列选项中，可用于压缩频谱图像动态范围的是（　　）。

　　A．线性变换　　　　　　　　　　B．伽马变换

　　C．对数变换　　　　　　　　　　D．分段线性变换

（4）下列选项中，不属于拉普拉斯算子模板的是（　　）。

　　A. $\begin{pmatrix} 1/16 & 1/8 & 1/16 \\ 1/8 & 1/4 & 1/8 \\ 1/16 & 1/8 & 1/16 \end{pmatrix}$　　B. $\begin{pmatrix} 0 & 1 & 0 \\ 1 & -4 & 1 \\ 0 & 1 & 0 \end{pmatrix}$

　　C. $\begin{pmatrix} 1 & 1 & 1 \\ 1 & -8 & 1 \\ 1 & 1 & 1 \end{pmatrix}$　　D. $\begin{pmatrix} 0 & -1 & 0 \\ -1 & 4 & -1 \\ 0 & -1 & 0 \end{pmatrix}$

（5）下列关于高通滤波的描述中，正确的是（　　）。

　　A．高通滤波可以保留低频分量，阻断高频分量

　　B．高通滤波可以阻断低频分量，保留高频分量

　　C．高通滤波能够使图像变得模糊

　　D．高通滤波能够柔化图像边缘

2. 填空题

（1）在图像平滑的方法中，＿＿＿＿＿＿滤波适用于抑制或去除椒盐噪声。

（2）傅里叶变换可以将图像从＿＿＿＿＿＿转换到＿＿＿＿＿＿。

（3）在原始傅里叶频谱图中，中间区域对应图像的_____，4个角所处区域对应图像的_____。

3．简答题

（1）什么是图像增强？

（2）简述图像平滑与图像锐化的区别。

（3）简述频域图像增强的一般过程。

项目评价

结合本项目的学习情况，完成项目评价并将评价结果填入表4-5中。

表 4-5 项目评价

评价项目	评价内容	评价分数			
		分值	自评	互评	师评
项目完成度评价（20%）	项目准备阶段，回答问题是否清晰准确，能够紧扣主题，没有明显错误	5分			
	项目实施阶段，是否能够根据操作步骤完成本项目	5分			
	项目实训阶段，是否能够出色完成实训内容	5分			
	项目总结阶段，是否能够正确地将项目总结的空白信息补充完整	2分			
	项目考核阶段，是否能够正确地完成考核题目	3分			
知识评价（30%）	是否理解图像增强的含义，了解图像增强的常用方法	3分			
	是否掌握直方图修正法和灰度变换法的基本原理及其在MATLAB中的实现方法	5分			
	是否掌握图像平滑的基本原理及其在MATLAB中的实现方法	8分			
	是否掌握图像锐化的基本原理及其在MATLAB中的实现方法	5分			
	是否了解傅里叶变换的基本原理及其在MATLAB中的实现方法	4分			
	是否掌握低通滤波和高通滤波等频域图像增强方法	5分			

表 4-5（续）

评价项目	评价内容	评价分数			
		分值	自评	互评	师评
技能评价（30%）	是否能够使用直方图修正法和灰度变换法进行图像增强	8 分			
	是否能够使用均值滤波、高斯滤波和中值滤波进行图像平滑处理	8 分			
	是否能够使用梯度锐化和拉普拉斯锐化进行图像锐化处理	8 分			
	是否能够使用理想低通滤波和理想高通滤波对图像进行频域增强处理	6 分			
素养评价（20%）	是否遵守课堂纪律，上课精神是否饱满	5 分			
	是否具有自主学习意识，做好课前准备	5 分			
	是否善于思考，积极参与，勇于提出问题	5 分			
	是否具有团队合作精神，出色完成小组任务	5 分			
合计	综合分数_____自评(25%)+互评(25%)+师评(50%)	100 分			
	综合等级_____	指导老师签字_____			
综合评价（创新、进步及不足）					

项目 5

使用图像复原处理模糊图片

项目目标

知识目标

- 理解图像退化与图像复原的基本概念。
- 掌握图像退化与复原模型。
- 了解常见的噪声模型。
- 掌握只存在噪声的图像复原方法。
- 掌握大气湍流模型和运动模糊模型等退化函数模型。
- 掌握实用的图像复原技术及其在 MATLAB 中的实现方法。

技能目标

- 能够使用空间滤波消除图像中的随机噪声。
- 能够使用频域滤波消除图像中的周期噪声。
- 能够使用逆滤波、维纳滤波和约束最小二乘方滤波进行图像复原。

素养目标

- 提高跨学科知识的学习能力,能够做到融会贯通。
- 培养批判性思维,锻炼客观、理性的思考方式。

项目 5　使用图像复原处理模糊图片

项目描述

小茬在浏览自己拍摄的照片时发现，由于拍摄时设备抖动或对焦不准确等问题，一部分照片比较模糊，无法呈现出清晰的物体特征。通过查阅资料，小茬了解到这种照片模糊现象属于图像退化中的运动模糊退化，可以通过图像复原技术恢复到清晰的状态。于是，他开始尝试使用图像复原技术对运动模糊图像"train_blur.tif"（见本书配套素材"project5/image/train_blur.tif"）进行处理。

通过查阅资料，小茬发现影响图像复原效果的主要因素有退化函数和加性噪声项，关于这两个因素的已知先验知识越多，图像的复原效果越好。对于本项目中要处理的运动模糊图像"train_blur.tif"，小茬已知的先验知识只有噪声的均值和方差（图像噪声的均值为 0，方差为 10^{-6}）。在这种情况下，小茬打算使用图像复原技术中的维纳滤波和约束最小二乘方滤波对该图像进行复原，并比较二者的复原效果。

项目分析

按照项目要求，复原运动模糊图像的具体步骤分解如下。

第 1 步：图像预处理。使用 imread() 函数读取图像文件"train_blur.tif"，并使用 imshow() 函数显示图像。

第 2 步：估计运动模糊退化函数。对图像进行快速傅里叶变换，获取运动模糊图像的频谱图，然后使用 drawline() 函数在频谱图上绘制一条与暗条纹平行的线段，并计算暗条纹平行线与垂直向下方向夹角的度数，得到图像的运动角度 theta，最后使用 fspecial() 函数创建运动模糊图像的退化函数，其运动角度设置为 theta，运动距离分别使用 10、15、20 和 25 进行估计。

第 3 步：维纳滤波复原图像。根据运动模糊图像的退化函数进行维纳滤波复原。

第 4 步：约束最小二乘方滤波复原图像。根据噪声的均值和方差估算噪声功率，然后根据运动模糊图像的退化函数和噪声功率进行约束最小二乘方滤波复原，最后比较维纳滤波和约束最小二乘方滤波这两种方法的复原效果。

为了能够使用图像复原技术对模糊图像进行处理，本项目将对相关知识进行介绍，包括图像退化与图像复原的基本概念，图像退化与复原模型，噪声滤除，退化函数估计，以及实用的图像复原技术。

项目准备

全班学生以 3~5 人为一组进行分组,各组选出组长,组长组织组员扫码观看"图像质量评价"视频,讨论并回答下列问题。

问题 1:图像质量评价指标可分为哪两类?

图像质量评价

问题 2:均方误差与复原图像质量之间的关系是什么?

5.1 图像退化与图像复原

5.1.1 图像退化与图像复原的基本概念

图像在采集、处理和传输的过程中可能会受到成像系统、采集设备、处理方法和传输介质等因素的影响而出现失真、模糊和有噪声等现象,造成图像质量下降,这个过程称为图像退化。常见的退化现象包括因采集设备的非线性响应而产生的亮度或几何形状失真等引起的非线性退化、因光学成像系统的孔径衍射而产生的空间模糊退化、因物体快速运动而产生的运动模糊退化、因叠加了随机噪声而产生的随机噪声退化等,如图 5-1 所示。

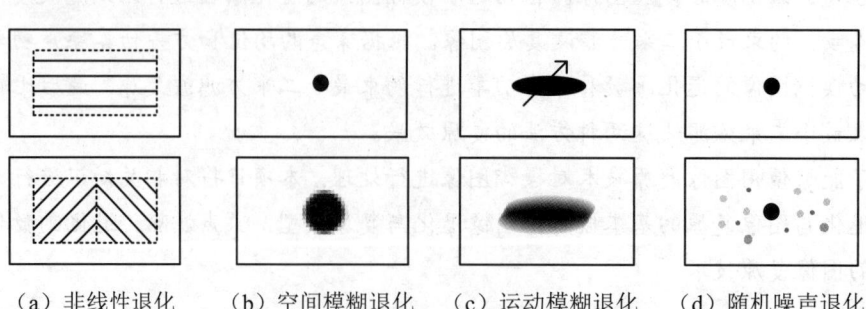

(a)非线性退化　　(b)空间模糊退化　　(c)运动模糊退化　　(d)随机噪声退化

图 5-1　常见的退化现象

项目 5 使用图像复原处理模糊图片

图像复原是一种使退化了的图像去除退化因素,并以最大保真度恢复成原始图像的技术。图像复原可以看作图像退化的逆过程,退化过程的建模越详细、准确,原始图像的复原过程就越容易。与图像增强类似,图像复原的目的也是改善图像质量,但二者又有区别。图像复原依据图像质量下降的原因(即退化过程的先验知识)来客观地处理图像,以使图像能够恢复到其原始状态;图像增强则依据人眼视觉系统的特性来探索性地处理图像,以使图像能够获得良好的视觉效果。

 学以致用

> 华为 Pura 70 系列手机能够清晰抓拍高速运动的物体,其核心原理如下:首先,同时拍摄两张曝光时间不同的照片;然后,借助人工智能驱动的图像复原技术,对两张照片进行局部特征匹配,从而有效识别并复原图像中因高速运动产生的局部模糊区域,最终生成高画质的清晰照片。通过这种方式,华为 Pura 70 系列手机能够在保证抓拍成功率的同时,最大程度地还原照片细节。

5.1.2　图像退化与复原模型

图像的退化过程可以理解为退化函数 $\mathcal{H}$ 和加性噪声项 $n(x,y)$ 的联合作用,故图像退化可表示为

$$g(x,y) = \mathcal{H}[f(x,y)] + n(x,y)$$

其中,$f(x,y)$ 表示理想的、没有退化的图像(下文均称其为原始图像);$g(x,y)$ 表示退化图像(被观察到的图像)。如果退化函数 $\mathcal{H}$ 是线性且位置不变性函数,则图像在空域中的退化公式可表示为

$$g(x,y) = f(x,y) \otimes h(x,y) + n(x,y)$$

其中,$h(x,y)$ 表示图像在空域中的退化函数;$\otimes$ 表示卷积运算。在数字图像处理领域中,空域中的卷积运算可使用频域中的乘法运算等价替换,故图像在频域中的退化公式可表示为

$$G(u,v) = F(u,v)H(u,v) + N(u,v)$$

其中,$F(u,v)$ 表示频域中的原始图像;$G(u,v)$ 表示频域中的退化图像;$H(u,v)$ 表示频域中的退化函数;$N(u,v)$ 表示频域中的加性噪声项。

高手点拨

> 在空域中,退化函数也称点扩散函数(point spread function,PSF),它描述了光学系统模糊或扩散光点的程度。点扩散函数经傅里叶变换后的频域表示为光学传递函数(optical transfer function,OTF),它描述了一个线性、位置不变的系统对脉冲的响应。

> 退化函数的位置不变性是指退化函数在图像中任意位置的响应只与函数在该位置的输入值有关，而与位置本身无关。

图像复原是在已知退化图像、退化函数、加性噪声项等先验知识的条件下，通过复原算法或技术，得到原始图像的近似估计 $\hat{f}(x,y)$ 的过程。其中，关于退化函数和加性噪声项的已知先验知识越多，复原图像 $\hat{f}(x,y)$ 就越接近原始图像 $f(x,y)$。故图像退化与复原模型可用如图 5-2 所示的结构来表示。

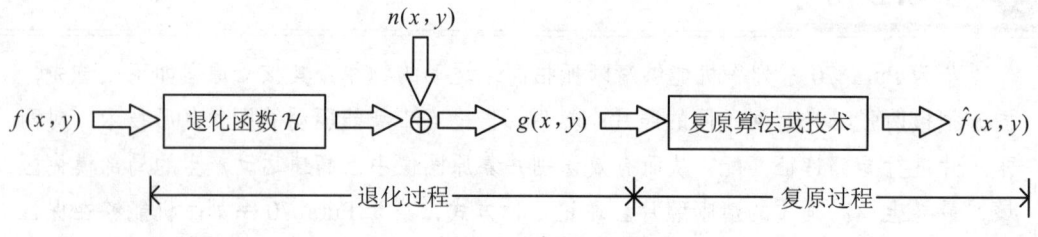

图 5-2　图像退化与复原模型

可见，图像复原的基本思路是先建立退化的数学模型，然后再根据该模型找到能够实现图像退化逆过程的算法，以恢复图像的原始信息。图像退化与复原模型是研究图像复原技术的基础理论，它基于退化函数和加性噪声项进行研究，故本项目后面的内容将根据这两个因素对图像复原技术进行介绍。

5.2 噪声滤除

5.2.1 噪声模型

数字图像的噪声主要来源于图像的获取和传输过程。在图像的获取过程中，图像传感器的性能可能会受到各种因素的影响，导致图像被噪声干扰。图像在传输过程中被污染的主要原因是传输信道的干扰。例如，通过无线网络传输的图像可能会因为光或其他因素的干扰而被污染。

图像的噪声通常表现为与周围像素不相联系的、离散的、孤立的像素点或像素块。常见的噪声模型包括高斯噪声、瑞利噪声、伽马（或爱尔兰）噪声、指数噪声、均匀噪声、椒盐（或脉冲）噪声、周期噪声等。其中，周期噪声通常使用频域中的傅里叶性质来描述；其他噪声通常使用空域中的概率密度函数来描述。

1. 常见噪声的概率密度函数

概率密度函数用于描述噪声灰度值的概率分布情况，可用概率密度函数曲线来表示。

曲线的横轴表示噪声的灰度值,纵轴表示灰度值出现的概率。几种常见噪声的概率密度函数曲线如图 5-3 所示。

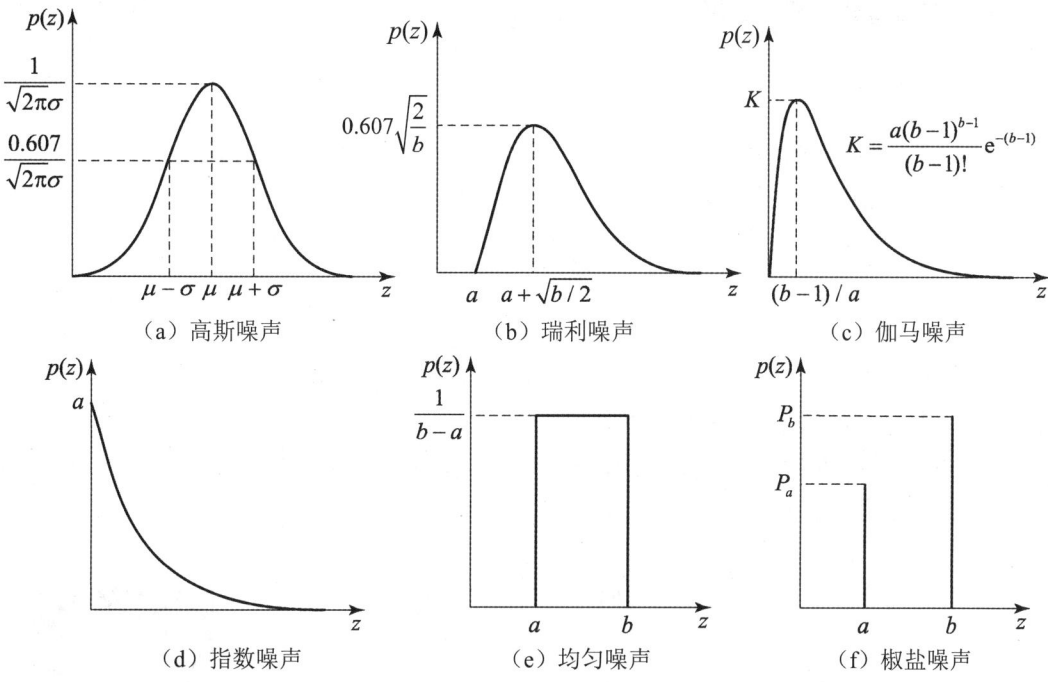

图 5-3 常见噪声的概率密度函数曲线

(1) 高斯噪声的概率密度函数为

$$p(z) = \frac{1}{\sqrt{2\pi}\sigma} e^{-\frac{(z-\mu)^2}{2\sigma^2}}$$

其中,μ 表示均值;σ^2 表示方差。高斯噪声在数学上具有易处理性,故在实际应用中常使用这种噪声模型。

(2) 瑞利噪声的概率密度函数为

$$p(z) = \begin{cases} \frac{2}{b}(z-a)e^{-\frac{(z-a)^2}{b}}, & z \geqslant a, \\ 0, & z < a \end{cases}$$

该函数的均值为 $a + \sqrt{\pi b / 4}$,方差为 $b(4-\pi)/4$。从图 5-3(b)中可以看出,瑞利噪声距离原点的位移 a 和概率密度函数曲线的形状均向右偏移,故常使用瑞利噪声建模具有倾斜形状的灰度直方图。

(3) 伽马噪声的概率密度函数为

$$p(z) = \begin{cases} \frac{a^b z^{b-1}}{(b-1)!} e^{-az}, & z \geqslant 0, \\ 0, & z < 0 \end{cases}$$

其中，b 为正整数。该函数的均值为 b/a，方差为 b/a^2。当 $b=1$ 时，伽马噪声转换为指数噪声。

（4）指数噪声的概率密度函数为

$$p(z) = \begin{cases} a\mathrm{e}^{-az}, & z \geqslant 0, \\ 0, & z < 0 \end{cases}$$

其中，$a>0$。该函数的均值为 $1/a$，方差为 $1/a^2$。指数噪声在激光成像领域有着广泛的应用。

（5）均匀噪声的概率密度函数为

$$p(z) = \begin{cases} \dfrac{1}{b-a}, & a \leqslant z \leqslant b, \\ 0, & 其他 \end{cases}$$

该函数的均值为 $(a+b)/2$，方差为 $(b-a)^2/12$。均匀噪声的灰度值在一定范围内是均衡的，常作为仿真实验中各随机数生成器的基础。

（6）椒盐噪声通常表现为图像上随机分布的黑色像素或白色像素，类似于胡椒和盐粒。它的概率密度函数为

$$p(z) = \begin{cases} P_a, & z=a, \\ P_b, & z=b, \\ 0, & 其他 \end{cases}$$

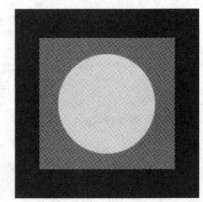

图 5-4 测试图像

在椒盐噪声的概率密度函数中，当 P_a 或 P_b 为 0 时，噪声中只包含胡椒或盐粒，故称其为胡椒噪声或盐粒噪声。

图 5-4 为一幅不含噪声的测试图像，这幅图像由纯黑到接近纯白仅有 3 个灰度级。为该图像叠加各种噪声后，其图像与相应的灰度直方图如图 5-5 所示。

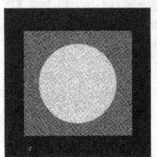 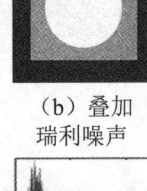    

（a）叠加高斯噪声　（b）叠加瑞利噪声　（c）叠加伽马噪声　（d）叠加指数噪声　（e）叠加均匀噪声　（f）叠加椒盐噪声

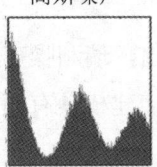 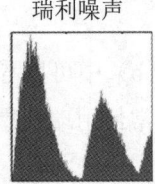  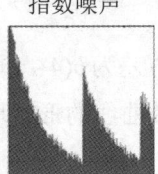 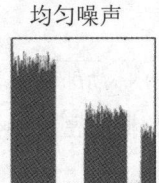 

（g）高斯噪声图像灰度直方图　（h）瑞利噪声图像灰度直方图　（i）伽马噪声图像灰度直方图　（j）指数噪声图像灰度直方图　（k）均匀噪声图像灰度直方图　（l）椒盐噪声图像灰度直方图

图 5-5 叠加噪声的测试图像及其灰度直方图

可见，尽管各类噪声图像的灰度直方图有着明显的区别，但在视觉效果上，除被椒盐

噪声污染的图像之外，被其他噪声污染的图像并没有太大的区别。因此，椒盐噪声是唯一一种使图像退化、并在视觉上可区分的噪声类型。

2．周期噪声

周期噪声是图像在获取过程中受电力或机电干扰所产生的噪声，它以一种特定频率重复出现，表现为图像中以固定间隔重复出现的图案或亮度变化，如图5-6所示。在被周期噪声污染的图像频谱中，周期噪声会显示为离散的尖峰或特定频率范围内的能量增加，这些特征对应于噪声的频率周期。

（a）原始图像　　　　　　　　（b）周期噪声图像

图 5-6　被周期噪声污染的图像

5.2.2　只存在噪声的图像复原

当图像的退化过程仅受噪声影响时，图像在空域和频域中的退化公式可简化为 $g(x,y) = f(x,y) + n(x,y)$ 和 $G(u,v) = F(u,v) + N(u,v)$。其中，$f(x,y)$ 表示空域中的原始图像；$g(x,y)$ 表示空域中的退化图像；$n(x,y)$ 表示空域中的加性噪声项；$F(u,v)$ 表示频域中的原始图像；$G(u,v)$ 表示频域中的退化图像；$N(u,v)$ 表示频域中的加性噪声项。

由于噪声项通常是未知的，故无法直接通过从退化图像中减去噪声项的方法来得到原始图像。在仅存在加性噪声项的情况下，可使用空间滤波和频域滤波来消除图像噪声。

1．空间滤波消除随机噪声

空间滤波通过滤波模板来消除图像中的噪声。常用的滤波模板主要有均值滤波模板和统计排序滤波模板。均值滤波模板一般可分为算术均值滤波模板、几何均值滤波模板、谐波均值滤波模板和逆谐波均值滤波模板；统计排序滤波模板一般可分为中值滤波模板、最大值滤波模板、最小值滤波模板和中点滤波模板。各个滤波模板的作用与实现函数如表5-1所示。

表 5-1 空间滤波模板的作用与实现函数

滤波模板	作用	MATLAB 中的实现函数
算术均值滤波模板	最简单的均值滤波模板，该滤波模板与本书 4.2.3 节中介绍的均值滤波模板相同。它能够平滑图像的局部区域，在减少噪声的同时产生模糊效果，主要用于去除图像中的高斯噪声和均匀噪声	fspecial('average',hsize)函数创建均值滤波模板 imfilter()函数进行均值滤波
几何均值滤波模板	平滑效果与算术均值滤波模板类似，但损失的图像细节更少	
谐波均值滤波模板	主要用于去除图像中的高斯噪声和盐粒噪声，但不适用于处理图像中的胡椒噪声	
逆谐波均值滤波模板	主要用于减少或去除图像中的椒盐噪声。使用该滤波模板去除椒盐噪声时，需要设置滤波模板的阶数。当滤波模板阶数为正数时，该滤波模板用于去除胡椒噪声；当滤波模板阶数为负数时，该滤波模板用于去除盐粒噪声。然而，该滤波模板不能同时消除这两种噪声	ordfilt2(I,order,domain,padopt)函数可实现统计排序滤波。其中，I 表示图像数据矩阵；order 表示统计排序滤波所选择的像素值在排序序列中的位置，如最小值滤波模板的取值为 1，若滤波模板大小为 3×3，则最大值滤波模板的取值为 9；domain 表示统计排序滤波所处理的邻域范围，其参数值为二维矩阵；padopt 表示填充图像虚拟边界的方法，若取值为"zeros"则使用常数 0 进行填充，若取值为"symmetric"则使用镜像方法进行填充
中值滤波模板	使用像素邻域内所有像素值的中值作为所处理像素的值，适用于去除图像中的椒盐噪声	
最大值滤波模板	使用像素邻域内所有像素值的最大值作为所处理像素的值，适用于去除图像中的胡椒噪声	
最小值滤波模板	使用像素邻域内所有像素值的最小值作为所处理像素的值，适用于去除图像中的盐粒噪声	
中点滤波模板	使用像素邻域内所有像素值的最小值和最大值的均值作为所处理像素的值，适用于去除图像中的高斯噪声和均匀噪声	

【例 5-1】 读取本书配套素材"project5/image"文件夹中的胡椒噪声图像文件"pears_pepper.tif"和盐粒噪声图像文件"pears_salt.tif"，使用阶数为 2.5 的逆谐波均值滤波模板（模板大小为 3×3）和最大值滤波模板（模板大小为 3×3）去除图像"pears_pepper.tif"中的胡椒噪声，然后使用阶数为 −2.5 的逆谐波均值滤波模板（模板大小为 3×3）和最小值滤波模板（模板大小为 3×3）去除图像"pears_salt.tif"中的盐粒噪声。

指点迷津

使用逆谐波均值滤波模板（阶数为 Q）去除图像噪声的过程可分为以下 3 个步骤。

（1）对噪声图像的 $Q+1$ 次幂进行均值滤波，滤波结果记作 I_1。

（2）对噪声图像的 Q 次幂进行均值滤波，滤波结果记作 I_2。

（3）将 I_1 与 I_2 相除，即可得到逆谐波均值滤波的结果。

【参考代码】

```
clc; clear;
% 读取胡椒噪声图像和盐粒噪声图像
I1 = imread('image/pears_pepper.tif');
I2 = imread('image/pears_salt.tif');
% 将图像的数据类型转换为double
I1 = im2double(I1);
I2 = im2double(I2);
h = fspecial('average',3);     % 创建3×3的均值滤波模板
Q1 = 2.5;Q2 = -2.5;             % 设置逆谐波均值滤波模板的阶数
% 使用逆谐波均值滤波模板（阶数为2.5）去除胡椒噪声
q1_J11 = imfilter(I1.^(Q1+1),h,'replicate');
q1_J12 = imfilter(I1.^Q1,h,'replicate');
J1 = q1_J11./q1_J12;            % 将两个图像矩阵对应的元素相除
% 使用最大值滤波模板去除胡椒噪声
J2 = ordfilt2(I1,9,ones(3,3),'symmetric');
% 使用逆谐波均值滤波模板（阶数为-2.5）去除盐粒噪声
q2_J21 = imfilter(I2.^(Q2+1),h,'replicate');
q2_J22 = imfilter(I2.^Q2,h,'replicate');
J3 = q2_J21./q2_J22;
% 使用最小值滤波模板去除盐粒噪声
J4 = ordfilt2(I2,1,ones(3,3),'symmetric');
% 显示图像
subplot(2,3,1);imshow(I1);title('胡椒噪声图像');
subplot(2,3,2);imshow(J1);
title({'逆谐波均值滤波模板','处理后的图像（阶数为2.5）'});
subplot(2,3,3);imshow(J2);title('最大值滤波模板处理后的图像');
subplot(2,3,4);imshow(I2);title('盐粒噪声图像');
```

```
subplot(2,3,5);imshow(J3);
title({'逆谐波均值滤波模板','处理后的图像（阶数为-2.5）'});
subplot(2,3,6);imshow(J4);title('最小值滤波模板处理后的图像');
```

【运行结果】 程序运行结果如图 5-7 所示。

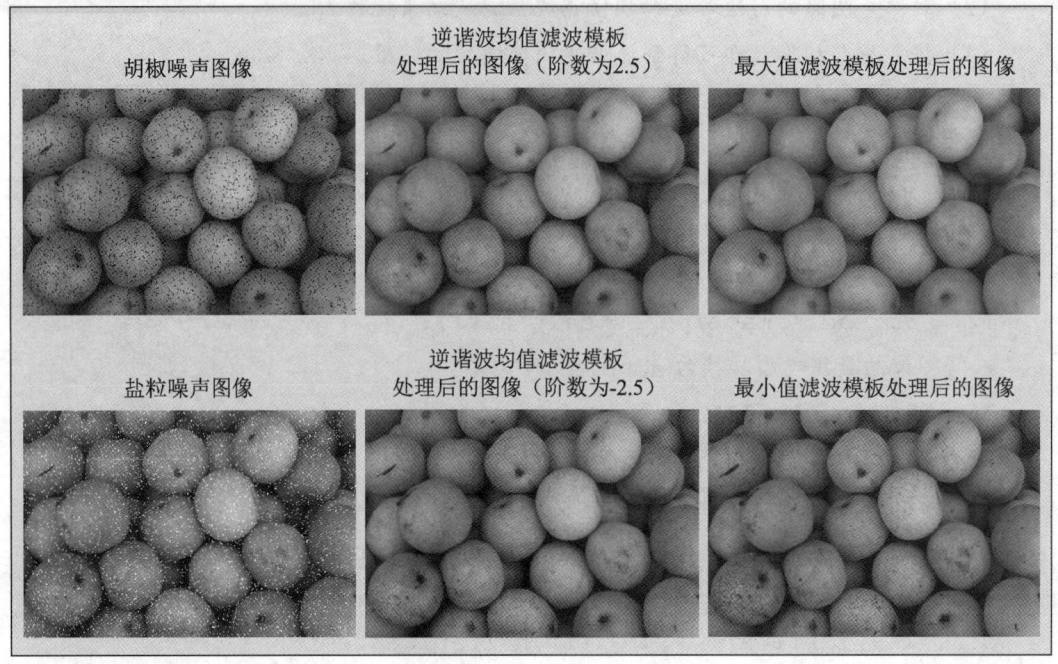

图 5-7 例 5-1 程序运行结果

2. 频域滤波消除周期噪声

在频域中，图像周期噪声在对应于周期干扰的频率处会显示为集中的能量脉冲，通常使用陷波滤波器可将图像与周期噪声进行分离，从而实现图像复原。最简单的陷波滤波器是理想陷波滤波器，其数学定义如下。

$$H(u,v)=\begin{cases}0, & D_1(u,v)\leqslant D_0 \text{ 或 } D_2(u,v)\leqslant D_0,\\ 1, & \text{其他}\end{cases}$$

$$D_1(u,v)=\sqrt{\left(u-\frac{M}{2}-u_0\right)^2+\left(v-\frac{N}{2}-v_0\right)^2}$$

$$D_2(u,v)=\sqrt{\left(u-\frac{M}{2}+u_0\right)^2+\left(v-\frac{N}{2}+v_0\right)^2}$$

其中，M 和 N 分别表示图像的像素行数和像素列数；D_0 表示截止频率；(u_0,v_0) 和 $(-u_0,-v_0)$ 为理想陷波滤波器的两个中心坐标。在 MATLAB 中，可根据理想陷波滤波器的数学公式来自定义一个函数，实现理想陷波滤波器。

【例5-2】 读取本书配套素材"project5/image"文件夹中的周期噪声图像文件"Goldhill_period.tif",使用理想陷波滤波器去除该图像中的周期噪声。提示:本例中理想陷波滤波器的中心坐标分别为(46,0)和(–46,0),截止频率为10。

【参考代码】

```matlab
clc; clear;
I = imread('image/Goldhill_period.tif');
                                    % 读取周期噪声图像
I = im2double(I);                   % 将图像的数据类型转换为double
[M,N] = size(I);                    % 获取图像大小
% 创建理想陷波滤波器
H = ones(M,N);
u0 = 46;v0 = 0;D0 = 10;             % 设置中心坐标及截止频率
for i = 1:M
    for j = 1:N
        D1 = sqrt((i-M/2-u0)^2+(j-N/2-v0)^2);
        D2 = sqrt((i-M/2+u0)^2+(j-N/2+v0)^2);
        if D1 <= D0 || D2 <= D0
            H(i,j) = 0;
        end
    end
end
F = fft2(I);                        % 进行二维快速傅里叶变换
F = fftshift(F);                    % 频谱中心化
J = F.*H;                           % 进行理想陷波滤波
% 获取周期噪声图像和理想陷波滤波图像的频谱图
Fp = log(abs(F)+1);Jp = log(abs(J)+1);
Fp = mat2gray(Fp);Jp = mat2gray(Jp);
J = ifftshift(J);                   % 频谱逆中心化
J = ifft2(J);                       % 进行二维快速傅里叶逆变换
J = abs(J);
% 显示图像
subplot(2,2,1);imshow(I);title('周期噪声图像');
subplot(2,2,2);imshow(J);title('理想陷波滤波图像');
subplot(2,2,3);imshow(Fp);title('周期噪声图像的频谱图');
subplot(2,2,4);imshow(Jp);title('理想陷波滤波图像的频谱图');
```

【运行结果】 程序运行结果如图 5-8 所示。可见,周期噪声图像的频谱图中存在明显的亮点,通过理想陷波滤波器的处理,这些亮点所对应的频率被阻断,消除了周期噪声。

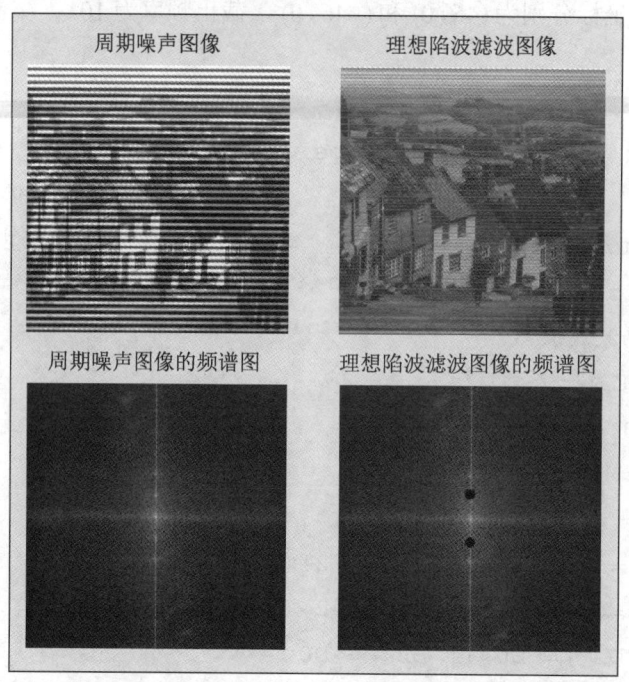

图 5-8 例 5-2 程序运行结果

5.3 退化函数估计

在实际的图像复原中,很少完全已知图像退化过程中的退化函数,因此通常需要对未知的退化函数进行估计。估计退化函数的方法主要有观察法、试验法和数学建模法。其中,数学建模法在图像复原中的性能较好,常被人们使用。数学建模法是指通过建立数学模型来描述退化过程,进而估计退化函数的一种方法。常见的退化函数数学模型有大气湍流模型和运动模糊模型。

5.3.1 大气湍流模型

大气湍流模型是根据大气湍流的物理特性提出的一个退化模型,该模型在频域中的公式表示如下。

$$H(u,v) = e^{-k(u^2+v^2)^{\frac{5}{6}}}$$

其中,k 表示与湍流性质有关的常数,该常数会影响大气湍流模型对图像造成的退化程度。随着 k 值的增大,图像受大气湍流模型的影响会越来越大,图像也会变得越来越模糊。例如，图 5-9 为 $k = 0.00025$（轻微湍流）、$k = 0.001$（中等湍流）和 $k = 0.0025$（强烈湍流）时，大气湍流模型对图像造成的影响。

（a）无湍流图像

（b）轻微湍流图像（$k = 0.00025$）

（c）中等湍流图像（$k = 0.001$）

（d）强烈湍流图像（$k = 0.0025$）

图 5-9　大气湍流模型对图像的影响

可见，大气湍流的物理特性造成的图像退化，其退化函数可使用大气湍流模型进行估计。对这样的退化图像进行复原只需要对其进行逆运算即可。在 MATLAB 中，可根据大气湍流模型的公式自定义一个函数，创建大气湍流退化图像的退化函数。

5.3.2　运动模糊模型

运动模糊模型描述的是物体或图像采集设备在曝光期间进行相对的匀速线性运动而导致的图像模糊。运动模糊模型在频域中的公式表示如下。

$$H(u,v) = \frac{T \sin[\pi(ua+vb)]}{\pi(ua+vb)} e^{-\pi j(ua+vb)}$$

其中，T 表示曝光时间；a 表示图像的水平移动量；b 表示图像的垂直移动量；j 表示虚数单位。为了简化运算，可以对这一公式进行傅里叶逆变换，得到运动模糊模型在空域中的公式，该公式表示如下。

$$h(x,y) = \begin{cases} \dfrac{1}{L}, & \sqrt{x^2+y^2} \leqslant L \text{ 且 } \dfrac{y}{x} = \tan\theta, \\ 0, & \text{其他} \end{cases}$$

其中，L 表示图像的运动距离；θ 表示图像的运动角度，即图像的运动方向与水平向右方向的夹角。可见，运动模糊模型的模糊效果仅与图像的运动距离和运动角度有关，因此，只需要估计这两个参数即可得到运动模糊图像的运动模糊模型。

对于宽度和长度相等的运动模糊图像，其运动角度可以通过其频谱图进行估计。运动模糊图像的频谱图中存在许多明暗相间的条纹，其中暗条纹的方向与图像的运动方向垂直。例如，一幅图像经过运动角度为60°的运动模糊退化后，其频谱图及运动模糊图像的频谱图如图5-10所示。可见，通过计算暗条纹与垂直向下方向的夹角度数可得到运动模糊图像的运动角度。

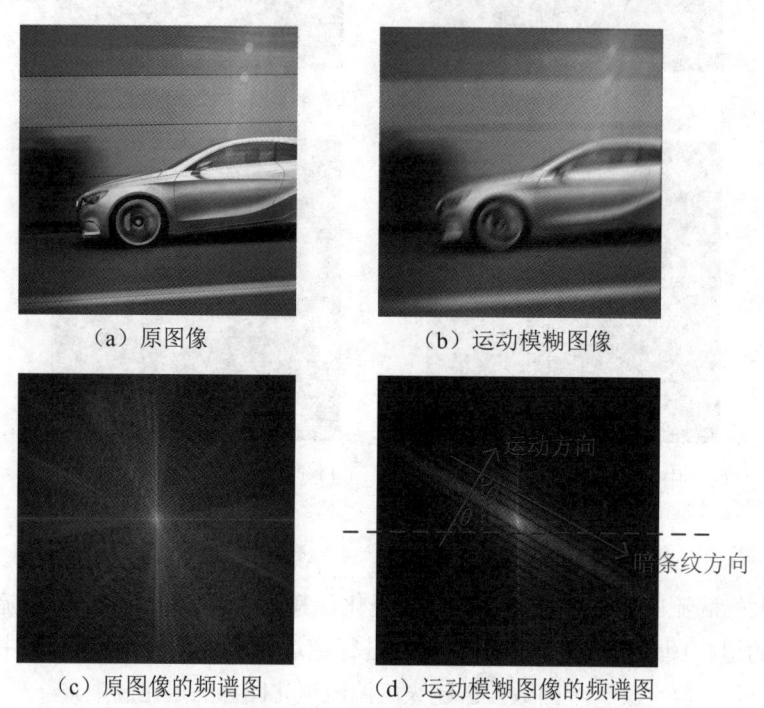

图 5-10 原图像与运动模糊图像及两幅图像的频谱图

图像运动距离的求解是一个较复杂的过程，涉及的因素有很多，因此没有一种通用的简单方法可以直接求解出运动距离。在实际应用中，可多次尝试使用不同的运动距离估计运动模糊退化函数，并使用这些退化函数进行图像复原，最终选择一幅质量较好的复原图像作为图像复原的结果。

在 MATLAB 中，既可以根据运动模糊模型的公式自定义一个函数，也可以使用 fspecial() 函数模拟图像的运动模糊模型，创建运动模糊图像的退化函数。fspecial() 函数的一般格式如下。

```
fspecial('motion',len,theta)
```

其中，len 表示图像的运动距离，默认为9；theta 表示图像的运动角度，以水平方向为起始位置，逆时针进行测量，默认为0。

5.4 实用的图像复原技术

图像退化的主要因素是退化函数和加性噪声项,故图像复原方法需要综合考虑这两个因素的影响。常用的图像复原方法主要有无约束复原方法和有约束复原方法。无约束复原方法通常指逆滤波,它在进行图像复原时不引入任何额外的约束条件,直接通过数学上的逆运算来进行图像复原;有约束复原方法在进行图像复原时引入了额外的约束条件,引导复原过程得到更合理、更符合实际的复原图像。有约束复原方法主要包括维纳滤波、约束最小二乘方滤波等。

5.4.1 逆滤波

逆滤波是一种直接对退化过程进行逆运算来复原图像的方法。具体来讲,它使用退化图像的傅里叶变换 $G(u,v)$ 直接除以退化函数 $H(u,v)$(退化函数可通过上一节所讲方法进行估计),来得到原始图像的近似估计 $\hat{F}(u,v)$。逆滤波的公式表示如下。

$$\hat{F}(u,v) = \frac{G(u,v)}{H(u,v)} = \frac{F(u,v)H(u,v) + N(u,v)}{H(u,v)} = F(u,v) + \frac{N(u,v)}{H(u,v)}$$

其中,$F(u,v)$ 表示原始图像的傅里叶变换;$N(u,v)$ 表示加性噪声项的傅里叶变换。

使用逆滤波进行图像复原会产生一些问题。首先,由于加性噪声项通常是随机的,尽管退化函数已知,逆滤波也无法准确地将退化图像复原回原始图像。其次,当退化函数的值较小或为零时,$N(u,v)/H(u,v)$ 项会放大图像噪声的影响,导致复原图像与原始图像有较大的差距,甚至会破坏图像的原有特征。

解决退化函数值较小或为零问题的一种常用方法是对 $1/H(u,v)$ 的值进行限制。一般情况下,$H(u,v)$ 的值会随 u、v 与原点距离的增加而迅速减小,而噪声项 $N(u,v)$ 却变化缓慢,故在与原点距离较近的范围内进行复原时,可以减少 $H(u,v)$ 遇到小值或零值的可能性。在实际的操作中,通常会设置一个频率半径 D_0,然后对频率半径内部或靠近频谱中心的部分进行复原处理,而对频率半径之外的部分不进行复原处理。该方法的数学定义如下。

$$M(u,v) = \begin{cases} \dfrac{1}{H(u,v)}, & u^2 + v^2 \leqslant D_0^2 \\ 1, & u^2 + v^2 > D_0^2 \end{cases}$$

其中,$M(u,v)$ 为逆滤波器,通常被称为恢复转移函数。在 MATLAB 中,可根据逆滤波的公式自定义一个函数,来实现逆滤波图像复原。

> **指点迷津**
>
> 在频域中，图像的退化过程可以转换为简单的乘法运算，并且更容易区分图像特征与噪声，故图像的复原过程多在频域中进行。

【例5-3】 读取本书配套素材"project5/image"文件夹中的大气湍流退化图像文件"atmturbu.tif"（该图像使用 k 为 0.0025 的大气湍流模型进行了退化），使用频率半径分别为 100 和无穷大的逆滤波对该图像进行复原。

【参考代码】

```
clc; clear;
% 读取大气湍流退化图像
I_atm = imread('image/atmturbu.tif');
% 获取大气湍流退化图像的退化函数
H_atm = atmturbu_degra(I_atm,0.0025);
% 使用频率半径分别为100和无穷大的逆滤波对大气湍流退化图像进行复原
J_atm1 = imrestore(I_atm,H_atm,100);
J_atm2 = imrestore(I_atm,H_atm,Inf);      % Inf 表示无穷大
% 显示图像
subplot(1,3,1);imshow(I_atm);title('大气湍流退化图像');
subplot(1,3,2);imshow(J_atm1);
title({'大气湍流退化图像的','复原图像（频率半径为100）'});
subplot(1,3,3);imshow(J_atm2,[]);
title({'大气湍流退化图像的','复原图像（频率半径为Inf）'});
% 定义大气湍流退化图像的退化函数
function H = atmturbu_degra(I,k)
% 参数 I 表示大气湍流退化图像
% 参数 k 表示大气湍流模型的常数
% 返回值 H 表示大气湍流退化图像的退化函数
[M,N] = size(I);                          % 获取图像大小
% 创建与图像大小相同的大气湍流模型
H = zeros(M,N);
for i = 1:M
    for j = 1:N
        dist = (i-M/2)^2+(j-N/2)^2;
        H(i,j) = exp(-k*dist^(5/6));
```

```
        end
    end
end
% 定义逆滤波的实现函数
function F = imrestore(I,H,D)
% 参数 I 表示退化图像
% 参数 H 表示退化函数
% 参数 D 表示逆滤波的频率半径
% 返回值 F 表示复原图像
G = fft2(im2double(I));
G = fftshift(G);
[M,N] = size(I);                        % 获取图像大小
F = ones(M,N);
for i = 1:M
    for j = 1:N
        dist = (i-M/2)^2+(j-N/2)^2;
        if dist <= D^2
            F(i,j) = G(i,j)/H(i,j);     % 进行逆滤波
        end
    end
end
F = ifftshift(F);
F = abs(ifft2(F));
end
```

【运行结果】 程序运行结果如图 5-11 所示。可见，当对频率半径不进行任何限制时，逆滤波将难以进行图像复原。

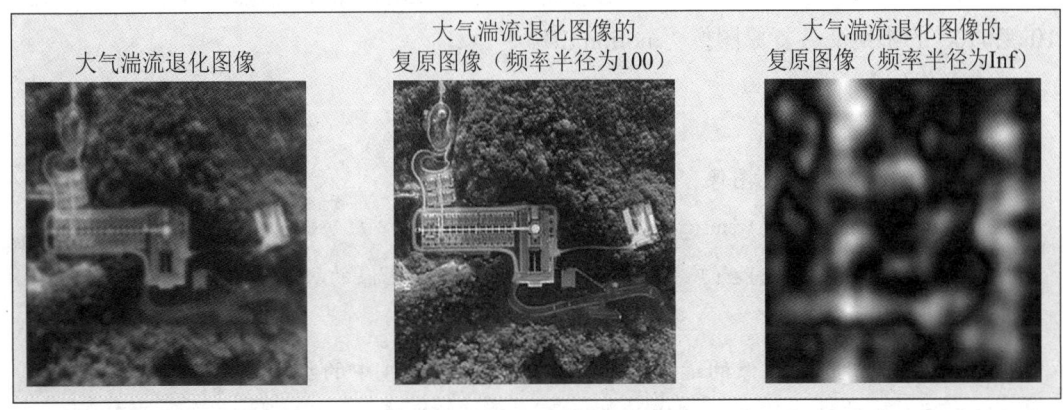

图 5-11 例 5-3 程序运行结果

5.4.2 维纳滤波

维纳滤波也称最小均方误差滤波,它将图像和噪声视为随机变量,目标是得到原始图像 f 的一个近似图像 $\hat{f}$,使得原始图像与该近似图像之间的均方误差最小。维纳滤波的公式表示如下。

$$\hat{F}(u,v)=\left[\frac{1}{H(u,v)}\frac{|H(u,v)|^2}{|H(u,v)|^2+P_n(u,v)/P_f(u,v)}\right]G(u,v)$$

其中,$\hat{F}(u,v)$ 表示复原图像的傅里叶变换;$H(u,v)$ 表示退化函数的傅里叶变换;$G(u,v)$ 表示退化图像的傅里叶变换;$P_n(u,v)$ 表示噪声的功率谱;$P_f(u,v)$ 表示原始图像的功率谱。由于原始图像的功率谱通常是未知或无法估计的,因此维纳滤波的公式可使用如下公式近似计算。

$$\hat{F}(u,v)=\left[\frac{1}{H(u,v)}\frac{|H(u,v)|^2}{|H(u,v)|^2+K}\right]G(u,v)$$

其中,K 表示常数。当 K 的取值为 1 或 0(即噪声的功率谱为 0)时,维纳滤波近似简化为逆滤波。

在 MATLAB 中,deconvwnr() 函数可实现维纳滤波,其一般格式如下。

```
deconvwnr(I,psf,nsr)
```

其中,I 表示退化图像的数据矩阵;psf 表示退化过程中所用的退化函数;nsr 为可选参数,表示噪声功率谱与原始图像功率谱的比值或公式中的常数 K。

【例 5-4】 读取本书配套素材"project5/image"文件夹中的大气湍流退化图像文件"atmturbu.tif"(该图像使用 k 为 0.0025 的大气湍流模型进行了退化)和运动模糊图像文件"motion.tif"(该图像使用运动距离为 50、运动角度为 60° 的运动模糊模型进行了退化),试使用 K 值分别为 10^{-5} 和 10^{-3} 的维纳滤波复原图像"atmturbu.tif",然后使用 K 值分别为 10^{-4} 和 10^{-3} 的维纳滤波复原图像"motion.tif"。

【参考代码】

```
clc; clear;
% 读取大气湍流退化图像
I_atm = imread('image/atmturbu.tif');
I_atm = im2double(I_atm);          % 将图像的数据类型转换为 double
%{
获取大气湍流退化图像的退化函数(该函数与例 5-3 中的函数相同,此处直接调用,
读者完成此例时须将该函数的定义程序放于本例代码之后)
```

```
%}
H_atm = atmturbu_degra(I_atm,0.0025);
h_atm = otf2psf(H_atm);              % 将退化函数从频域转换到空域
h_atm = abs(h_atm);
% 使用 K 值分别为 $10^{-5}$ 和 $10^{-3}$ 的维纳滤波复原大气湍流退化图像
J_atm1 = deconvwnr(I_atm,h_atm,1e-5);
J_atm2 = deconvwnr(I_atm,h_atm,1e-3);
% 读取运动模糊图像
I_motion = imread('image/motion.tif');
I_motion = im2double(I_motion);      % 将图像的数据类型转换为 double
% 获取运动模糊图像的退化函数
h_motion = fspecial('motion',50,60);
% 使用 K 值分别为 $10^{-4}$ 和 $10^{-3}$ 的维纳滤波复原运动模糊图像
J_motion1 = deconvwnr(I_motion,h_motion,1e-4);
J_motion2 = deconvwnr(I_motion,h_motion,1e-3);
% 显示图像
subplot(2,3,1);imshow(I_atm);title('大气湍流退化图像');
subplot(2,3,2);imshow(J_atm1);
title({'大气湍流退化图像的','复原图像（K=10^{-5}）'});
subplot(2,3,3);imshow(J_atm2);
title({'大气湍流退化图像的','复原图像（K=10^{-3}）'});
subplot(2,3,4);imshow(I_motion);title('运动模糊图像');
subplot(2,3,5);imshow(J_motion1);
title({'运动模糊图像的','复原图像（K=10^{-4}）'});
subplot(2,3,6);imshow(J_motion2);
title({'运动模糊图像的','复原图像（K=10^{-3}）'});
```

【运行结果】 程序运行结果如图 5-12 所示。可见，当 K 的取值不同时，维纳滤波对图像的复原效果也不同。然而，在实际应用中，往往较难得到有关图像噪声的先验知识，难以准确估计 K 值，在很大程度上限制了维纳滤波的使用。

图 5-12　例 5-4 程序运行结果

5.4.3　约束最小二乘方滤波

维纳滤波基于原始图像功率谱和噪声功率谱进行图像复原,当二者未知时,使用近似的常数也未必能得到较好的图像复原效果。相较于维纳滤波,约束最小二乘方滤波是一种更优的图像复原方法,它的目标是得到原始图像 f 的一个近似图像 $\hat{f}$,使得原始图像与该近似图像之间的误差平方和最小。约束最小二乘方滤波的公式表示如下。

$$\hat{F}(u,v) = \left[\frac{1}{H(u,v)}\frac{|H(u,v)|^2}{|H(u,v)|^2 + \gamma|P(u,v)|^2}\right]G(u,v)$$

其中,$\hat{F}(u,v)$ 表示复原图像的傅里叶变换;$H(u,v)$ 表示退化函数的傅里叶变换;$G(u,v)$ 表示退化图像的傅里叶变换;γ 是一个可调节参数,调节该参数的目的是使得差值 $G(u,v) - H(u,v)\hat{F}(u,v)$ 尽可能接近噪声功率,噪声功率一般可通过噪声的均值和方差近似估计;$P(u,v)$ 是如下算子的傅里叶变换。

$$p(x,y) = \begin{pmatrix} 0 & -1 & 0 \\ -1 & 4 & -1 \\ 0 & -1 & 0 \end{pmatrix}$$

可见，与维纳滤波相比，约束最小二乘方滤波基于噪声的均值和方差进行图像复原，而这些参数在噪声与图像灰度值不相关的假设下通常可以从一幅给定的退化图像中估计。此外，通过对参数值的调整，约束最小二乘方滤波理论上对任意一幅退化图像都能得到最优的复原效果。

指点迷津

> 在约束最小二乘方滤波的公式中，当 $\gamma = 0$ 时，会简化为逆滤波。

在 MATLAB 中，deconvreg()函数可实现约束最小二乘方滤波，其一般格式如下。

`deconvreg(I,psf,np)`

其中，I 表示退化图像的数据矩阵；psf 表示退化过程中所用的退化函数；np 为可选参数，表示噪声功率，默认为 0。

【例 5-5】 读取本书配套素材"project5/image"文件夹中的大气湍流退化图像文件"atmturbu.tif"（该图像使用 k 为 0.0025 的大气湍流模型进行了退化）和运动模糊图像文件"motion.tif"（该图像使用运动距离为 50、运动角度为 60°的运动模糊模型进行了退化，图像中噪声的均值为 0、方差为 10^{-6}），使用约束最小二乘方滤波复原这两幅图像。

【参考代码】
```
clc; clear;
% 读取大气湍流退化图像
I_atm = imread('image/atmturbu.tif');
%{
获取大气湍流退化图像的退化函数（该函数与例 5-3 中的函数相同，此处直接调用，
读者完成此例时须将该函数的定义程序放于本例代码之后）
%}
H_atm = atmturbu_degra(I_atm,0.0025);
h_atm = otf2psf(H_atm);              % 将退化函数从频域转换到空域
h_atm = abs(h_atm);
% 使用约束最小二乘方滤波对大气湍流退化图像进行复原
J_atm = deconvreg(I_atm,h_atm);
% 读取运动模糊图像
I_motion = imread('image/motion.tif');
% 获取运动模糊图像的退化函数
h_motion = fspecial('motion',50,60);
noise_mean = 0;noise_var = 1e-6;     % 设置噪声的均值和方差
N_motion = numel(I_motion);          % 获取图像矩阵元素的数量
```

```
% 使用噪声的均值和方差估算噪声功率
np = N_motion*(noise_mean^2+noise_var);
% 使用约束最小二乘方滤波对运动模糊图像进行复原
J_motion = deconvreg(I_motion,h_motion,np);
% 显示图像
subplot(2,2,1);imshow(I_atm);title('大气湍流退化图像');
subplot(2,2,2);imshow(J_atm);title('大气湍流退化图像的复原图像');
subplot(2,2,3);imshow(I_motion);title('运动模糊图像');
subplot(2,2,4);imshow(J_motion);title('运动模糊图像的复原图像');
```

【运行结果】 程序运行结果如图 5-13 所示。

图 5-13 例 5-5 程序运行结果

科技铸魂——人工智能驱动图像复原技术发展

近年来,以人工智能技术为基础的图像复原模型迅速发展。这些模型不仅显著提升了图像复原的速度和质量,还在图像分辨率、文字保真度、用户交互性等方面展现出了巨大优势,为图像复原技术的实际应用提供了高效的解决方案。

一个典型的图像复原模型是 XPixel 团队提出的 SUPIR 模型。该模型是一个具有高保

项目 5 使用图像复原处理模糊图片

真性能的图像复原和画质增强模型,能够实现对低质量图像的高质量恢复。SUPIR 模型可以通过文本对图像复原的过程进行精细控制,并根据用户的输入指令调整图像的各个细节(如物体的纹理、场景的语义内容等),达到图像复原的目的。

在 SUPIR 模型的基础上,XPixel 团队进一步推出了 HYPIR 模型。与 SUPIR 模型相比,HYPIR 模型优化了算法性能,并在图像复原的稳定性和可控性方面取得了显著进步。目前,HYPIR 模型已与深圳市南山区档案馆展开合作,对部分馆藏照片进行了修复。后续,该模型还将进一步产业化,推动图像复原技术在文化遗产保护、医疗成像、遥感分析等领域的全面落地。

项目实施——运动模糊图像的复原

运动模糊图像的复原

1. 图像预处理

步骤 1 清除命令行窗口及工作区中的所有内容。
步骤 2 使用 imread()函数读取图像文件"train_blur.tif"。
步骤 3 使用 im2double()函数将图像的数据类型转换为 double。
步骤 4 使用 imshow()函数显示图像。

 指点迷津

开始编写程序前,须将本书配套素材"project5/image/train_blur.tif"文件复制到当前工作目录的"image"文件夹中,也可将其放于其他盘,如果放于其他盘,读取图像文件时要指定相应路径。

【参考代码】

```
clc; clear;                        % 清除命令行窗口及工作区中的所有内容
I = imread('image/train_blur.tif');
                                   % 读取图像
I = im2double(I);                  % 将图像的数据类型转换为 double
imshow(I);                         % 显示图像
```

【运行结果】 程序运行结果如图 5-14 所示。

图5-14 运动模糊图像

2. 估计运动模糊退化函数

步骤1 进行快速傅里叶变换，获取运动模糊图像的频谱图。

步骤2 使用imshow()函数显示频谱图。

步骤3 使用drawline()函数在频谱图上绘制一条与暗条纹平行的线段，并获取线段两个端点的坐标。

步骤4 根据线段两个端点的坐标计算暗条纹平行线与垂直向下方向的夹角度数，得到图像的运动角度theta。

步骤5 使用fspecial()函数创建运动模糊图像的退化函数，其运动角度设置为theta，运动距离分别使用10、15、20和25进行估计。

【参考代码】

```
% 进行快速傅里叶变换，获取运动模糊图像的频谱图
F = fft2(I);
F = fftshift(F);
F = log(abs(F)+1);
F = mat2gray(F);
figure;imshow(F);              % 显示运动模糊图像的频谱图
% 在频谱图上绘制一条与暗条纹平行的线段，并获取线段两个端点的坐标
l = drawline();
point1 = l.Position(1,:);
point2 = l.Position(2,:);
% 计算暗条纹平行线与垂直向下方向的夹角度数，得到图像的运动角度
theta = atan((point2(1)-point1(1))/(point2(2)-point1(2)))*180/pi;
% 创建运动模糊图像的退化函数
psf1 = fspecial('motion',10,theta);
```

```
psf2 = fspecial('motion',15,theta);
psf3 = fspecial('motion',20,theta);
psf4 = fspecial('motion',25,theta);
```

【运行结果】 程序运行结果如图 5-15 所示。

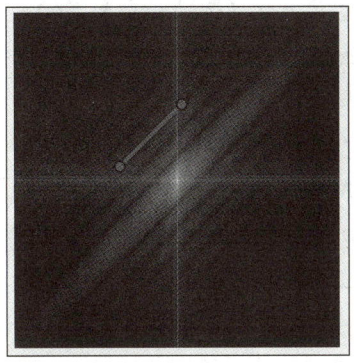

图 5-15 运动模糊图像的频谱图

指点迷津

（1）drawline()函数能够绘制线段，其返回值是一个包含线段颜色（Color）和线段位置（Position）等字段的结构体，可通过点运算符"."访问或引用这些字段。位置字段是一个形式为 $[x_1\ y_1; x_2\ y_2]$ 的向量，其中，(x_1, y_1) 和 (x_2, y_2) 分别表示线段两个端点的位置坐标。

（2）atan()函数用于计算函数参数的反正切值，其返回值以弧度为单位。

（3）在 MATLAB 中，pi 表示 π 值，精确到小数点后 15 位。

3．维纳滤波复原图像

维纳滤波的复原函数为 deconvwnr(I,psf,nsr)。其中，第 3 个参数 nsr 表示噪声功率谱与原始图像功率谱的比值或维纳滤波公式中的常数 K。本项目要处理的运动模糊图像没有关于原始图像的先验知识，故参数 nsr 的值难以准确估计。在实际的图像复原过程中，往往需要经过多次尝试，确定一个使图像复原效果较好的取值。经过初步实验，本项目将参数 nsr 的值设置为 0.01，来近似复原图像。

步骤 1　根据运动模糊图像的退化函数进行维纳滤波复原。

步骤 2　显示 4 幅维纳滤波复原图像。

【参考代码】

```
% 根据运动模糊图像的退化函数进行维纳滤波复原
J_wnr1 = deconvwnr(I,psf1,0.01);
J_wnr2 = deconvwnr(I,psf2,0.01);
J_wnr3 = deconvwnr(I,psf3,0.01);
```

```
J_wnr4 = deconvwnr(I,psf4,0.01);
% 显示 4 幅维纳滤波复原图像
figure;
subplot(1,4,1);imshow(J_wnr1);
title({'维纳滤波复原图像','（运动距离为 10）'});
subplot(1,4,2);imshow(J_wnr2);
title({'维纳滤波复原图像','（运动距离为 15）'});
subplot(1,4,3);imshow(J_wnr3);
title({'维纳滤波复原图像','（运动距离为 20）'});
subplot(1,4,4);imshow(J_wnr4);
title({'维纳滤波复原图像','（运动距离为 25）'});
```

【运行结果】 程序运行结果如图 5-16 所示。可见，当运动距离设置为 20 时，维纳滤波取得了最佳的复原效果。

图 5-16 维纳滤波复原图像

4. 约束最小二乘方滤波复原图像

步骤 1 根据运动模糊图像中噪声的均值和方差估算噪声功率。

步骤 2 根据运动模糊图像的退化函数和噪声功率进行约束最小二乘方滤波复原。

步骤 3 显示 4 幅约束最小二乘方滤波复原图像。

【参考代码】

```
% 根据运动模糊图像中噪声的均值和方差估算噪声功率
noise_mean = 0;noise_var = 1e-6;
N_I= numel(I);                              % 获取图像矩阵元素的数量
np = N_I*(noise_mean^2+noise_var);          % 估算噪声功率
% 根据运动模糊图像的退化函数和噪声功率进行约束最小二乘方滤波复原
J_reg1 = deconvreg(I,psf1,np);
J_reg2 = deconvreg(I,psf2,np);
J_reg3 = deconvreg(I,psf3,np);
J_reg4 = deconvreg(I,psf4,np);
% 显示4幅约束最小二乘方滤波复原图像
figure;
subplot(1,4,1);imshow(J_reg1);
title({'约束最小二乘方滤波','复原图像(运动距离为10)'});
subplot(1,4,2);imshow(J_reg2);
title({'约束最小二乘方滤波','复原图像(运动距离为15)'});
subplot(1,4,3);imshow(J_reg3);
title({'约束最小二乘方滤波','复原图像(运动距离为20)'});
subplot(1,4,4);imshow(J_reg4);
title({'约束最小二乘方滤波','复原图像(运动距离为25)'});
```

【运行结果】 程序运行结果如图 5-17 所示。可见,当运动距离设置为 20 时,约束最小二乘方滤波也取得了最佳的复原效果。

图 5-17 约束最小二乘方滤波复原图像

步骤 4 显示运动模糊图像（原图像）和使用两种图像复原方法复原后的图像。

【参考代码】

```
% 显示运动模糊图像和使用两种图像复原方法复原后的图像
figure;
subplot(1,3,1);imshow(I);title('运动模糊图像');
subplot(1,3,2);imshow(J_wnr3);title('维纳滤波复原图像');
subplot(1,3,3);imshow(J_reg3);
title('约束最小二乘方滤波复原图像');
```

【运行结果】 程序运行结果如图 5-18 所示。可见，维纳滤波和约束最小二乘方滤波均能有效地复原图像，但约束最小二乘方滤波的复原效果略好于维纳滤波的复原效果。

图 5-18 运动模糊图像与两幅复原图像

1．实训目的

（1）掌握估计运动模糊图像退化函数的方法。

（2）掌握使用维纳滤波和约束最小二乘方滤波处理运动模糊图像的方法。

2．实训内容

读取本书配套素材"project5/image"文件夹中的运动模糊图像文件"ship_blur.tif"，估计该图像的退化函数，并使用维纳滤波和约束最小二乘方滤波进行图像复原。

（1）新建 MATLAB 脚本文件，并将其命名为"practice5_1.m"。

（2）图像预处理。

① 清除命令行窗口及工作区中的所有内容。

② 使用 imread()函数读取图像文件"ship_blur.tif"。

③ 使用 im2double()函数将图像的数据类型转换为 double。

④ 使用 imshow()函数显示图像。

（3）估计运动模糊退化函数。

① 进行快速傅里叶变换，获取运动模糊图像的频谱图。

② 使用 imshow()函数显示频谱图。

③ 使用 drawline()函数在频谱图上绘制一条与暗条纹平行的线段，并获取线段两个端点的坐标。

④ 根据线段两个端点的坐标计算暗条纹平行线与垂直向下方向的夹角度数，得到图像的运动角度 theta。

⑤ 使用 fspecial()函数创建运动模糊图像的退化函数，其运动角度设置为 theta，运动距离分别使用 10、15、20 和 25 进行估计。

（4）维纳滤波复原图像。

① 根据运动模糊图像的退化函数进行维纳滤波复原（设置常数 K 值为 0.001）。

② 显示 4 幅维纳滤波复原图像。

（5）约束最小二乘方滤波复原图像。

① 根据运动模糊图像的退化函数进行约束最小二乘方滤波复原。

② 显示 4 幅约束最小二乘方滤波复原图像。

③ 显示运动模糊图像和使用两种图像复原方法复原后的图像。

3．实训小结

按要求完成实训内容，并将实训过程中遇到的问题和解决办法记录在表 5-2 中。

表 5-2　实训过程

序号	主要问题	解决办法

项目总结

完成本项目的学习与实践后,请总结应掌握的重点内容,并将图 5-19 的空白处填写完整。

```
使用图像复原处理模糊图片
├── 图像退化与图像复原
│   ├── 图像退化与图像复原的基本概念
│   │   ├── 图像在采集、处理和传输的过程中可能会受到成像系统、采集设备、处理方法和传输介质等因素的影响而出现失真、模糊和有噪声等现象,造成图像质量下降,这个过程称为图像退化
│   │   └── 图像复原是一种使退化了的图像去除退化因素,并以最大保真度恢复成原始图像的技术
│   └── 图像退化与复原模型
│       ├── 图像在空域中的退化公式可表示为(    )
│       └── 图像在频域中的退化公式可表示为(    )
├── 退化函数估计
│   ├── 大气湍流模型
│   │   └── 大气湍流模型在频域中的公式为(    )
│   └── 运动模糊模型
│       └── 运动模糊模型在频域中的公式为(    )
├── 噪声滤除
│   ├── 噪声模型
│   │   ├── 常见噪声的概率密度函数
│   │   │   ├── 高斯噪声的概率密度函数为(    )
│   │   │   ├── 瑞利噪声的概率密度函数为(    )
│   │   │   ├── 伽马(或爱尔兰)噪声的概率密度函数为(    )
│   │   │   ├── 指数噪声的概率密度函数为(    )
│   │   │   ├── 均匀噪声的概率密度函数为(    )
│   │   │   └── 椒盐(或脉冲)噪声的概率密度函数为(    )
│   │   └── 周期噪声
│   │       └── 周期噪声是图像在获取过程中受电力或机电干扰所产生的噪声,它以一种特定频率重复出现,表现为图像中以固定间隔重复出现的图案或亮度变化
│   └── 只存在噪声的图像复原
│       ├── 空域滤波消除随机噪声
│       │   ├── 均值滤波器主要包含算术均值滤波器、几何均值滤波器、谐波均值滤波器和(    )
│       │   └── 统计排序滤波器主要包含中值滤波器、最大值滤波器、最小值滤波器和(    )
│       └── 频域滤波消除周期噪声
│           └── 在频域中,图像周期噪声在对应于周期干扰的频率处会显示为集中的能量脉冲,通常使用陷波滤波器可将图像与周期噪声进行分离,从而实现图像复原
└── 实用的图像复原技术
    ├── 逆滤波
    │   └── 逆滤波的公式表示为(    )
    ├── 维纳滤波
    │   └── 维纳滤波的公式表示为(    )
    └── 约束最小二乘方滤波
        └── 约束最小二乘方滤波的公式表示为(    )
```

图 5-19 项目总结

项目考核

1. 选择题

（1）下列选项中，不属于图像退化现象的是（　　）。

    A．物体遮挡导致被拍摄的对象不完整

    B．图像模糊

    C．噪声污染

    D．几何形状失真

（2）下列关于椒盐噪声的描述中，错误的是（　　）。

    A．椒盐噪声表现为图像中随机分布的黑色像素或白色像素

    B．在 MATLAB 中，可使用 imnoise()函数向图像添加椒盐噪声

    C．椒盐噪声对图像质量的影响较小，不会造成明显的视觉失真

    D．中值滤波可以减弱或消除图像中的椒盐噪声

（3）下列图像复原技术中，不引入任何额外约束条件的是（　　）。

    A．约束最小二乘方滤波　　　　B．维纳滤波

    C．逆滤波　　　　　　　　　　D．以上都是

（4）下列图像复原技术中，需要计算噪声功率谱和图像功率谱的是（　　）。

    A．中值滤波　　　　　　　　　B．维纳滤波

    C．逆滤波　　　　　　　　　　D．约束最小二乘方滤波

（5）下列图像复原技术中，通过最小化误差的平方和进行图像复原的是（　　）。

    A．中值滤波　　　　　　　　　B．维纳滤波

    C．逆滤波　　　　　　　　　　D．约束最小二乘方滤波

2. 填空题

（1）_____噪声表现为图像中以固定间隔重复出现的图案或亮度变化。

（2）当逆谐波均值滤波模板的阶数为_____时，该滤波模板用于去除盐粒噪声。

（3）在 MATLAB 中，_____函数可实现维纳滤波。

3. 简答题

（1）什么是图像复原？

（2）简述图像复原与图像增强的区别。

（3）请列举 3 种实用的图像复原技术。

项目评价

结合本项目的学习情况，完成项目评价并将评价结果填入表 5-3 中。

表 5-3 项目评价

评价项目	评价内容	评价分数			
		分值	自评	互评	师评
项目完成度评价（20%）	项目准备阶段，回答问题是否清晰准确，能够紧扣主题，没有明显错误	5 分			
	项目实施阶段，是否能够根据操作步骤完成本项目	5 分			
	项目实训阶段，是否能够出色完成实训内容	5 分			
	项目总结阶段，是否能够正确地将项目总结的空白信息补充完整	2 分			
	项目考核阶段，是否能够正确地完成考核题目	3 分			
知识评价（30%）	是否理解图像退化与图像复原的基本概念	3 分			
	是否掌握图像退化与复原模型	3 分			
	是否了解常见的噪声模型	4 分			
	是否掌握只存在噪声的图像复原方法	8 分			
	是否掌握大气湍流模型和运动模糊模型等退化函数模型	4 分			
	是否掌握实用的图像复原技术及其在 MATLAB 中的实现方法	8 分			
技能评价（30%）	是否能够使用空间滤波消除图像中的随机噪声	10 分			
	是否能够使用频域滤波消除图像中的周期噪声	5 分			
	是否能够使用逆滤波、维纳滤波和约束最小二乘方滤波进行图像复原	15 分			
素养评价（20%）	是否遵守课堂纪律，上课精神是否饱满	5 分			
	是否具有自主学习意识，做好课前准备	5 分			
	是否善于思考，积极参与，勇于提出问题	5 分			
	是否具有团队合作精神，出色完成小组任务	5 分			
合计	综合分数_____自评(25%)+互评(25%)+师评(50%)	100 分			
	综合等级_____	指导老师签字_____			
综合评价（创新、进步及不足）					

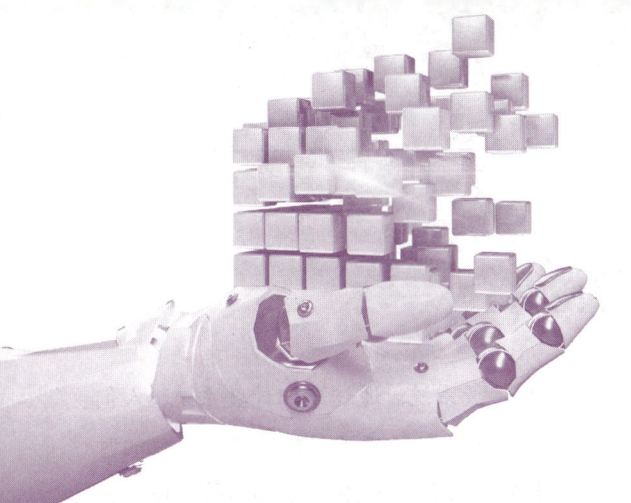

项目 6

使用形态学分析图像中的物体

项目目标

知识目标

- 理解集合、集合的子集、集合的反射与平移等概念。
- 理解集合间的交集、并集、补集、差集等运算的运算规则。
- 掌握结构元素的基本概念与创建方法。
- 掌握腐蚀、膨胀、开运算与闭运算等形态学运算的运算规则。
- 掌握击中与击不中变换、边界提取、区域填充、连通分量提取等形态学实用算法的基本原理和实现方法。

技能目标

- 能够使用 MATLAB 进行腐蚀、膨胀、开运算与闭运算等形态学运算。
- 能够使用击中与击不中变换进行形状检测。
- 能够使用边界提取、区域填充和连通分量提取处理图像。

素养目标

- 能够深度剖析问题，透过现象看到本质。
- 能够灵活运用知识解决实际问题，学会在不同情况下巧妙变通。

项目描述

在日常出行时，小旌观察到许多停车场都配有车辆计数系统。通过车辆计数系统，人们无需进入停车场，就能实时了解停车场内剩余的车位数。这不仅节省了司机寻找停车位的时间，也提高了停车场的管理效率。车辆计数系统的一种实现方法是对监控采集到的图像或视频进行分析，以此判断停车场中汽车的数量。

通过查阅资料，小旌了解到形态学运算可以有效地处理图像，并对图像中的物体进行分析。于是，他开始尝试使用形态学运算对在停车场中拍摄的照片"parkinglot.png"（见本书配套素材"project6/image/parkinglot.png"）进行处理，统计图像中汽车的数量。

项目分析

按照项目要求，统计图像中汽车数量的具体步骤分解如下。

第1步：图像预处理。使用 imread() 函数读取图像文件"parkinglot.png"，将该图像转换为二值图像并显示出来。

第2步：形态学变换。先使用 6×6 的正方形结构元素对二值图像进行闭运算，连接图像中断裂的成分并填充细小的孔洞，再使用 bwperim() 函数提取二值图像的边界，并根据提取的边界对图像进行区域填充，得到多个连通分量，然后使用 20×20 的正方形结构元素对区域填充后的图像进行开运算，使得图像中仅存在与汽车对应的连通分量。

第3步：统计汽车数量。使用 bwconncomp() 函数提取图像中所有的连通分量，然后根据得到的信息输出连通分量的数量（即图像中汽车的数量），最后使用 regionprops() 函数度量连通分量的区域属性，并使用 rectangle() 函数在原图像的汽车位置处绘制矩形标注框。

为了能够使用形态学分析图像中的物体，本项目将对相关知识进行介绍，包括集合论基础，结构元素，腐蚀、膨胀、开运算、闭运算等形态学运算，以及击中与击不中变换、边界提取、区域填充和连通分量提取等形态学实用算法。

项目准备

全班学生以 3~5 人为一组进行分组，各组选出组长，组长组织组员扫码观看"形态学变换的应用"视频，讨论并回答下列问题。

问题1：形态学变换在图像处理任务中的应用有哪些？

形态学变换的应用

问题2：形态学变换在处理二值图像或灰度图像时十分有效，其优势有哪些？

6.1 形态学基础知识

形态学是生物学中研究动植物的形态和结构的一门分支学科。在数字图像处理中，形态学主要指数学形态学，它是以形态学为基础对图像进行分析的数学工具，其基本思想是用具有一定形态的结构元素去度量和提取图像中的对应形状，以达到图像分析和识别的目的。

数学形态学作为一种强大的图像处理工具，通过一系列的形态学运算，能够有效地简化图像数据、保持图像的基本形状特性，并除去不相干的结构。在实际的图像处理任务中，数学形态学可用于解决噪声滤除、特征提取、边缘检测、图像分割、形状识别等问题，故其在图像分析、计算机视觉、模式识别等领域有着广泛的应用。

数学形态学主要借助集合论的知识对图像和相关运算进行描述，可用于二值图像和灰度图像的处理和分析。下面对形态学的基础知识进行介绍。

6.1.1 集合论基础

1. 集合的基本概念

在数学上，具有某种特定性质的事物的总体称为**集合**，集合中的每个事物称为该集合的**元素**。集合通常用大写字母来表示，如 A、B、C；集合中的元素通常用小写字母来表示，如 a、b、x。若元素 a 位于集合 A 之内，则称元素 a 属于集合 A，记作 $a \in A$；若元素 a 位于集合 A 之外，则称元素 a 不属于集合 A，记作 $a \notin A$，如图6-1所示。

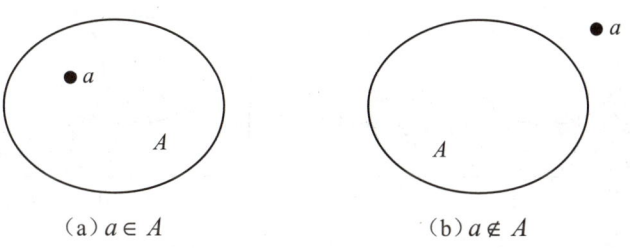

图6-1 集合与元素的关系

在数字图像处理中，通常把图像或图像中的区域看作集合，把像素看作集合中的元素。在二值图像中，元素通常使用像素在图像中的位置坐标 $z=(z_1,z_2)$ 来表示，其中 $z\in Z^2$（Z^2 表示二元整数序偶对的集合）。在灰度图像中，元素通常使用像素在图像中的位置坐标 (z_1,z_2) 和像素的灰度值 g 组成的三元组 $z=(z_1,z_2,g)$ 来表示，其中 $z\in Z^3$（Z^3 表示有序整数三元组的集合）。

> **高手点拨**
>
> 由两个整数 x、y 按照一定次序组成的二元组 (x,y) 称为二元整数序偶对。

2. 集合的子集

若集合 A 中的每个元素都是集合 B 中的元素，则称集合 A 为集合 B 的子集（见图 6-2），记作 $A\subseteq B$。特别地，当且仅当 $A\subseteq B$ 和 $B\subseteq A$ 同时成立时，集合 A 和集合 B 相等。

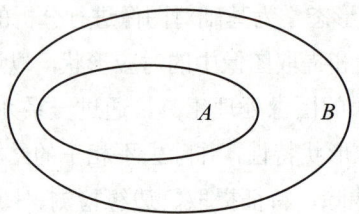

图 6-2　集合的子集

3. 集合间的基本运算

集合间的基本运算主要包括交集、并集、补集和差集，如图 6-3 所示。

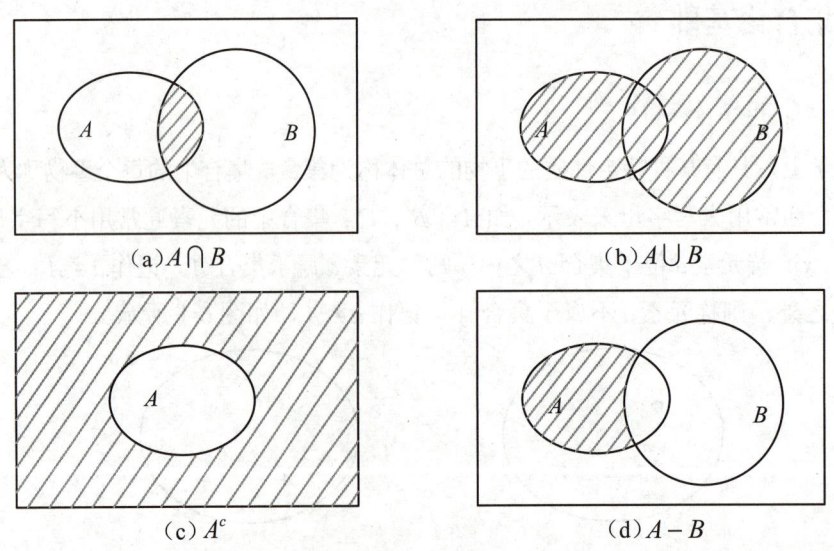

图 6-3　集合间的基本运算

（1）交集。由集合 A 和集合 B 中所有既属于 A 又属于 B 的公共元素组成的集合称为集合 A 与集合 B 的交集，记作 $A \cap B$。

（2）并集。由集合 A 和集合 B 中所有元素组成的集合称为集合 A 与集合 B 的并集，记作 $A \cup B$。

（3）补集。由所有不属于集合 A 的元素组成的集合称为集合 A 的补集，记作 A^c。

（4）差集。由所有属于集合 A 但不属于集合 B 的元素组成的集合称为集合 A 与集合 B 的差集，记作 $A - B$。

高手点拨

一些集合间的基本运算可通过图像间的逻辑运算得到。例如，逻辑与运算可得到两个集合的交集；逻辑或运算可得到两个集合的并集；逻辑非运算可得到集合的补集。

4. 集合的反射与平移

集合的反射与平移是形态学运算中经常使用的两个概念，它们的坐标表示如图 6-4 所示。

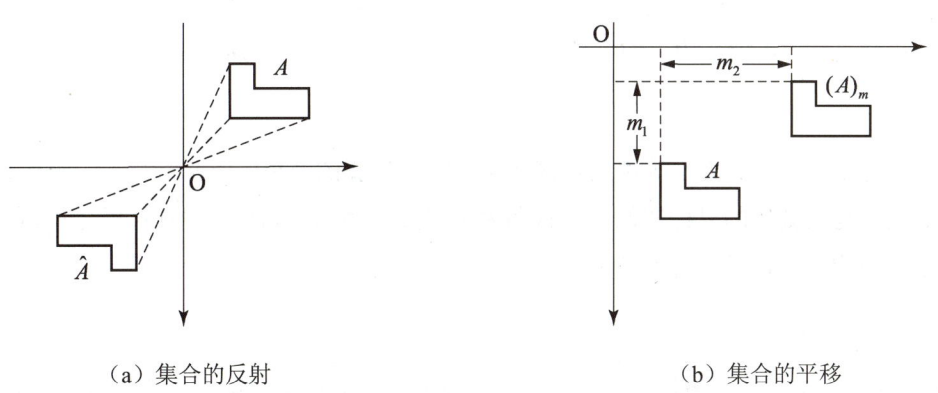

（a）集合的反射　　　　　　　　　　（b）集合的平移

图 6-4　集合反射与平移的坐标表示

（1）集合的反射。由集合 A 的所有元素相对于原点反射后得到的元素组成的集合称为集合 A 的反射，记作 $\hat{A}$，其数学定义如下。

$$\hat{A} = \{z \mid z = -a, a \in A\}$$

其中，z 表示集合 A 的元素 a 对应的反射元素。

（2）集合的平移。由集合 A 的所有元素平移 $m = (m_1, m_2)$ 后得到的元素组成的集合称为集合 A 的平移，记作 $(A)_m$，其数学定义如下。

$$(A)_m = \{z \mid z = a + m, a \in A\}$$

其中，z 表示集合 A 的元素 a 经平移后得到的元素。

6.1.2 结构元素

结构元素(structure element, SE)是一个形状和大小已知的像素集合,是用于度量和处理图像的基本单位,通常是比较小的图像。设有两幅图像 A 和 S,若 A 是待处理的图像,S 是用来处理 A 的图像,则 A 是目标图像(图像前景像素的集合),S 是结构元素。在图像形态学中,目标图像与结构元素的关系类似于滤波过程中图像与模板的关系。

结构元素的参考点通常称为原点,用于标记当前正在处理的像素。由于图像处理中所使用的图像均是矩形阵列,因此在形态学的实际应用中,往往会将集合形式的结构元素嵌入到矩形阵列中。在形成这样的阵列时,需要为所有不属于结构元素的像素分配一个背景像素值,如图 6-5 所示。

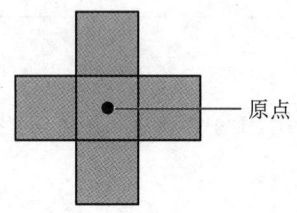 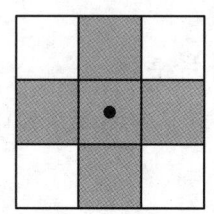

(a) 表示为集合的结构元素　　(b) 矩形阵列中的结构元素

图 6-5　结构元素

结构元素的形状、大小等性质直接影响形态学运算的结果。通常情况下,结构元素的形状和大小与其处理的目标图像的形状和大小相同。例如,如果希望在图像中检测线段,就可以使用线形结构元素进行处理。

高手点拨

> 前景与背景是描述图像内容的两个基本概念。前景通常指图像中感兴趣的、需要分析或处理的主要对象或区域。背景通常指图像中相对次要的区域,是除前景之外的其他部分图像,为前景提供环境信息。例如,从图像中检测传送带上的零件时,图像的前景为零件,背景为传送带及其他区域。
>
> MATLAB 使用一套默认的规则来区分图像的前景与背景。对于二值图像,白色像素区域为前景,黑色像素区域为背景;对于灰度图像,灰色或白色像素区域为前景,黑色像素区域为背景。

在 MATLAB 中,strel()函数可用于创建结构元素,结构元素的原点默认为形状的中心。strel()函数的格式如表 6-1 所示。

表 6-1　strel()函数的格式

格式	说明
strel(nhood)	创建具有指定形状和大小的结构元素。其中，nhood 表示结构元素矩阵，其原点为矩阵中心
strel('diamond',r)	创建菱形结构元素。其中，r 表示从结构元素的原点到菱形各顶点的距离
strel('disk',r)	创建圆盘形结构元素。其中，r 表示圆盘的半径
strel('octagon',r)	创建八边形结构元素。其中，r 表示从结构元素的原点到八边形各边的距离
strel('line',len,deg)	创建线形结构元素。其中，len 表示结构元素的长度；deg 表示结构元素的角度，以水平方向为起始位置，逆时针进行测量
strel('rectangle',[m n])	创建矩形结构元素。其中，m 表示矩形的宽度；n 表示矩形的长度
strel('square',w)	创建正方形结构元素。其中，w 表示正方形的边长

6.2 形态学运算

形态学运算中主要涉及目标图像和结构元素两个运算对象，其运算过程如下：在目标图像中逐像素地平移结构元素，在平移的过程中，使用结构元素与其对应的图像邻域进行相应的运算，得到正在处理像素的像素值，从而达到处理图像的目的。形态学运算主要包括腐蚀、膨胀、开运算和闭运算。其中，腐蚀与膨胀是形态学的两种基本运算，其他的形态学运算均由这两种基本运算复合而成。

6.2.1 腐蚀

腐蚀（erosion）运算能够消融目标图像的边界，去除图像中孤立的像素和细小的线段。当仅关心目标图像中物体的位置或数量时，可以使用腐蚀运算进行噪声滤除。

1．二值图像的腐蚀运算

在二值图像中，使用结构元素 S 对目标图像 A 进行腐蚀可记作 $A \ominus S$，其数学公式如下。

$$A \ominus S = \{z \,|\, (S)_m \subseteq A\}$$

其中，z 表示腐蚀运算后结果图像的前景像素。腐蚀运算的含义如下：将结构元素 S 在整个图像上逐像素地平移，当 S 的原点与图像中的像素 z 重合时，若满足条件"S 包含于目标图像 A（即结构元素下方的图像与结构元素完全相同）"，则该像素即为集合 $A \ominus S$ 中的一个元素，所有这样的元素 z 组成的集合即为腐蚀运算的结果，如图 6-6 所示。

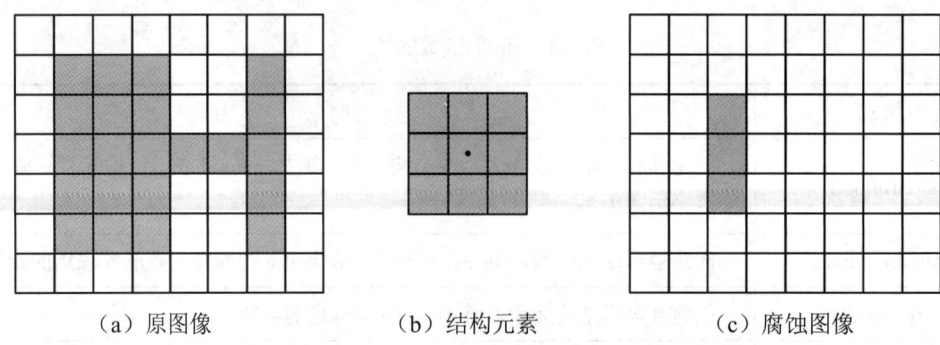

(a) 原图像　　　　　　　(b) 结构元素　　　　　　(c) 腐蚀图像

图 6-6　二值图像的腐蚀运算

在腐蚀运算中，结构元素可以是线形、矩形、圆形等各种形状。结构元素的形状不同，腐蚀运算的结果也不同。另外，腐蚀运算的结果还与结构元素的原点位置有关。结构元素的原点位置不同，腐蚀运算的结果往往也不同。例如，使用不同形状的结构元素腐蚀图 6-6 中的原图像，所得到的腐蚀运算结果不同，如图 6-7 所示。

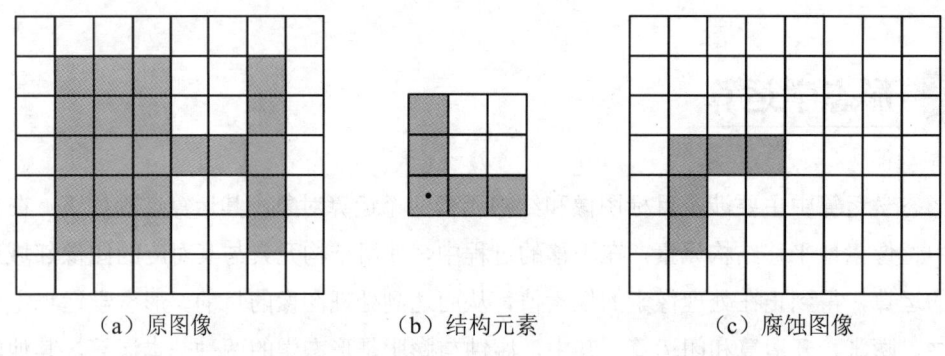

(a) 原图像　　　　　　　(b) 结构元素　　　　　　(c) 腐蚀图像

图 6-7　二值图像的腐蚀运算（与图 6-6 中结构元素的形状不同）

又如，使用形状相同、原点位置不同的结构元素腐蚀图 6-7 中的原图像，所得到的腐蚀运算结果也不同，如图 6-8 所示。

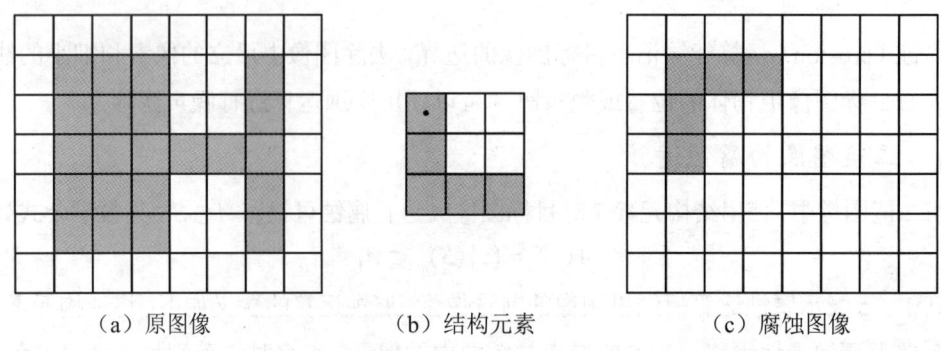

(a) 原图像　　　　　　　(b) 结构元素　　　　　　(c) 腐蚀图像

图 6-8　二值图像的腐蚀运算（与图 6-7 中结构元素的原点位置不同）

可见，腐蚀运算的结果不仅与结构元素的形状有关，还与结构元素的原点位置有关。

2. 灰度图像的腐蚀运算

灰度图像的腐蚀运算是二值图像的腐蚀运算在灰度空间中的自然扩展。对灰度图像进行腐蚀运算时，所使用的结构元素可分为两类：平坦结构元素和非平坦结构元素。平坦结构元素指的是内部所有像素的灰度值都相同的结构元素，在实际应用中，其像素的灰度值通常取值为1；非平坦结构元素指的是内部像素的灰度值不完全相同的结构元素。两种类型的结构元素对灰度图像进行腐蚀运算时，其数学公式有所不同。

使用平坦结构元素 $b(x,y)$ 对目标图像 $f(x,y)$ 进行腐蚀可记作 $[f \ominus b](x,y)$，其数学公式如下。

$$[f \ominus b](x,y) = \min\{f(x+s, y+t) | (s,t) \in D_b\}$$

其中，D_b 表示平坦结构元素的定义域。目标图像 $f(x,y)$ 在坐标 (x,y) 处的腐蚀运算结果即为 $f(x,y)$ 与 $b(x,y)$ 重合区域中像素的最小灰度值。

使用非平坦结构元素 $b_N(x,y)$ 对目标图像 $f(x,y)$ 进行腐蚀可记作 $[f \ominus b_N](x,y)$，其数学公式如下。

$$[f \ominus b_N](x,y) = \min\{f(x+s, y+t) - b_N(s,t) | (s,t) \in D_{b_N}\}$$

其中，D_{b_N} 表示非平坦结构元素的定义域。目标图像 $f(x,y)$ 在坐标 (x,y) 处的腐蚀运算结果即为 $f(x,y)$ 的局部邻域与 $b_N(x,y)$ 中相应位置的像素灰度值之差的最小值。

经过腐蚀运算，灰度图像的灰度值减小，整体亮度降低，图像中较亮的区域会收缩、较暗的区域会扩张，如图6-9所示。

（a）原图像　　　　　　（b）使用平坦结构元素腐蚀后的图像　　　　　　（c）使用非平坦结构元素腐蚀后的图像

图 6-9　灰度图像的腐蚀运算

非平坦结构元素的腐蚀运算结果通常不受目标图像灰度值的限制，这可能会导致解释运算结果时出现问题。此外，为非平坦结构元素选取有意义的像素值也较为困难。因此，在实际应用中通常使用平坦结构元素腐蚀灰度图像。

> **指点迷津**
>
> 在 MATLAB 中，strel()函数主要用于创建平坦结构元素。若要创建非平坦结构元素，可使用 offsetstrel()函数。

3．腐蚀运算在 MATLAB 中的实现

在 MATLAB 中，imerode()函数可实现腐蚀运算，其一般格式如下。

imerode(I,SE)

其中，I 表示二值图像或灰度图像的数据矩阵；SE 表示结构元素。

【例 6-1】 读取本书配套素材"project6/image"文件夹中的图像文件"text.tif"，分别使用 3×3 的正方形结构元素、9×9 的正方形结构元素、半径为 2 的圆盘形结构元素、水平线形结构元素和垂直线形结构元素对该图像进行腐蚀运算。

【参考代码】

```
clc; clear;
I = imread('image/text.tif');
SE1 = strel('square',3);      % 创建3×3的正方形结构元素
J1 = imerode(I,SE1);          % 使用3×3的正方形结构元素进行腐蚀运算
SE2 = strel('square',9);      % 创建9×9的正方形结构元素
J2 = imerode(I,SE2);          % 使用9×9的正方形结构元素进行腐蚀运算
SE3 = strel('disk',2);        % 创建半径为2的圆盘形结构元素
J3 = imerode(I,SE3);          % 使用圆盘形结构元素进行腐蚀运算
SE4 = strel('line',10,0);     % 创建水平线形结构元素
J4 = imerode(I,SE4);          % 使用水平线形结构元素进行腐蚀运算
SE5 = strel('line',10,90);    % 创建垂直线形结构元素
J5 = imerode(I,SE5);          % 使用垂直线形结构元素进行腐蚀运算
% 显示图像
subplot(2,3,1);imshow(I);title('原图像');
subplot(2,3,2);imshow(J1);
title({'使用3×3的正方形结构元素','腐蚀后的图像'});
subplot(2,3,3);imshow(J2);
title({'使用9×9的正方形结构元素','腐蚀后的图像'});
subplot(2,3,4);imshow(J3);
title({'使用半径为2的圆盘形结构元素','腐蚀后的图像'});
subplot(2,3,5);imshow(J4);
title({'使用水平线形结构元素','腐蚀后的图像'});
```

```
subplot(2,3,6);imshow(J5);
title({'使用垂直线形结构元素','腐蚀后的图像'});
```

【运行结果】 程序运行结果如图 6-10 所示。可见,当参与腐蚀运算的结构元素的形状、大小不同时,腐蚀运算的结果也不同。若结构元素小于目标图像,则目标图像的边界会被消融,目标图像区域收缩;若结构元素大于目标图像,则目标图像会完全消失;若结构元素只是大于目标图像的部分区域(如细小的连通处),则目标图像会在细小连通处断裂。

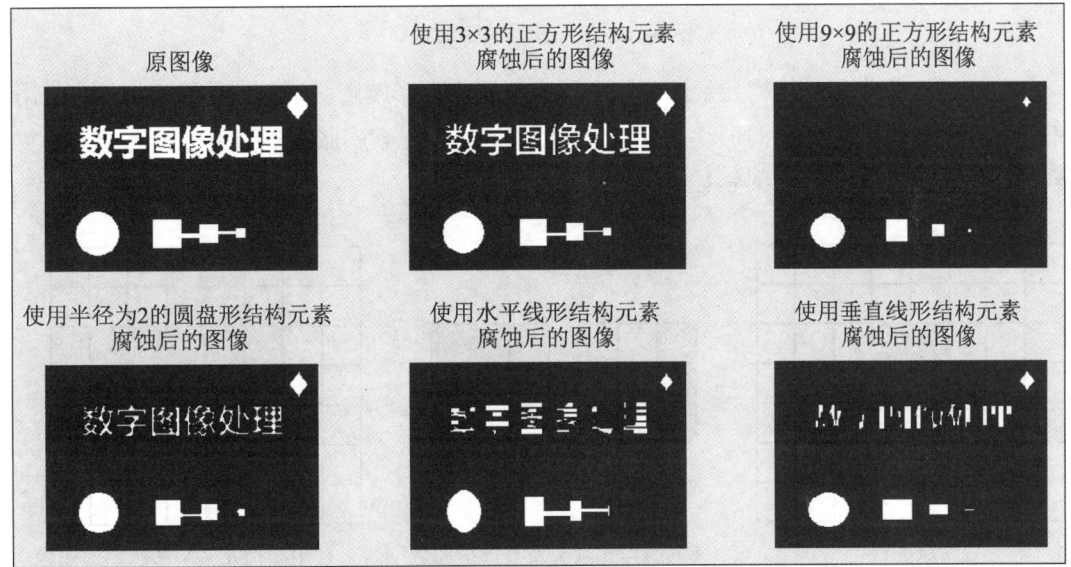

图 6-10 例 6-1 程序运行结果

6.2.2 膨胀

膨胀(dilation)运算能够使目标图像边界加粗,从而连接相邻的区域或填充孔洞,为后续图像分析等应用提供更完整的物体特征。

1. 二值图像的膨胀运算

在二值图像中,使用结构元素 S 对目标图像 A 进行膨胀可记作 $A \oplus S$,其数学公式如下。

$$A \oplus S = \{z \,|\, (\hat{S})_m \cap A \neq \emptyset\}$$

其中,z 表示膨胀运算后结果图像的前景像素。膨胀运算的含义如下:先求结构元素 S 关于其原点的反射集合 $\hat{S}$,然后将 $\hat{S}$ 在整个图像上逐像素地平移,当 $\hat{S}$ 的原点与图像中的像素 z 重合时,若满足条件"$\hat{S}$ 与目标图像 A 的交集不为空",则该像素即为集合 $A \oplus S$ 中的一个元素,所有这样的元素 z 组成的集合即为膨胀运算的结果,如图 6-11 所示。

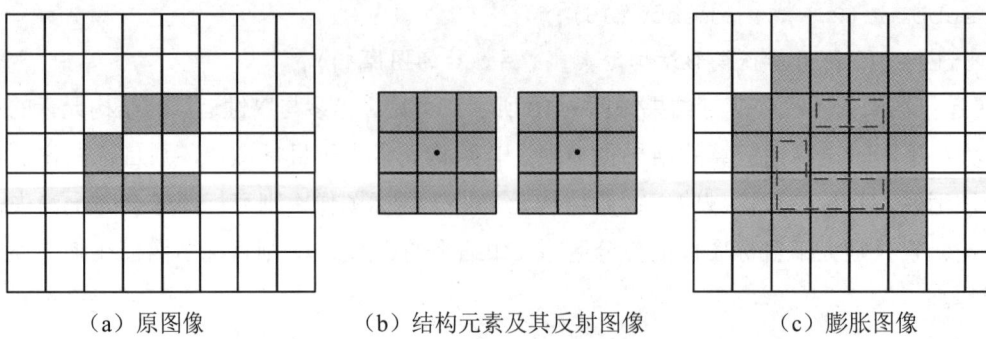

(a) 原图像　　　(b) 结构元素及其反射图像　　　(c) 膨胀图像

图 6-11　二值图像的膨胀运算

与腐蚀运算类似,结构元素的形状和原点位置也会影响膨胀运算的结果。例如,使用不同形状的结构元素或相同形状、不同原点位置的结构元素膨胀图 6-11 中的原图像,所得到的膨胀结果也不同,如图 6-12 所示。

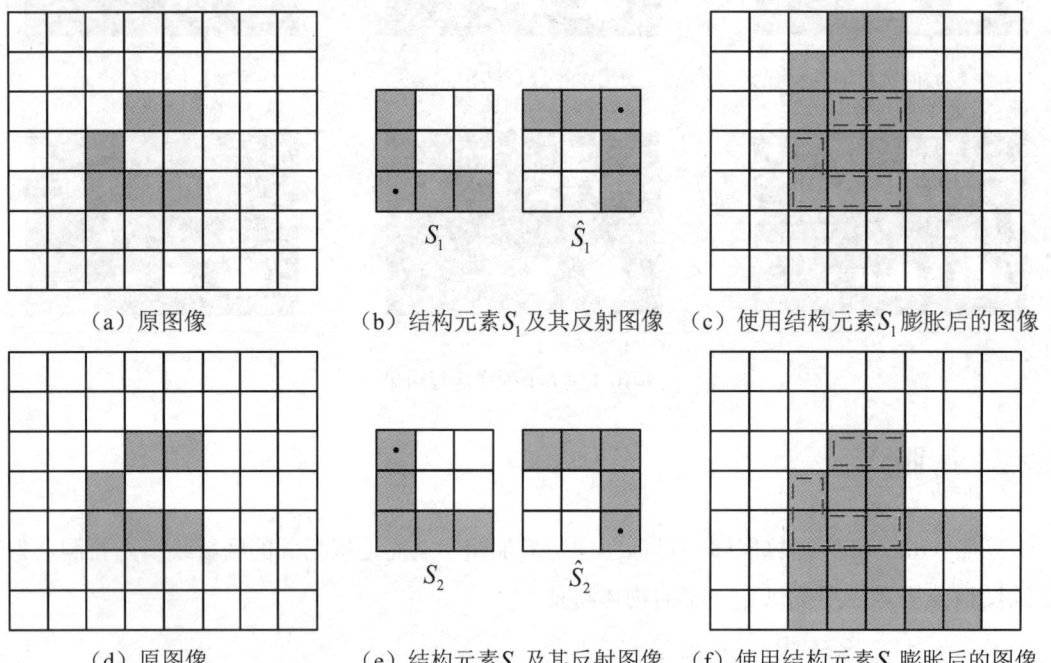

(a) 原图像　　(b) 结构元素 S_1 及其反射图像　(c) 使用结构元素 S_1 膨胀后的图像

(d) 原图像　　(e) 结构元素 S_2 及其反射图像　(f) 使用结构元素 S_2 膨胀后的图像

图 6-12　不同结构元素的膨胀运算

高手点拨

膨胀运算与腐蚀运算具有对偶性,即对目标图像进行膨胀运算,等价于对其背景进行腐蚀运算;对目标图像进行腐蚀运算,等价于对其背景进行膨胀运算。

2. 灰度图像的膨胀运算

灰度图像的膨胀运算是二值图像的膨胀运算在灰度空间中的自然扩展。对灰度图像进行膨胀运算时，所使用的结构元素也可分为平坦结构元素和非平坦结构元素。两种类型的结构元素对灰度图像进行膨胀运算时，其数学公式也不同。

使用平坦结构元素 $b(x,y)$ 对目标图像 $f(x,y)$ 进行膨胀可记作 $[f \oplus b](x,y)$，其数学公式如下。

$$[f \oplus b](x,y) = \max\{f(x-s, y-t) | (s,t) \in D_b\}$$

其中，D_b 表示平坦结构元素的定义域。目标图像 $f(x,y)$ 在坐标 (x,y) 处的膨胀运算结果即为 $f(x,y)$ 与 $b(x,y)$ 的反射集合 $\hat{b}(x,y)$ 重合区域中像素的最大灰度值。

指点迷津

> 结构元素 $b(x,y)$ 与其反射集合 $\hat{b}(x,y)$ 的关系为 $b(x,y) = \hat{b}(-x,-y)$，故目标图像 $f(x,y)$ 与反射集合 $\hat{b}(x,y)$ 的重合区域可用 $f(x-s, y-t)$ 来表示。

使用非平坦结构元素 $b_N(x,y)$ 对目标图像 $f(x,y)$ 进行膨胀可记作 $[f \oplus b_N](x,y)$，其数学公式如下。

$$\begin{aligned}[f \oplus b_N](x,y) &= \max\{f(x-s, y-t) + \hat{b}_N(-s,-t) | (s,t) \in D_{b_N}\} \\ &= \max\{f(x-s, y-t) + b_N(s,t) | (s,t) \in D_{b_N}\}\end{aligned}$$

其中，D_{b_N} 表示非平坦结构元素的定义域。目标图像 $f(x,y)$ 在坐标 (x,y) 处的膨胀运算结果即为 $f(x,y)$ 的局部邻域与 $b_N(x,y)$ 的反射集合中相应位置的像素灰度值之和的最大值。

经过膨胀运算，灰度图像的灰度值增大，整体亮度提高，图像中较亮的区域会扩张、较暗的区域会收缩，如图6-13所示。与腐蚀运算相似，在实际应用中，膨胀运算也经常使用平坦结构元素对图像进行处理。

（a）原图像

（b）使用平坦结构元素膨胀后的图像

（c）使用非平坦结构元素膨胀后的图像

图 6-13　灰度图像的膨胀运算

3. 膨胀运算在 MATLAB 中的实现

在 MATLAB 中，imdilate()函数可实现膨胀运算，其一般格式如下。

```
imdilate(I,SE)
```

其中，I 表示二值图像或灰度图像的数据矩阵；SE 表示结构元素。

【例 6-2】 读取本书配套素材"project6/image"文件夹中的图像文件"text_gap.tif"，分别使用大小为 2×2 和 3×3 的正方形结构元素对该图像进行膨胀运算。

【参考代码】

```
clc; clear;
I = imread('image/text_gap.tif');
SE1 = strel('square',2);    % 创建2×2的正方形结构元素
J1 = imdilate(I,SE1);       % 使用2×2的正方形结构元素进行膨胀运算
SE2 = strel('square',3);    % 创建3×3的正方形结构元素
J2 = imdilate(I,SE2);       % 使用3×3的正方形结构元素进行膨胀运算
% 显示图像
subplot(1,3,1);imshow(I);title('原图像');
subplot(1,3,2);imshow(J1);
title({'使用2×2的正方形结构元素','膨胀后的图像'});
subplot(1,3,3);imshow(J2);
title({'使用3×3的正方形结构元素','膨胀后的图像'});
```

【运行结果】 程序运行结果如图 6-14 所示。可见，当参与膨胀运算的结构元素大小不同时，膨胀运算的结果也不同。

图 6-14 例 6-2 程序运行结果

6.2.3 开运算与闭运算

1. 开运算

使用同一结构元素对目标图像先进行腐蚀运算，再进行膨胀运算即可得到开运算的结果。设 A 为目标图像，S 为结构元素，则结构元素 S 对目标图像 A 进行开运算可记作 $A \circ S$，其数学公式如下。

$$A \circ S = (A \ominus S) \oplus S$$

使用圆盘形结构元素对目标图像进行开运算的过程如图 6-15 所示。可见，开运算能够去除目标图像中比结构元素小的成分，断开细小的连通区域，并保持图像中目标物体的形状和大小基本不变。另外，开运算还能够有效地平滑图像的边界，消除图像中的颗粒噪声。

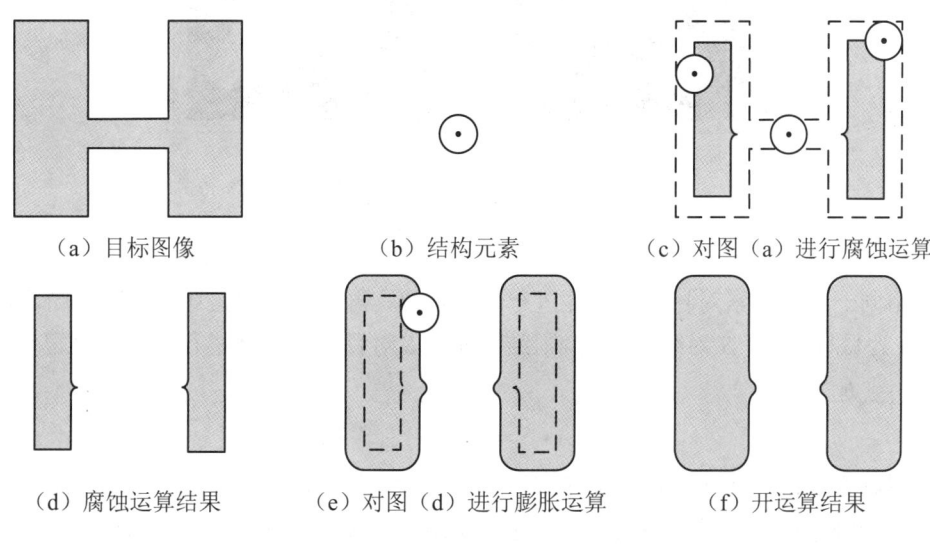

（a）目标图像　　　　　（b）结构元素　　　　　（c）对图（a）进行腐蚀运算

（d）腐蚀运算结果　　（e）对图（d）进行膨胀运算　　（f）开运算结果

图 6-15　开运算的过程

在 MATLAB 中，imopen()函数可实现开运算，其一般格式如下。

`imopen(I,SE)`

其中，I 表示二值图像或灰度图像的数据矩阵；SE 表示结构元素。

【例 6-3】　读取本书配套素材 "project6/image" 文件夹中的图像文件 "letter.tif"，使用半径为 1 的圆盘形结构元素对该图像进行开运算，然后显示原图像和开运算图像。

【参考代码】

```
clc; clear;
I = imread('image/letter.tif');
SE = strel('disk',1);              % 创建半径为1的圆盘形结构元素
J = imopen(I,SE);                  % 使用圆盘形结构元素进行开运算
% 显示图像
subplot(1,2,1);imshow(I);title('原图像');
subplot(1,2,2);imshow(J);title('开运算图像');
```

【运行结果】　程序运行结果如图 6-16 所示。可见，开运算有效地去除了原图像中的噪声，并保持原图像的形状和大小基本不变。

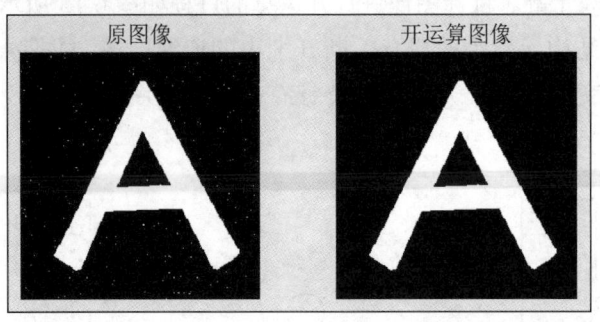

图 6-16 例 6-3 程序运行结果

2. 闭运算

使用同一结构元素对目标图像先进行膨胀运算,再进行腐蚀运算即可得到闭运算的结果。设 A 为目标图像,S 为结构元素,则结构元素 S 对目标图像 A 进行闭运算可记作 $A \bullet S$,其数学公式如下。

$$A \bullet S = (A \oplus S) \ominus S$$

使用圆盘形结构元素对目标图像进行闭运算的过程如图 6-17 所示。可见,闭运算能够填充目标图像中比结构元素小的孔洞,连接断裂成分,并保持图像中目标物体的形状和大小基本不变。

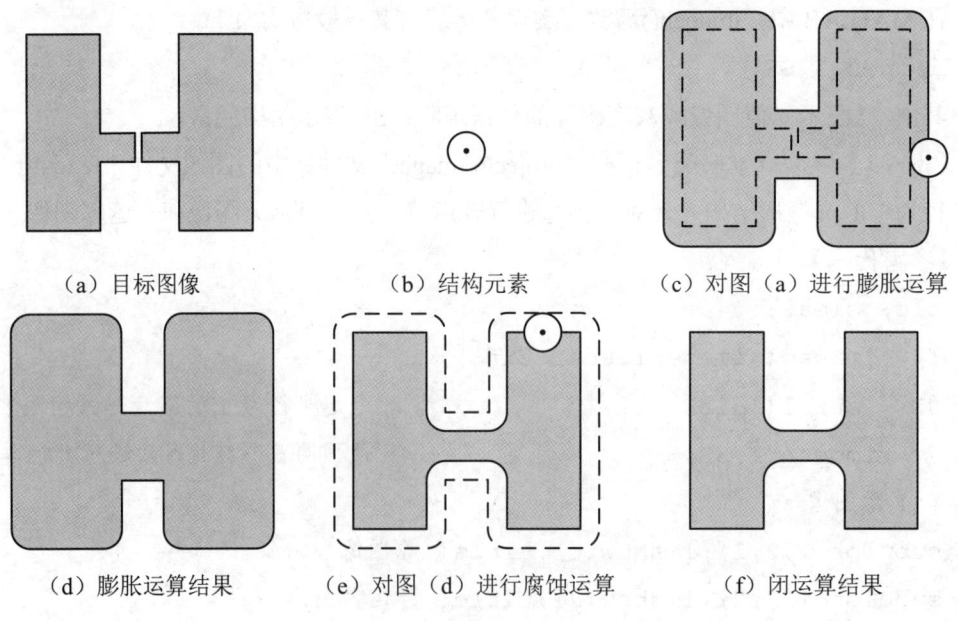

图 6-17 闭运算的过程

在 MATLAB 中，imclose()函数可实现闭运算，其一般格式如下。

```
imclose(I,SE)
```

其中，I 表示二值图像或灰度图像的数据矩阵；SE 表示结构元素。

【例 6-4】 读取本书配套素材"project6/image"文件夹中的图像文件"text_gap.tif"，使用 3×3 的正方形结构元素对该图像进行闭运算，然后显示原图像和闭运算图像。

【参考代码】

```
clc; clear;
I = imread('image/text_gap.tif');
SE = strel('square',3);              % 创建 3×3 的正方形结构元素
J = imclose(I,SE);                   % 使用 3×3 的正方形结构元素进行闭运算
% 显示图像
subplot(1,2,1);imshow(I);title('原图像');
subplot(1,2,2);imshow(J);title('闭运算图像');
```

【运行结果】 程序运行结果如图 6-18 所示。

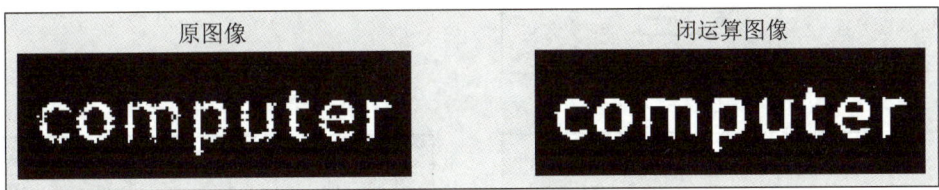

图 6-18 例 6-4 程序运行结果

6.3 形态学实用算法

6.3.1 击中与击不中变换

击中与击不中变换（hit-miss transformation, HMT）是形状检测的基本工具，常用于对二值图像中某种特定的形状或物体进行精确定位，从而识别物体。击中与击不中变换的数学公式如下。

$$A \circledast S = (A \ominus S_1) \cap (A^c \ominus S_2)$$

其中，A 表示目标图像；S 表示用于检测某种形状的结构元素，由 S_1 和 S_2 两个子结构元素组成（$S = S_1 \cup S_2$ 且 $S_1 \cap S_2 = \varnothing$），$S_1$ 和 S_2 分别称为击中结构元素和击不中结构元素。在实际应用中，击中结构元素 S_1 的形状通常与要检测物体的形状相同，击不中结构元素 S_2 通常是包围 S_1 的背景部分，背景的宽度可设置为 1 像素。

击中与击不中变换公式的含义如下：先使用结构元素 S_1 对目标图像 A 进行腐蚀运算，再使用结构元素 S_2 对目标图像 A 的补集 A^c 进行腐蚀运算，最后对两次腐蚀运算的结果取

交集即可得到击中与击不中变换的结果。例如，使用击中与击不中变换检测图 6-19（a）中正方形 C 的位置的过程如下。

（1）创建结构元素 S_1 和 S_2。结构元素 S_1 与图 6-19（a）中的正方形 C 相同，结构元素 S_2 是包含结构元素 S_1 的局部背景，且 S_1 和 S_2 满足条件 $S_1 \cap S_2 = \varnothing$，如图 6-19（b）所示。

（2）使用结构元素 S_1 对目标图像 A 进行腐蚀运算，运算结果如图 6-19（c）所示。

（3）计算目标图像 A 的补集 A^c，计算结果如图 6-19（d）所示。

（4）使用结构元素 S_2 对补集 A^c 进行腐蚀运算，运算结果如图 6-19（e）所示。

（5）对两次腐蚀运算的结果取交集，得到正方形 C 的准确位置，如图 6-19（f）所示。

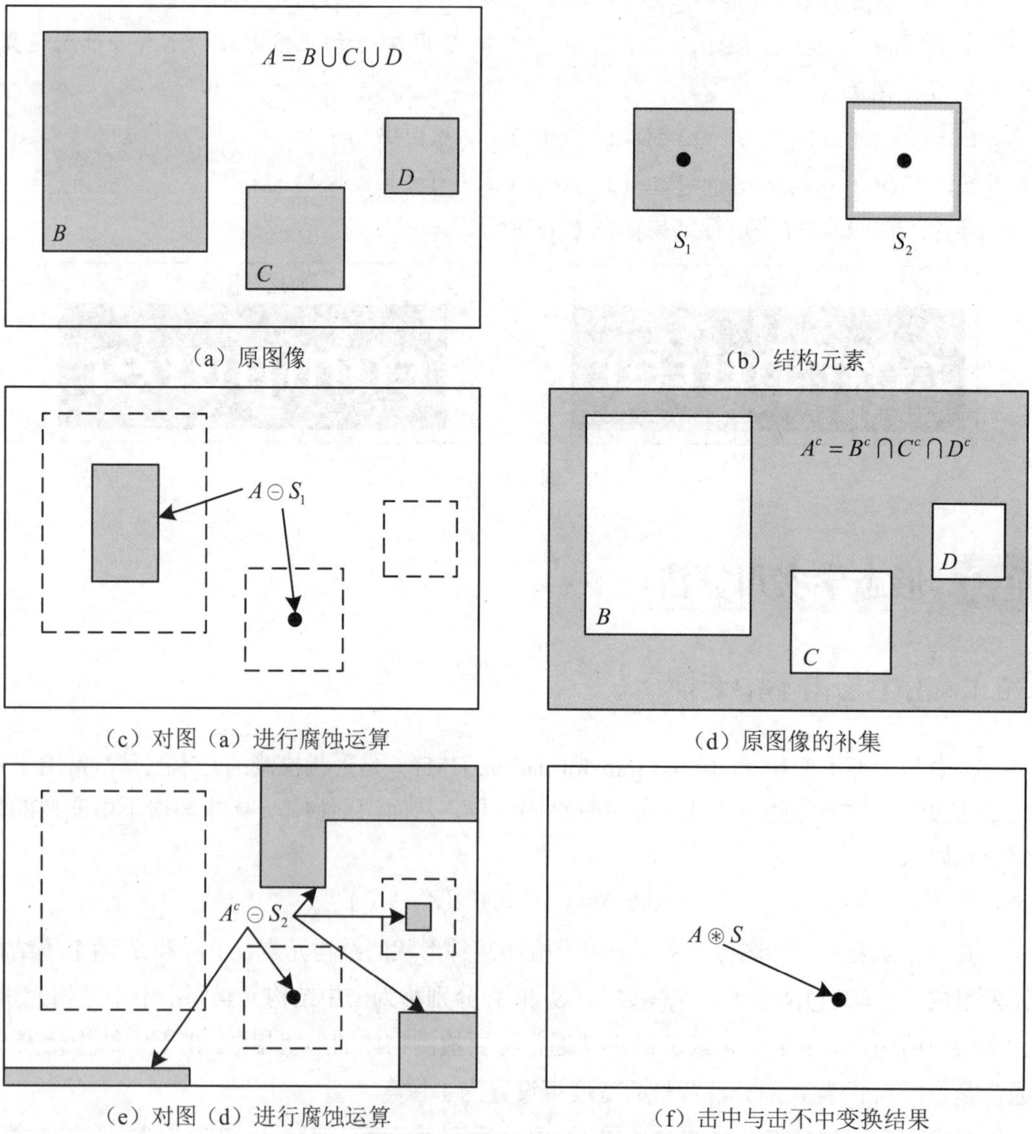

（a）原图像　（b）结构元素

（c）对图（a）进行腐蚀运算　（d）原图像的补集

（e）对图（d）进行腐蚀运算　（f）击中与击不中变换结果

图 6-19　击中与击不中变换

项目 ❻ 使用形态学分析图像中的物体

实践证明，击中与击不中变换是一种有效的物体识别方法。从理论上讲，在没有噪声的情况下，给定 n 个不同的物体，可以使用 n 个不同的结构元素对来识别它们，每个结构元素对的第一个结构元素与所要识别物体的形状相同，第二个结构元素为与第一个结构元素相对应的背景。

在 MATLAB 中，bwhitmiss()函数可实现击中与击不中变换，其一般格式如下。

```
bwhitmiss(I,SE1,SE2)
```

其中，I 表示二值图像的数据矩阵；SE1 表示击中结构元素；SE2 表示击不中结构元素。bwhitmiss()函数的等价语句如下。

```
imerode(I,SE1) & imerode(~I,SE2)
```

【例 6-5】 读取本书配套素材"project6/image"文件夹中的图像文件"shape.tif"（见图 6-20），使用击中与击不中变换检测该图像中边长为 30 的正方形。

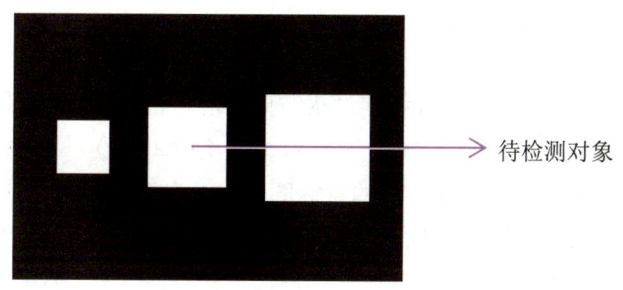

图 6-20　图像"shape.tif"

【参考代码】

```
clc; clear;
I = imread('image/shape.tif');
% 创建30×30的正方形结构元素（击中结构元素）
SE1 = strel('square',30);
% 创建32×32的正方形结构元素（击不中结构元素）
SE2 = ones(32,32);
SE2(2:31,2:31) = zeros(30,30);
J = bwhitmiss(I,SE1,SE2);    % 进行击中与击不中变换
[r,c] = find(J==1);          % 获取边长为30的正方形的位置坐标
disp(['边长为30的正方形的位置坐标为(',num2str(r),',',num2str(c),')']);
                             % 输出位置坐标
% 将位置坐标显示在原图像中
I(r,c) = 0;imshow(I);
text(r+7,c-10,['(',num2str(r),',',num2str(c),')']);
```

【运行结果】 程序运行结果如图 6-21 和图 6-22 所示。可见，通过击中与击不中变换，边长为 30 的正方形被准确地检测了出来。

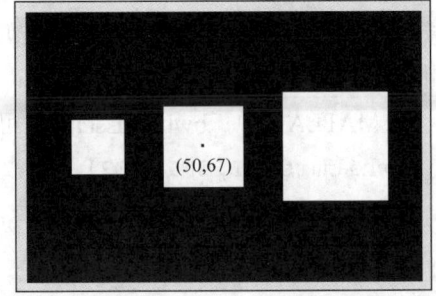

边长为30的正方形的位置坐标为（50，67）
fx >>

图 6-21 边长为 30 的正方形的位置坐标　　　图 6-22 位置坐标在原图像中的显示结果

【程序说明】 text(x,y,s)函数用于在图像中输出字符串 s，字符串的起始位置为 (x,y)。

6.3.2 边界提取

物体的边界提供了有关物体形状的重要信息。在二值图像中，边界提取的数学公式如下。

$$\beta(A) = A - (A \ominus S)$$

其中，A 表示被提取边界的目标图像；S 表示边界提取所使用的结构元素。边界提取实质上就是通过腐蚀运算找到目标图像内部的所有像素，然后将它们从目标图像中去除的过程，如图 6-23 所示。

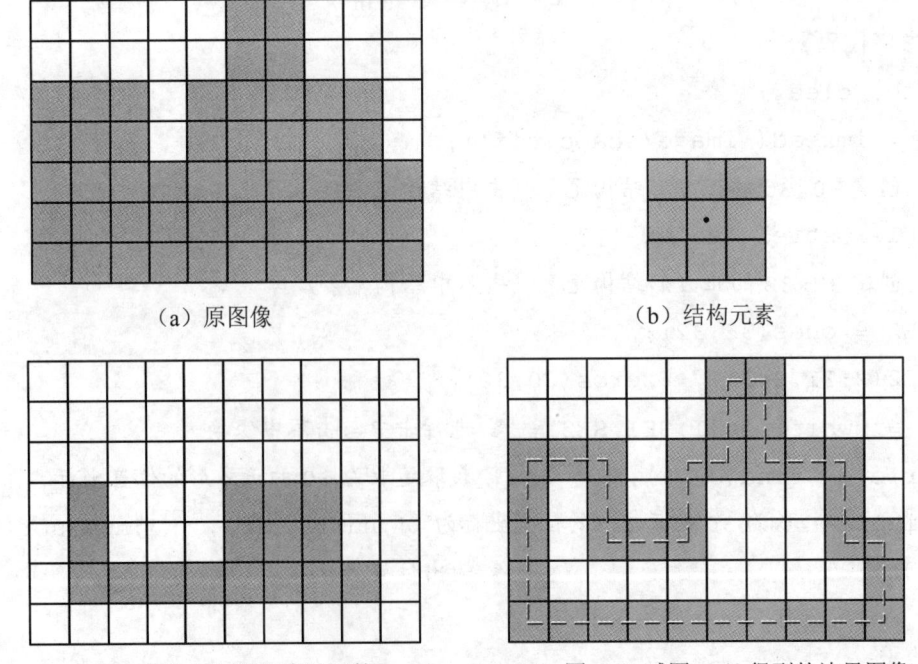

（a）原图像　　　　　　　　　　　　（b）结构元素

（c）对图（a）进行腐蚀运算　　　　（d）图（a）减图（c）得到的边界图像

图 6-23 边界提取

在 MATLAB 中，bwperim()函数可实现边界提取，其一般格式如下。

```
bwperim(I)              % I 表示二值图像的数据矩阵
```

【例 6-6】 读取 MATLAB 图像处理工具箱中的图像文件"hands1-mask.png"，提取该图像的边界，并显示原图像及其边界。

【参考代码】

```
clc; clear;
I = imread('hands1-mask.png');
J = bwperim(I);
% 显示图像
subplot(1,2,1);imshow(I);title('原图像');
subplot(1,2,2);imshow(J);title('原图像的边界');
```

【运行结果】 程序运行结果如图 6-24 所示。

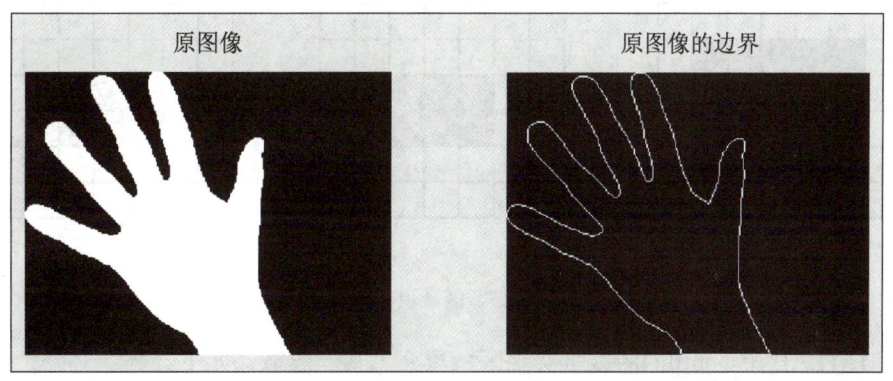

图 6-24　例 6-6 程序运行结果

6.3.3　区域填充

区域填充是一种在已知区域边界的情况下得到被边界包围的整个区域的形态学算法。它是一个迭代的过程，用到的形态学运算主要有膨胀、求补集和求交集。假设 A 是一幅已知区域边界的图像，在图像 A 中填充该边界内部区域的过程如图 6-25 所示。

图 6-25 所示的填充过程如下：首先从边界内部任意选取一个像素，得到图像 X_0；然后使用结构元素对 X_0 进行膨胀运算，再使用原图像的补集 A^c 与膨胀图像进行交集运算，得到图像 X_1；继续使用结构元素对 X_1 进行膨胀运算，再使用原图像的补集 A^c 与膨胀图像进行交集运算，得到图像 X_2，并使用 X_2 进行下一次迭代。重复这一过程，直至图像不再发生变化，该图像和原图像 A 的并集即为区域填充的结果。

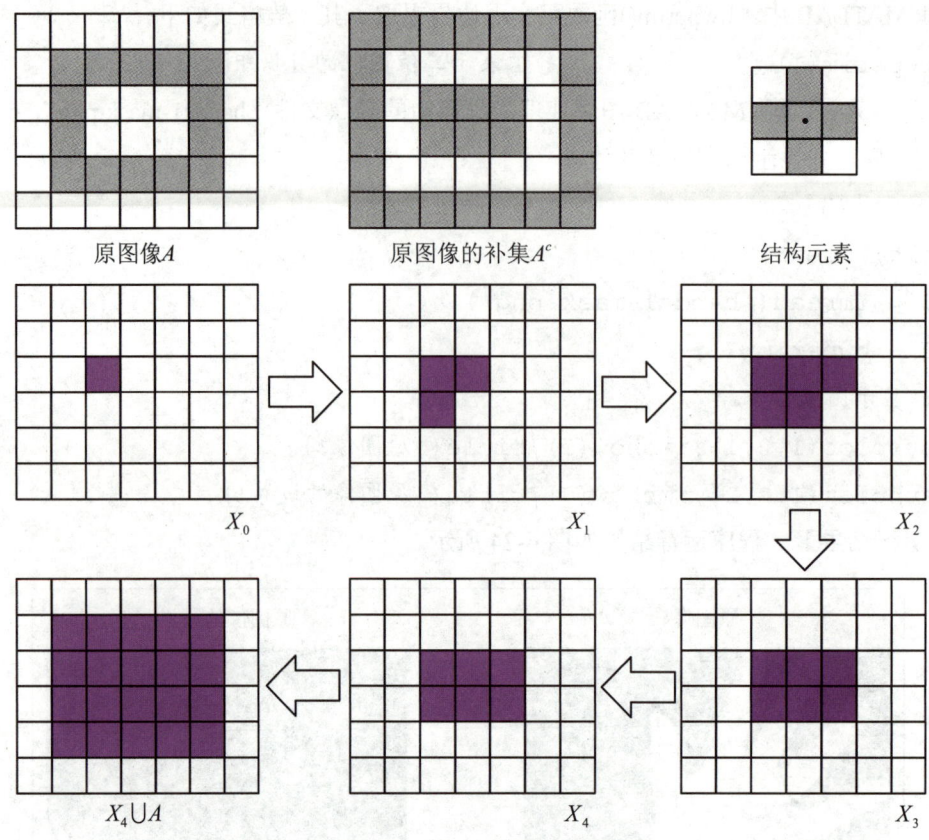

图 6-25 区域填充过程

在 MATLAB 中，infill()函数可实现区域填充，其一般格式如下。

imfill(B,'holes')

其中，B 表示二值图像的数据矩阵；"holes"表示填充图像边界的内部区域或孔洞。

【例 6-7】 读取本书配套素材"project6/image"文件夹中的图像文件"boundary.tif"，填充该图像边界的内部区域。

【参考代码】

```
clc; clear;
I = imread('image/boundary.tif');      % 读取图像
J = imfill(I,'holes');                 % 区域填充
% 显示图像
subplot(1,2,1);imshow(I);title('原图像');
subplot(1,2,2);imshow(J);title('区域填充后的图像');
```

项目 6 使用形态学分析图像中的物体

【运行结果】 程序运行结果如图 6-26 所示。

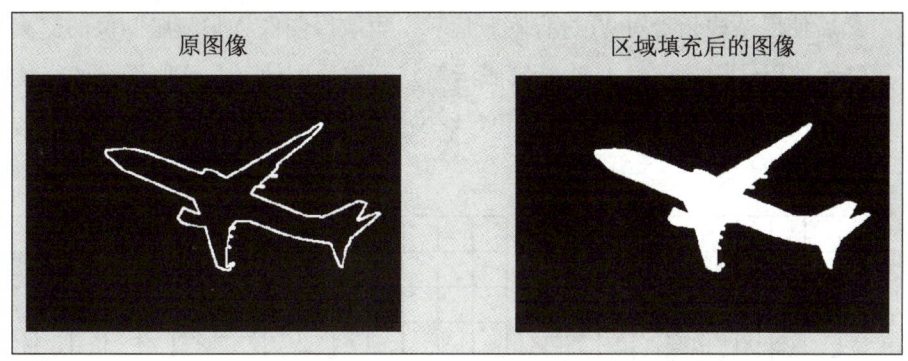

图 6-26 例 6-7 程序运行结果

6.3.4 连通分量提取

在二值图像中，连通分量是指一组相邻前景像素组成的集合。判断两个前景像素是否相邻，需要对像素的连通性进行规定。标准的像素连通性有 4 连通和 8 连通。若一个前景像素是另一个前景像素的上、下、左、右像素中的一个，则表示这两个前景像素是 4 连通的；若一个前景像素是另一个前景像素的上、下、左、右和 4 个对角像素中的一个，则表示这两个前景像素是 8 连通的。

对于同一幅图像，使用 4 连通和 8 连通判断像素的连通性，得到的连通分量可能不同。例如，图 6-27 所示的两幅二值图像是完全相同的矩阵，但使用 4 连通判断像素的连通性，得到的连通分量为 3 个；使用 8 连通判断像素的连通性，得到的连通分量为 2 个。

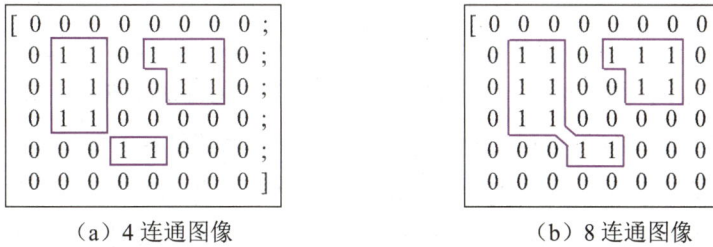

(a) 4 连通图像　　　　　　　　　　(b) 8 连通图像

图 6-27 4 连通图像和 8 连通图像中的连通分量

提取二值图像中的连通分量是许多自动图像分析应用的关键步骤。通过提取和识别二值图像中的连通分量，可以更好地对图像中的物体进行分析。连通分量的提取是一个迭代的过程，用到的形态学运算主要有膨胀和求交集。假设 A 是一幅包含一个连通分量的图像，从图像 A 中提取该连通分量的过程如图 6-28 所示。

图 6-28 所示的提取连通分量的过程如下：首先从连通分量中任意选取一个像素，得到图像 X_0；然后使用结构元素对 X_0 进行膨胀运算，再取原图像 A 与膨胀图像的交集，得到图像 X_1；继续使用结构元素对 X_1 进行膨胀运算，再取原图像 A 与膨胀图像的交集，得到图像 X_2，并使用 X_2 进行下一次迭代。重复这一过程，直至图像不再发生变化，该图像即为连通分量的提取结果。

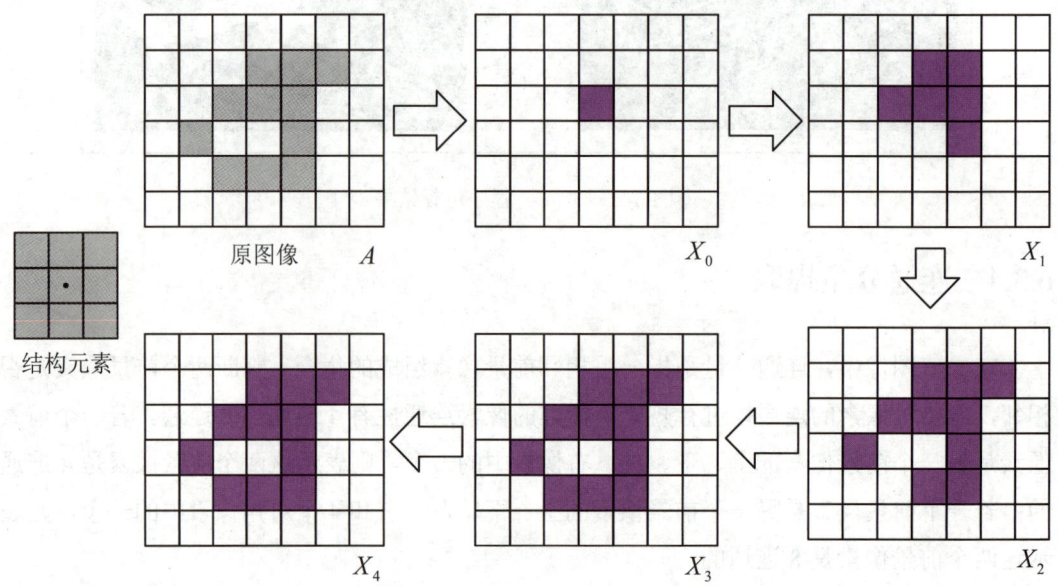

图 6-28 连通分量的提取过程

在 MATLAB 中，bwconncomp()函数可实现连通分量的提取，其一般格式如下。

bwconncomp(I,conn)

其中，I 表示二值图像的数据矩阵；conn 为可选参数，表示像素的连通性，默认为 8。bwconncomp()函数的返回值是一个包含像素连通性（Connectivity 字段）、图像大小（ImageSize 字段）、连通分量总数（NumObjects 字段）和连通分量的像素索引（PixelIdxList 字段）等信息的结构体，这些信息可以通过点运算符 "." 来访问或引用。

【例 6-8】 读取本书配套素材 "project6/image" 文件夹中的图像文件 "shape_conn.tif"，提取该图像中所有的连通分量。

【参考代码】

```
clc; clear;
I = imread('image/shape_conn.tif');
CC = bwconncomp(I);                   % 提取连通分量
stats = regionprops(CC);              % 度量连通分量的区域属性
imshow(I);                            % 显示原图像
```

```
% 使用矩形框将连通分量的位置标注在原图像上
for i = 1:CC.NumObjects
    rectangle('Position',stats(i).BoundingBox,'EdgeColor',
'#800080','LineWidth',2);                % 绘制矩形框
end
% 输出连通分量的数量
disp(['图像中连通分量的数量为',num2str(CC.NumObjects)]);
```

【运行结果】　程序运行结果如图 6-29 和图 6-30 所示。

图 6-29　标注连通分量位置的图像

图像中连通分量的数量为3
fx >>

图 6-30　图像中连通分量的数量

【程序说明】　① regionprops()函数用于度量图像中所有连通分量的区域属性，其返回值为一个结构体数组，数组中的每个结构体对应一个连通分量。结构体的 BoundingBox 字段存储了连通分量所处区域最小外接框的位置和大小；② rectangle('Position',[x y w h], 'EdgeColor','#800080','LineWidth',2)函数表示在坐标 (x, y) 处绘制宽度为 w、高度为 h、颜色为紫色、框线宽度为 2 的矩形框。

科技铸魂——AR 技术扩宽文旅产业的价值边界

AR 即增强现实，是一种利用深度学习、计算机视觉、数字图像处理等技术将计算机生成的虚拟信息（如图像、音频、视频等）叠加到真实世界的场景中，从而增强用户对现实世界的感知和交互体验的技术。AR 技术与文旅产业的融合，为游客带来了沉浸式、交互式的体验。

AR 技术的引入使得文旅产品不再局限于传统的静态展示，而是通过动态交互与虚实叠加，延伸了游客的感官体验。以故宫博物院为例，其推出的《故宫日历·2025 年》创新

性地运用了 AR 技术。用户只需要用手机扫描日历中的文物图像或相关文字，即可在屏幕上看到文物的三维模型或动画。这种虚实结合的互动形式不仅增强了文物的观赏性，还能够使用户更加深入地了解文物背后的历史。

此外，借助 AR 技术，游客还可以在景区通过手机或 AR 眼镜扮演历史人物，还原历史事件，或参加寻宝及剧本杀等活动。这种沉浸式的体验极大地提升了游客的参与感，有效延长了他们在景区的停留时间，从而带动二次消费和口碑传播。

AR 技术与文旅的深度融合，使得消逝的历史场景能够重现，也使得抽象的文化精神变得可感可知。这不仅是对产业的赋能，还是中华优秀传统文化创造性转化、创新性发展的生动实践。随着时间的推移，AR 技术将扩宽文旅产业的价值边界，成为激活文化基因、实现科技与人文共生共荣的重要媒介。

项目实施——统计图像中汽车的数量

1. 图像预处理

步骤 1　清除命令行窗口及工作区中的所有内容。
步骤 2　使用 imread() 函数读取图像文件 "parkinglot.png"。
步骤 3　使用 im2gray() 函数将图像转换为灰度图像。
步骤 4　使用 imbinarize() 函数将灰度图像转换为二值图像。
步骤 5　使用 imshow() 函数显示原图像和二值图像。

统计图像中汽车的数量

指点迷津

开始编写程序前，须将本书配套素材 "project6/image/parkinglot.png" 文件复制到当前工作目录的 "image" 文件夹中，也可将其放于其他盘，如果放于其他盘，读取图像文件时要指定相应路径。

【参考代码】

```
% 清除命令行窗口及工作区中的所有内容
clc; clear;
I = imread('image/parkinglot.png');      % 读取图像
I_gray = im2gray(I);                     % 将图像转换为灰度图像
bw = imbinarize(I_gray);                 % 将灰度图像转换为二值图像
% 显示原图像和二值图像
subplot(2,1,1);imshow(I);title('原图像');
subplot(2,1,2);imshow(bw);title('二值图像');
```

【运行结果】 程序运行结果如图6-31所示。

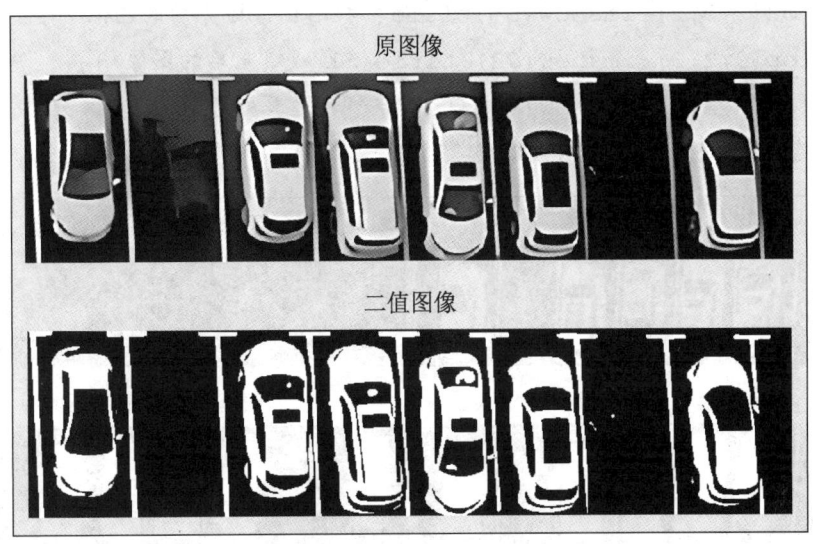

图6-31 原图像与二值图像

2. 形态学变换

步骤1 使用strel()函数创建6×6的正方形结构元素SE_1。

步骤2 使用imclose()函数对二值图像进行闭运算（所用结构元素为SE_1），连接图像中断裂的成分并填充细小的孔洞。

步骤3 使用bwperim()函数提取二值图像的边界。

步骤4 根据提取的边界对图像进行区域填充，得到多个连通分量。

步骤5 使用strel()函数创建20×20的正方形结构元素SE_2。

步骤6 使用imopen()函数对区域填充后的图像进行开运算（所用结构元素为SE_2），使得图像中仅存在与汽车对应的连通分量。

步骤7 显示以上各步骤处理后的图像。

【参考代码】

```
SE1 = strel('square',6);        % 创建6×6的正方形结构元素
J1 = imclose(bw,SE1);           % 使用6×6的正方形结构元素进行闭运算
B = bwperim(J1);                % 边界提取
J2 = imfill(B,'holes');         % 根据图像边界进行区域填充
SE2 = strel('square',20);       % 创建20×20的正方形结构元素
J3 = imopen(J2,SE2);            % 使用20×20的正方形结构元素进行开运算
% 显示各步骤处理后的图像
figure;
```

```
subplot(2,2,1);imshow(J1);title('闭运算处理后的图像');
subplot(2,2,2);imshow(B);title('提取图像边界后的图像');
subplot(2,2,3);imshow(J2);title('区域填充后的图像');
subplot(2,2,4);imshow(J3);title('开运算处理后的图像');
```

【运行结果】 程序运行结果如图6-32所示。

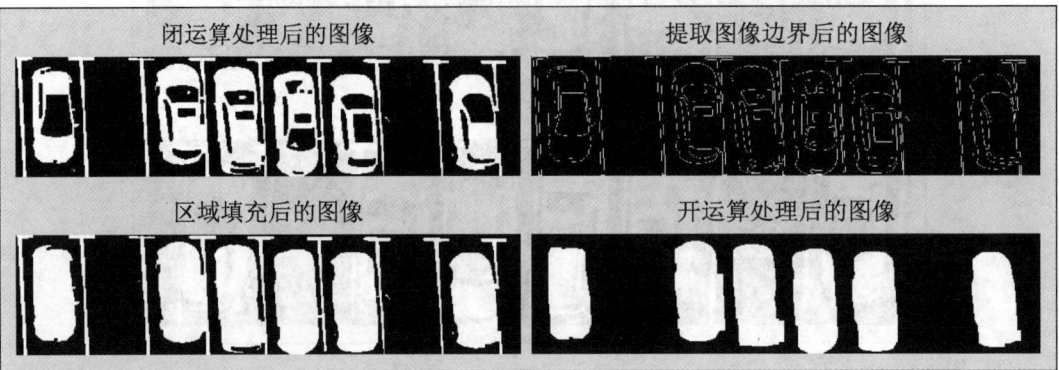

图6-32 形态学变换图像

3. 统计汽车数量

步骤1 使用bwconncomp()函数提取图像中所有的连通分量。

步骤2 获取并输出连通分量的数量,得到图像中汽车的数量。

步骤3 使用regionprops()函数度量连通分量的区域属性,包括连通分量的面积、连通分量所处区域最小外接框的位置和大小等。

步骤4 显示原图像。

步骤5 使用矩形框将汽车位置标注在原图像上。

【参考代码】

```
CC = bwconncomp(J3);            % 提取图像中所有的连通分量
% 输出连通分量的数量
disp(['连通分量(汽车)的数量为',num2str(CC.NumObjects)]);
stats = regionprops(CC);        % 度量连通分量的区域属性
figure;imshow(I);               % 显示原图像
% 使用矩形框将汽车位置标注在原图像上
for i = 1:CC.NumObjects
    rectangle('Position',stats(i).BoundingBox,'EdgeColor',
'#800080','LineWidth',2);       % 绘制矩形框
end
```

【运行结果】 程序运行结果如图 6-33 和图 6-34 所示。

图 6-33　图像中汽车的数量

图 6-34　标注汽车位置的图像

项目实训

1．实训目的
（1）掌握使用 MATLAB 对图像进行形态学处理的方法。
（2）掌握使用形态学统计图像中物体数量的方法。

2．实训内容
读取 MATLAB 图像处理工具箱中的灰度图像文件"coins.png"，使用形态学方法统计图像中硬币的数量。

（1）新建 MATLAB 脚本文件，并将其命名为"practice6_1.m"。
（2）图像预处理。
① 清除命令行窗口及工作区中的所有内容。
② 使用 imread()函数读取图像文件"coins.png"。
③ 使用 imbinarize()函数将灰度图像转换为二值图像。
④ 使用 imshow()函数显示原图像和二值图像。
（3）形态学变换。
① 使用 strel()函数创建半径为 2 的圆盘形结构元素。
② 使用 imclose()函数对二值图像进行闭运算，连接图像中断裂的成分并填充细小的孔洞。
③ 使用 bwperim()函数提取二值图像的边界。

④ 根据提取的边界对图像进行区域填充，得到多个连通分量。
⑤ 显示以上各步骤处理后的图像。
（4）统计硬币数量。
① 使用 bwconncomp()函数提取图像中所有的连通分量。
② 获取并输出连通分量的数量，得到图像中硬币的数量。
③ 使用 regionprops()函数度量连通分量的区域属性。
④ 显示原图像。
⑤ 使用矩形框将硬币位置标注在原图像上。

3．实训小结

按要求完成实训内容，并将实训过程中遇到的问题和解决办法记录在表 6-2 中。

表 6-2 实训过程

序号	主要问题	解决办法

项目总结

完成本项目的学习与实践后，请总结应掌握的重点内容，并将图 6-35 的空白处填写完整。

项目 ⑥ 使用形态学分析图像中的物体

使用形态学分析图像中的物体

形态学基础知识

集合论基础

集合的基本概念
在数字图像处理中，通常把图像或图像中的区域看作集合，把像素看作集合中的元素

集合的子集
若集合 A 中的每个元素都是集合 B 中的元素，则称集合 A 为集合 B 的子集

集合间的基本运算
- 由集合 A 和集合 B 中所有既属于 A 又属于 B 的公共元素组成的集合称为集合 A 与集合 B 的（　　）
- 由集合 A 和集合 B 中所有元素组成的集合称为集合 A 与集合 B 的（　　）
- 由所有不属于集合 A 的元素组成的集合称为集合 A 的（　　）
- 由所有属于集合 A 但不属于集合 B 的元素组成的集合称为集合 A 与集合 B 的（　　）

集合的反射与平移
- 由集合 A 的所有元素相对于原点反射后得到的元素组成的集合称为集合 A 的反射
- 由集合 A 的所有元素平移 m 后得到的元素组成的集合称为集合 A 的平移

结构元素
结构元素是一个形状和大小已知的像素集合，是用于度量和处理图像的基本单位，通常是比较小的图像

形态学实用算法

击中与击不中变换
- 击中与击不中变换是形状检测的基本工具，其数学公式为（　　）
- 在 MATLAB 中，（　　）函数可实现击中与击不中变换

边界提取
- 在二值图像中，边界提取的数学公式为（　　）
- 在 MATLAB 中，（　　）函数可实现边界提取

区域填充
- 区域填充在已知区域边界的情况下得到被边界包围的整个区域。它用到的形态学运算主要有膨胀、（　　）和（　　）
- 在 MATLAB 中，（　　）函数可实现区域填充

连通分量提取
- 在二值图像中，连通分量是指一组相邻前景像素组成的集合。连通分量提取用到的形态学运算主要有（　　）和（　　）
- 在 MATLAB 中，（　　）函数可实现连通分量提取

形态学运算

腐蚀

二值图像的腐蚀运算
在二值图像中，腐蚀运算的数学公式为（　　）

灰度图像的腐蚀运算
在灰度图像中，使用平坦结构元素对图像进行腐蚀运算的数学公式为（　　）

腐蚀运算在 MATLAB 中的实现
在 MATLAB 中，（　　）函数可实现腐蚀运算

膨胀

二值图像的膨胀运算
在二值图像中，膨胀运算的数学公式为（　　）

灰度图像的膨胀运算
在灰度图像中，使用平坦结构元素对图像进行膨胀运算的数学公式为（　　）

膨胀运算在 MATLAB 中的实现
在 MATLAB 中，（　　）函数可实现膨胀运算

开运算与闭运算

开运算
- 开运算的数学公式为（　　）
- 在 MATLAB 中，（　　）函数可实现开运算

闭运算
- 闭运算的数学公式为（　　）
- 在 MATLAB 中，（　　）函数可实现闭运算

图 6-35　项目总结

项目考核

1. 选择题

（1）两个集合的并集可以通过逻辑（　　）运算得到。

　　A．与　　　　　B．或　　　　　C．非　　　　　D．异或

（2）当需要在图像中检测水平线段时，可使用（　　）函数创建结构元素进行处理。

　　A．strel('line',10,0)　　　　　　B．strel('line',10,90)

　　C．strel('disk',10)　　　　　　　D．strel('diamond',10)

（3）下列关于二值图像的腐蚀、膨胀运算的描述中，正确的是（　　）。

　　A．腐蚀运算可以扩大物体的前景区域

　　B．膨胀运算可以缩小物体的前景区域

　　C．腐蚀运算的运算结果与结构元素的形状有关

　　D．膨胀运算的运算结果与结构元素的形状无关

（4）下列关于灰度图像的腐蚀、膨胀运算的描述中，正确的是（　　）。

　　A．腐蚀运算可以收缩图像中较亮的区域、扩张较暗的区域

　　B．膨胀运算可以收缩图像中较亮的区域、扩张较暗的区域

　　C．腐蚀运算可以提高灰度图像的整体亮度

　　D．膨胀运算可以降低灰度图像的整体亮度

（5）下列关于开运算和闭运算的描述中，正确的是（　　）。

　　A．开运算先对目标图像进行膨胀运算，再进行腐蚀运算

　　B．闭运算先对目标图像进行腐蚀运算，再进行膨胀运算

　　C．开运算可以连接狭窄的断点，闭运算可以断开狭窄的连接

　　D．开运算和闭运算基本不改变目标图像的大小

2. 填空题

（1）开运算的运算规则：使用同一结构元素，先进行＿＿＿＿＿＿（腐蚀、膨胀）运算，再进行＿＿＿＿＿＿（腐蚀、膨胀）运算。

（2）闭运算的运算规则：使用同一结构元素，先进行＿＿＿＿＿＿（腐蚀、膨胀）运算，再进行＿＿＿＿＿＿（腐蚀、膨胀）运算。

（3）在MATLAB中，＿＿＿＿＿＿函数可实现腐蚀运算。

3. 简答题

（1）什么是结构元素？

（2）形态学的基本运算包含腐蚀和膨胀。请写出二值图像的腐蚀和膨胀运算的运算规则。

（3）简述边界提取的基本原理。

结合本项目的学习情况，完成项目评价并将评价结果填入表 6-3 中。

表 6-3 项目评价

评价项目	评价内容	评价分数			
		分值	自评	互评	师评
项目完成度评价（20%）	项目准备阶段，回答问题是否清晰准确，能够紧扣主题，没有明显错误	5分			
	项目实施阶段，是否能够根据操作步骤完成本项目	5分			
	项目实训阶段，是否能够出色完成实训内容	5分			
	项目总结阶段，是否能够正确地将项目总结的空白信息补充完整	2分			
	项目考核阶段，是否能够正确地完成考核题目	3分			
知识评价（30%）	是否理解集合、集合的子集、集合的反射与平移等概念	3分			
	是否理解集合间的交集、并集、补集、差集等运算的运算规则	3分			
	是否掌握结构元素的基本概念与创建方法	4分			
	是否掌握腐蚀、膨胀、开运算与闭运算等形态学运算的运算规则	10分			
	是否掌握击中与击不中变换、边界提取、区域填充、连通分量提取等形态学实用算法的基本原理和实现方法	10分			
技能评价（30%）	是否能够使用 MATLAB 进行腐蚀、膨胀、开运算与闭运算等形态学运算	10分			
	是否能够使用击中与击不中变换进行形状检测	10分			
	是否能够使用边界提取、区域填充和连通分量提取处理图像	10分			

表 6-3（续）

评价项目	评价内容	评价分数			
		分值	自评	互评	师评
素养评价 （20%）	是否遵守课堂纪律，上课精神是否饱满	5 分			
	是否具有自主学习意识，做好课前准备	5 分			
	是否善于思考，积极参与，勇于提出问题	5 分			
	是否具有团队合作精神，出色完成小组任务	5 分			
合计	综合分数_____自评(25%)+互评(25%)+师评(50%)	100 分			
	综合等级_____	指导老师签字_____			
综合评价 （创新、进步及不足）						

项目 7

使用图像分割提取目标物体

项目目标

知识目标

- 理解图像分割的基本概念。
- 掌握常见的边缘检测算子及其在 MATLAB 中的实现方法。
- 掌握霍夫变换的基本原理及其在 MATLAB 中的实现方法。
- 掌握阈值分割的基本原理及其在 MATLAB 中的实现方法。
- 掌握区域生长算法、区域分裂与合并算法及其在 MATLAB 中的实现方法。
- 掌握形态学分水岭算法的基本原理及其在 MATLAB 中的实现方法。

技能目标

- 能够使用常见的边缘检测算子检测图像边缘。
- 能够使用 MATLAB 实现阈值分割。
- 能够使用区域生长、区域分裂与合并算法进行图像分割。
- 能够使用形态学分水岭算法进行图像分割。

素养目标

- 培养独立思考、主动探究的学习习惯。
- 提高客观分析问题、理解事物本质的能力。

📖 项目描述

在工业生产领域，零件的缺陷检测是整个生产过程中至关重要的一环。精确的零件缺陷检测不仅能够提升产品的质量，还能够提高生产效率、降低企业成本。随着科技的发展，图像分割技术，因其能够从图像中准确地分割并提取目标物体，逐渐成为零件缺陷检测的基础工具。了解到这一点，小旌也想使用图像分割技术对图像"part.tif"（见本书配套素材"project7/image/part.tif"）中的零件进行提取。于是，他开始尝试。

图像分割的主要方法有边缘检测、阈值分割、区域分割和基于形态学分水岭算法的图像分割。小旌打算先使用边缘检测技术获取零件的边缘，然后再根据边缘像素的坐标，使用区域分割中的区域生长算法，并借助一些形态学运算来提取图像中的零件。

📝 项目分析

按照项目要求，零件图像的分割与提取的具体步骤分解如下。

第 1 步：图像预处理。使用 imread() 函数读取图像文件 "part.tif"，并对该图像进行标准差为 7 的高斯滤波，去除图像中的噪声，再使用 stdfilt() 函数对高斯滤波后的图像进行标准差滤波，增强图像中零件的边缘。

第 2 步：图像分割。使用 edge() 函数进行基于 Canny 算子的边缘检测，得到零件的边缘，然后获取零件左侧边缘第一个像素的行坐标和列坐标，并将其作为区域生长的初始种子像素坐标，使用自定义的区域生长函数对图像进行区域生长，实现零件图像的分割。

第 3 步：物体提取。使用 imfill() 函数填充零件区域的孔洞，得到完整的零件二值图像，然后对其进行膨胀运算，通过对原图像和膨胀运算后的图像进行乘法运算，将零件从原图像中提取出来。

为了能够提取图像中的零件，本项目将对相关知识进行介绍，包括图像分割概述、梯度算子、高斯拉普拉斯算子、Canny 算子等常见的边缘检测算子，霍夫变换，阈值分割，区域生长、区域分裂与合并等区域分割算法，以及基于形态学分水岭算法的图像分割。

📝 项目准备

全班学生以 3～5 人为一组进行分组，各组选出组长，组长组织组员扫码观看"图像特征及其分类"视频，讨论并回答下列问题。

项目 7 使用图像分割提取目标物体

问题1：什么是图像特征？

问题2：根据特征提取使用方法的不同，可将图像特征分为哪两类？

图像特征及其分类

7.1 图像分割概述

图像分割是指根据图像的灰度、颜色、纹理、边缘等特征，把图像分成若干个特定的、具有独特性质的、互不相交的区域的过程。图像分割的目的是将图像中的目标或感兴趣区域从背景或其他不相关的区域中分离出来，以便继续在分割后的相关区域中提取目标物体，并根据目标物体的特征对其进行分类与识别。

图像分割的依据是相邻像素灰度值的不连续性和相似性，即同一区域内部的像素通常具有灰度相似性，而不同区域边界上的像素通常具有灰度不连续性。根据这一特性，可将图像分割的方法分为基于图像不连续性的分割方法和基于图像相似性的分割方法。其中，基于图像不连续性的分割方法主要根据像素灰度值不连续变化的位置将图像分割为多个区域，其典型代表算法为边缘检测；基于图像相似性的分割方法主要根据预定义的准则将相似的像素分割到同一区域，其典型代表算法为阈值分割和区域分割。此外，还可以将图像分割看作地形中分水岭自然形成的过程，以此来界定和分割图像中的不同区域，这种方法称为基于形态学分水岭算法的图像分割。

拓展阅读

图像分割在医学、工业生产、交通等领域有着广泛的应用。例如，在医学领域中，图像分割可应用于医学影像中病毒或细胞的自动检测和识别；在工业生产领域中，图像分割可应用于矿藏分析、无接触检测、产品的精度和纯度分析等；在交通领域中，图像分割可应用于车辆和行人的自动检测、识别与跟踪等。另外，图像分割在机器视觉、身份鉴定、图像传输等领域也有着广泛的应用。

7.2 边缘检测

图像的边缘是指图像灰度值发生空间突变的像素集合。边缘是图像中一个区域的终结，同时也是另一个区域的开始，利用该特征可进行图像分割。图像的边缘可粗略分为阶跃状边缘和屋顶状边缘。其中，阶跃状边缘又可分为上升阶跃状边缘和下降阶跃状边缘，而上升阶跃状边缘和下降阶跃状边缘又可组合为脉冲状边缘。几种图像边缘的形状如图 7-1 所示。

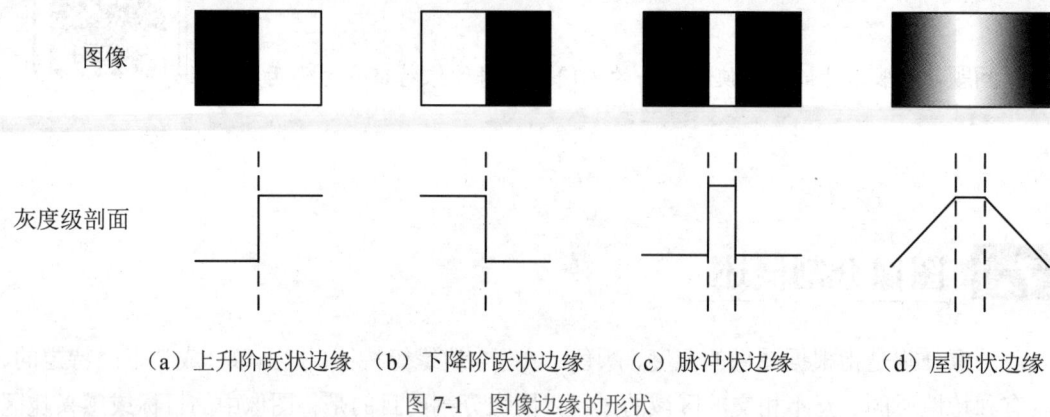

（a）上升阶跃状边缘　（b）下降阶跃状边缘　（c）脉冲状边缘　　（d）屋顶状边缘

图 7-1　图像边缘的形状

边缘检测的主要工具是边缘检测算子，常见的边缘检测算子有梯度算子、高斯拉普拉斯算子和 Canny 算子。它们都能够有效地检测图像的边缘信息，但在实际应用中，由于噪声和光照不均等因素的影响，使用上述方法获取的边缘通常是不连续的，因而需要通过边缘连接将它们转换为有意义的边缘。霍夫变换即是一种常用的检测间断点边界形状的方法。下面对常见的边缘检测算子和霍夫变换进行介绍。

7.2.1　常见的边缘检测算子

1．梯度算子

在数字图像处理中，梯度算子主要用于计算图像的梯度。图像梯度指的是图像灰度值变换的速度，其本质是求导。图像的梯度值与灰度值存在这样的联系：灰度值变化较大的边缘区域，梯度值较大；灰度值变化较小的非边缘区域，梯度值较小。因此，图像梯度常被用于探查图像中物体的边缘。

> **高手点拨**
>
> 图像梯度具有方向性，其方向与图像边缘是垂直的关系，常见的梯度方向有水平、垂直、对角线等。水平方向的梯度能够体现图像的左右边缘信息，垂直方向的梯度能够体现图像的上下边缘信息，而对角线上的梯度根据方向的不同可以体现右上、左上、右下、左下 4 个方向的边缘信息。

常见的梯度算子主要包括 Roberts 算子、Prewitt 算子和 Sobel 算子。其中，Prewitt 算子和 Sobel 算子在本书 4.2.4 节已介绍，此处不再赘述。下面主要介绍 Roberts 算子。

Roberts 算子使用对角线方向相邻像素的灰度值之差来近似计算梯度,从而检测图像的边缘。它可以通过两个 2×2 的模板实现,如图 7-2 所示。

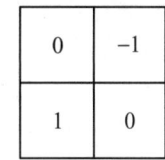

图 7-2 Roberts 算子的两个模板

使用 Roberts 算子进行边缘检测时,首先分别使用上述两个模板对图像进行逐像素的卷积运算,并将两个卷积运算的结果取绝对值后进行叠加,然后判断该叠加结果是否大于或等于某个阈值,如果满足条件,则将结果图像中对应像素的像素值设置为一个非零值(通常是最大值或固定值,如 1),表示该像素为边缘像素;如果不满足条件,则将结果图像中对应像素的像素值设置为 0,表示该像素为非边缘像素。

高手点拨

Roberts 算子、Prewitt 算子和 Sobel 算子在进行边缘检测时的效果有所不同。Roberts 算子平滑噪声的作用较小,适用于边缘灰度值突变明显且所含噪声较少的图像,它容易丢失灰度值变化缓慢的局部边缘,但对于能够检测到的边缘定位精度较高。Prewitt 算子和 Sobel 算子对噪声具有一定的平滑作用,但边缘检测的精度较低。当对检测精度要求不是很高时,Sobel 算子是一种较为常用的边缘检测方法。

在 MATLAB 中,edge()函数可以实现基于梯度算子的边缘检测,其一般格式如下。

```
edge(I,method,threshold,direction)
```

其中,I 表示灰度图像的数据矩阵;method 表示所用梯度算子的类型,其可选参数值包括 "roberts" "prewitt" 和 "sobel",分别表示 Roberts 算子、Prewitt 算子和 Sobel 算子;threshold 为可选参数,表示敏感度阈值,默认情况下,edge()函数会自动设定;direction 为可选参数,表示要检测的边缘的方向,若取值为 "horizontal",则表示检测水平方向的边缘,若取值为 "vertical",则表示检测垂直方向的边缘,若取值为 "both",则表示检测两个方向的边缘,默认为 "both"。

指点迷津

在使用 Roberts 算子进行边缘检测时,若 direction 的取值为 "horizontal",则表示检测与水平方向的夹角为 135°的边缘;若 direction 的取值为 "vertical",则表示检测与水平方向的夹角为 45°的边缘。

2. 高斯拉普拉斯算子

高斯拉普拉斯算子也称 Marr 边缘检测算子,它的基本思想是先对图像进行高斯平滑处理,然后再与拉普拉斯算子进行卷积运算(图像平滑与拉普拉斯算子在本书项目 4 中均有介绍)。由于高斯拉普拉斯算子在使用拉普拉斯算子之前对图像进行了高斯平滑处理,因而在一定程度上可以克服噪声对图像的影响。但高斯拉普拉斯算子也存在一定的局限性，如容易产生假边缘、对曲线边缘的定位误差较大等。尽管高斯拉普拉斯算子存在以上不足，但它对图像特征的研究起到了积极作用。

在 MATLAB 中，edge() 函数也可以实现基于高斯拉普拉斯算子的边缘检测，其一般格式如下。

```
edge(I,'log',threshold,sigma)
```

其中，I 表示灰度图像的数据矩阵；"log"表示高斯拉普拉斯算子；threshold 为可选参数，表示敏感度阈值；sigma 为可选参数，表示高斯拉普拉斯算子所用高斯滤波模板的标准差，默认为 2。

3．Canny 算子

前面介绍的几种算子都是基于微分方法的边缘检测算子，它们只有在图像不含噪声或通过图像平滑去除噪声后才能正常使用。Canny 算子是一种使用多级边缘检测算法检测边缘的方法，目前在边缘检测中被广泛使用。使用 Canny 算子进行边缘检测的过程如下。

（1）使用高斯滤波处理图像，以消除噪声对图像边缘检测的影响。

（2）使用一阶导数的差分算子（如梯度算子）计算梯度的幅值和方向。

（3）对梯度的幅值进行非极大值抑制。即沿着梯度方向检查每个像素，如果该像素的梯度不是局部最大值，则将其抑制。这样，只有局部最大值被保留下来，这些局部最大值表示潜在的边缘。

（4）使用双阈值算法处理和连接边缘。先设置一个高阈值，将梯度幅值超过高阈值的边缘像素保留下来，以过滤大部分虚假边缘。然而由于阈值较高，所检测到的图像边缘可能无法闭合。故需要再设置一个低阈值，在已检测到的边缘像素的 8 邻域内，将梯度幅值超过低阈值的边缘像素保留下来。重复这一过程，直至所有边缘闭合，即可得到完整的图像边缘。

高手点拨

> Canny 算子是一种有效的边缘检测算子。它对图像进行边缘检测时，需要考虑如下 3 个准则：① 低错误率，即尽可能准确地检测图像中尽可能多的边缘；② 高定位精度，即检测到的边缘尽可能接近真实边缘的位置；③ 单边缘响应，即尽可能少地产生虚假边缘。

在 MATLAB 中，edge() 函数同样可以实现基于 Canny 算子的边缘检测，其一般格式如下。

```
edge(I,'canny',threshold,sigma)
```

其中，I 表示灰度图像的数据矩阵；"canny"表示 Canny 算子；threshold 为可选参数，表示敏感度阈值；sigma 为可选参数，表示 Canny 算子所用高斯滤波模板的标准差。

【例 7-1】 读取 MATLAB 图像处理工具箱中的图像文件 "circuit.tif"，分别使用 Roberts 算子、Prewitt 算子、Sobel 算子、高斯拉普拉斯算子和 Canny 算子对其进行边缘检测，然后显示原图像和 5 幅边缘检测图像。

【参考代码】

```
clc; clear;
I = imread('circuit.tif');        % 读取图像
J1 = edge(I,'roberts');           % 使用Roberts算子进行边缘检测
J2 = edge(I,'prewitt');           % 使用Prewitt算子进行边缘检测
J3 = edge(I,'sobel');             % 使用Sobel算子进行边缘检测
J4 = edge(I,'log');               % 使用高斯拉普拉斯算子进行边缘检测
J5 = edge(I,'canny');             % 使用Canny算子进行边缘检测
% 显示图像
subplot(2,3,1);imshow(I);title('原图像');
subplot(2,3,2);imshow(J1);title('Roberts算子边缘检测图像');
subplot(2,3,3);imshow(J2);title('Prewitt算子边缘检测图像');
subplot(2,3,4);imshow(J3);title('Sobel算子边缘检测图像');
subplot(2,3,5);imshow(J4);title('高斯拉普拉斯算子边缘检测图像');
subplot(2,3,6);imshow(J5);title('Canny算子边缘检测图像');
```

【运行结果】 程序运行结果如图7-3所示。可见，Roberts算子检测到的图像边缘不连续，检测效果较差；Prewitt算子和Sobel算子的检测效果近似相同，均优于Roberts算子；高斯拉普拉斯算子能够检测到物体大部分的真实边缘，但也会产生一些虚假边缘；Canny算子的检测效果优于其他算子，不仅能够检测到比较清晰、完整的图像边缘，还能够有效减少虚假边缘。

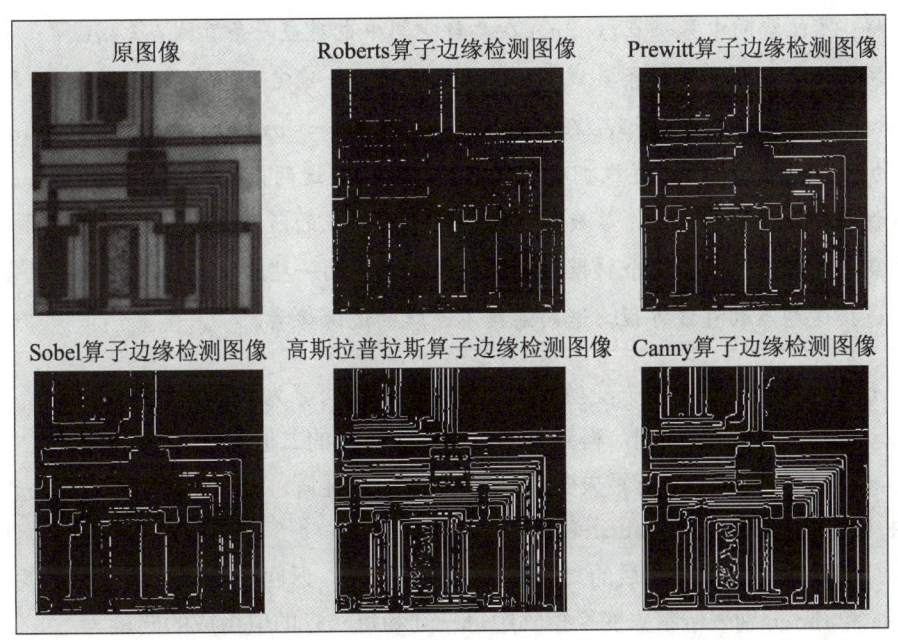

图7-3 例7-1程序运行结果

7.2.2 霍夫变换

通过边缘检测算子检测出的边缘有时是不连续的，此时可使用霍夫变换检测图像中的直线或曲线，将图像中特定形状的边缘像素连接起来，形成连续、平滑的边缘。

霍夫变换通过将图像空间中的直线或曲线映射到参数空间来实现检测。在霍夫变换中，图像空间中的每个点被映射到参数空间中的一系列曲线或曲面上，这些曲线或曲面对应于通过该点的所有可能形状。在参数空间中，曲线或曲面的交点表示图像空间中的共线点。故图像空间中同一条直线或曲线上的所有点会集中到参数空间中的同一个点上，从而形成峰值（点的累积数量）。通过累加和寻找参数空间中的峰值，即可检测出图像中的形状。

🖐 高手点拨

图像的参数空间可以理解为在图像处理与分析的过程中，为了描述或处理图像而引入的一系列参数所构成的空间。在直角坐标空间中，图像的参数空间及在参数空间中检测直线的原理可描述如下。

在图像的直角坐标空间中，经过点 (x_i, y_i) 的直线可表示为 $y_i = ax_i + b$。如果将 x_i 和 y_i 视为常数，而将原本的参数 a 和 b 看作变量，则可以将上述直线方程表示为 $b = -ax_i + y_i$。这样就将点 (x_i, y_i) 从图像空间变换到了参数空间，这就是直角坐标空间中对点 (x_i, y_i) 的霍夫变换。可见，点 (x_i, y_i) 在参数空间中对应一条直线。

同样，图像空间中另一点 (x_j, y_j) 在参数空间中也对应一条直线 $b = -ax_j + y_j$。如果两点在图像空间中属于同一条直线，则这两点能够唯一确定一条直线 $y = ax + b$，即能够求出 a 和 b 的唯一确定值。那么，在参数空间中，直线 $b = -ax_i + y_i$ 和直线 $b = -ax_j + y_j$ 中 a 和 b 的值就相同，即两条直线拥有相同的坐标点，故这两条直线相交于这一点。

根据这个结论可以推出，参数空间中相交于同一点的所有直线，在图像空间中都有共线的点与之对应。根据这个特性，给定图像空间中的一些边缘点，就可以通过霍夫变换确定连接这些点的直线方程，进而连接不连续的边缘像素。

在 MATLAB 中，使用霍夫变换检测图像中的直线可分为以下 4 个步骤。

(1) 对图像进行边缘检测，得到一幅包含图像边缘的二值图像。

(2) 使用 hough() 函数进行霍夫变换，得到霍夫变换矩阵。hough() 函数的一般格式如下。

```
[H,theta,rho] = hough(bw)
```

其中，bw 表示边缘检测后的二值图像的数据矩阵；返回值 H 表示霍夫变换矩阵；返回值 theta 和 rho 分别表示霍夫变换矩阵中每一列和每一行的值组成的向量。

(3) 使用 houghpeaks() 函数在霍夫变换矩阵中寻找峰值点。houghpeaks() 函数的一般格式如下。

```
peaks = houghpeaks(H,numpeaks)
```

其中，H 表示霍夫变换矩阵；numpeaks 表示需要寻找的峰值点的数量；返回值 peaks 表示峰值点在霍夫变换矩阵中的位置索引。

（4）根据霍夫变换矩阵的峰值检测结果，使用 houghlines()函数提取直线段。houghlines()函数的一般格式如下。

```
houghlines(bw,theta,rho,peaks)
```

其中，bw 表示边缘检测后的二值图像的数据矩阵；theta 和 rho 分别表示霍夫变换矩阵中每一列和每一行的值组成的向量，由 hough()函数返回；peaks 表示峰值点在霍夫变换矩阵中的位置索引，由 houghpeaks()函数返回。houghlines()函数的返回值为一个结构体数组，数组中的每个结构体对应一条检测到的直线段，每个结构体包含 point1 字段、point2 字段（直线段的两个端点坐标）、theta 字段和 rho 字段。

指点迷津

> houghlines()函数还可以将 theta 字段和 rho 字段相同的两条直线段进行合并。此时需要使用 FillGap 参数指定直线段合并的阈值，若 theta 字段和 rho 字段相同的两条直线段之间的距离小于 FillGap 参数的值，则将二者合并为一条直线段。

【例 7-2】 读取本书配套素材"project7/image"文件夹中的图像文件"chess.png"，使用 Canny 算子对其进行边缘检测，然后使用霍夫变换（峰值点的数量为 6，直线段合并的阈值为 120）检测该图像中的直线段，并对不连续边缘进行连接。

【参考代码】

```
clc; clear;
I = imread('image/chess.png');        % 读取图像
I = im2gray(I);                        % 将图像转换为灰度图像
bw = edge(I,'canny');                  % 使用 Canny 算子进行边缘检测
[H,theta,rho] = hough(bw);             % 进行霍夫变换
P = houghpeaks(H,6);                   % 在霍夫变换矩阵中寻找峰值点
lines = houghlines(bw,theta,rho,P,'FillGap',120);
                                       % 提取直线段

% 显示图像
subplot(1,3,1);imshow(I);title('原图像');
subplot(1,3,2);imshow(bw);title('边缘检测图像');
subplot(1,3,3);imshow(bw);title('检测出的直线段');hold on;
% 在边缘检测图像中标记各条直线段
```

```
for k = 1:length(lines)
    xy = [lines(k).point1; lines(k).point2];
                                    % 获取直线段两个端点的坐标
    plot(xy(:,1),xy(:,2),'LineWidth',3,'Color','white');
                                    % 绘制直线段
end
```

【运行结果】 程序运行结果如图 7-4 所示。

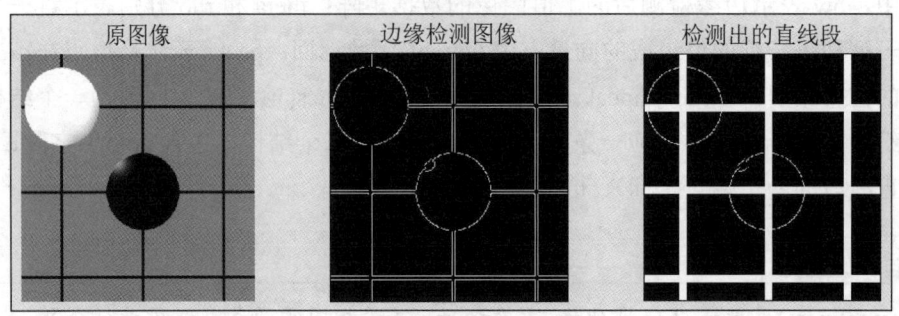

图 7-4 例 7-2 程序运行结果

【程序说明】 hold on 命令用于设置当前图像窗口的绘图模式。当需要在当前图像窗口中绘制新的元素而不清除原有图像时，可以使用该命令。

7.3 阈值分割

7.3.1 阈值分割的基本原理

阈值分割是一种基本的图像分割方法，它是指根据前景物体与背景区域在像素灰度值上的差异，将图像分为具有不同灰度级的前景物体和背景区域的一种图像分割方法。阈值分割的基本思想是先确定一个阈值，然后把每个像素的灰度值与这个阈值作比较，根据比较结果把该像素划分为前景或背景。在阈值分割中，确定阈值是一个关键步骤，阈值的选取将直接影响图像分割的准确性和正确性。在数字图像处理中，常用的阈值选取方法主要有灰度直方图谷底阈值确定法、迭代式阈值选择法、最大类间方差法。

1. 灰度直方图谷底阈值确定法

如果一幅图像中前景物体的灰度值与背景区域的灰度值存在较大差异，则这幅图像的灰度直方图会呈现出明显的双峰，如图 7-5 所示。

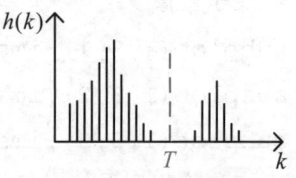

图 7-5 呈现出双峰的灰度直方图

此时，可以将两峰之间的谷底对应的灰度值 T 作为阈值，将图像中灰度值大于 T 的像素的灰度值设置为 1；灰度值小于或等于 T 的像素的灰度值设置为 0。使用阈值 T 分割图像 $f(x,y)$ 后得到的结果图像 $g(x,y)$ 可定义为

$$g(x,y)=\begin{cases}1, & f(x,y)>T,\\ 0, & f(x,y)\leqslant T\end{cases}$$

其中，$g(x,y)$ 是一幅二值图像。这种阈值分割方法简单且易操作，但如果图像中有明显的噪声，则会导致所选取的阈值有误。

对于有多个波峰的灰度直方图，可以选取多个阈值，将图像划分为多个区域，如图 7-6 所示。

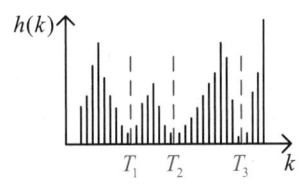

图 7-6 具有多个波峰的灰度直方图

2．迭代式阈值选择法

迭代式阈值选择法简称迭代法，是一种常用的阈值选取方法。它的基本思路是先选择一个估计值作为初始阈值，然后通过分割图像和修改阈值的迭代过程来获得最佳阈值。使用该方法选择阈值的步骤如下。

（1）选取初始阈值 T。T 必须介于图像的最小灰度值和最大灰度值之间，可选择图像灰度值的均值作为初始阈值。

（2）使用阈值 T 分割图像，得到由灰度值大于 T 的像素组成的区域 R_1 和由灰度值小于或等于 T 的像素组成的区域 R_2。

（3）分别计算 R_1 和 R_2 中所有像素灰度值的均值，记作 μ_1 和 μ_2。

（4）计算新的阈值 T，其计算公式如下。

$$T=\frac{\mu_1+\mu_2}{2}$$

（5）重复步骤（2）～步骤（4），直至连续两次迭代的 T 值之差小于某个预定义的值 ΔT。

3．最大类间方差法

最大类间方差法也称 Otsu 法，其基本原理是以最佳阈值将图像分割成前景物体和背景区域两部分，使得两部分之间灰度值的类间方差最大。这种方法不需要用户指定阈值，它能够自适应地找到最佳阈值。最大类间方差法是在图像灰度直方图的基础上，通过最小二乘法原理推导得出的，具有计算简单、不受亮度和对比度影响等特点，故其在数字图像处理中得到了广泛的应用。

假设前景物体的像素数量与图像像素总数量的比例为 w_0，背景区域的像素数量与图像像素总数量的比例为 w_1，前景物体灰度值的均值为 μ_0，背景区域灰度值的均值为 μ_1，图像整体灰度值的均值为 μ，则前景物体与背景区域之间灰度值的类间方差 g 可表示为

$$g=w_0\times(\mu_0-\mu)^2+w_1\times(\mu_1-\mu)^2$$

从公式中可以看到，类间方差 g 的值主要由 w_0、w_1、μ_0、μ_1 等变量决定，而这些变量的值又与阈值 T 的取值相关（例如，阈值 T 的取值不同，前景物体的像素数量就不相同，故 w_0 的值也不同）。故可将阈值 T 在可能的取值范围中依次取值，分别计算每个阈值下，类间方差 g 的值，使得类间方差 g 最大的 T 值即为最佳阈值。

7.3.2 阈值分割在 MATLAB 中的实现

若只选取一个阈值对图像进行分割，则得到的图像为二值图像。在这种情况下，阈值分割相当于将灰度图像转换为二值图像，故可使用本书 2.2.3 节介绍的 imbinarize()函数来实现阈值分割。imbinarize()函数的一般格式如下。

```
imbinarize(I,T)
```

其中，I 表示灰度图像的数据矩阵；T 为可选参数，表示图像分割所用阈值，取值范围为[0,1]。此外，MATLAB 提供的 graythresh()函数可使用最大类间方差法计算图像的最佳全局阈值。在实际的图像分割任务中，可先使用 graythresh()函数计算图像的最佳全局阈值，再使用 imbinarize()函数进行图像的阈值分割。

【例 7-3】 读取 MATLAB 图像处理工具箱中的图像文件"rice.png"，分别对该图像进行 3 次图像分割，3 次图像分割的阈值分别设置为 0.3、0.5 和使用最大类间方差法计算得到的最佳全局阈值。

【参考代码】

```
clc; clear;
I = imread('rice.png');        % 读取图像
J1 = imbinarize(I,0.3);        % 设置阈值为 0.3
J2 = imbinarize(I,0.5);        % 设置阈值为 0.5
T = graythresh(I);             % 使用最大类间方差法计算最佳全局阈值
J3 = imbinarize(I,T);          % 设置阈值为最佳全局阈值
% 显示图像
subplot(2,2,1);imshow(I);title('原图像');
subplot(2,2,2);imshow(J1);title('结果图像（阈值为 0.3）');
subplot(2,2,3);imshow(J2);title('结果图像（阈值为 0.5）');
subplot(2,2,4);imshow(J3);title('结果图像（阈值为最佳全局阈值）');
```

【运行结果】 程序运行结果如图 7-7 所示。可见，阈值的选取直接影响图像分割的效果，使用最大类间方差法自动选取的阈值进行图像分割，得到的效果较好。

项目 7　使用图像分割提取目标物体

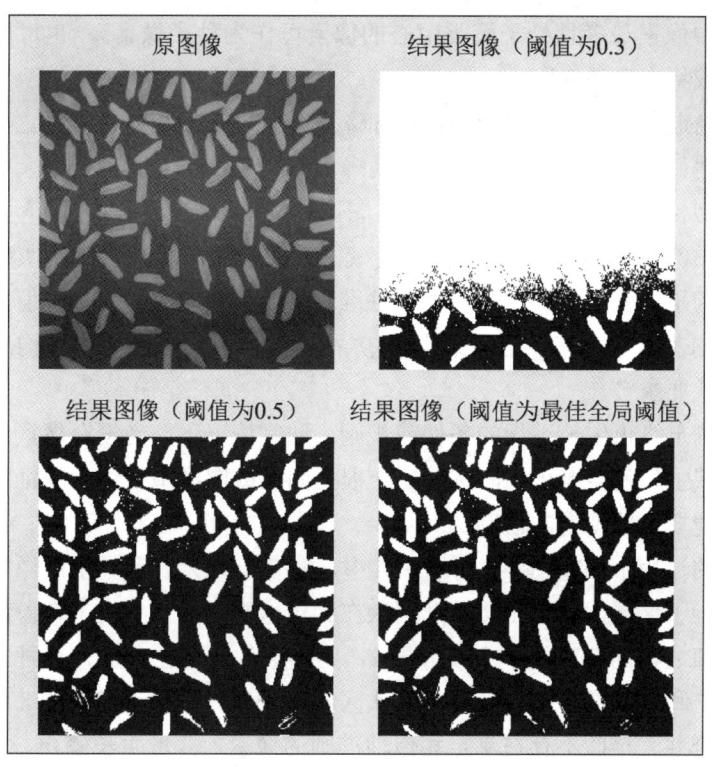

图 7-7　例 7-3 程序运行结果

7.4　区域分割

区域分割是指根据图像的灰度、颜色、纹理和图像像素统计特征等图像空间局部特征的相似性，将图像中的像素划分到不同的物体或区域中，进而将图像分割成若干个不同区域的一种分割方法。常见的区域分割方法主要包括区域生长、区域分裂与合并两种。

7.4.1　区域生长

区域生长是根据预定义的相似性准则将像素或子区域聚合为更大区域的过程。它的基本原理是首先选择一组"种子"像素作为生长的起始点，然后将种子像素周围邻域中与种子像素有相同或相似性质的像素合并到种子像素所在区域中，接着以合并后的区域中的所有像素作为新的种子像素继续上面的相似性判断与合并过程，直至没有满足相似性准则的像素可以合并为止。最终，所有满足相似性准则的像素就形成了一个区域。可见，使用区域生长算法进行图像分割时，需要考虑以下 3 个关键问题。

（1）如何确定一组能正确代表所需区域的种子像素。初始的种子像素既可以是一个单独的像素，也可以是多个像素组成的小区域。种子像素的选取可以借助图像灰度直方图（图像灰度直方图中像素最多且处于聚类中心的像素可作为种子像素），也可以根据物体中像素的某种性质或特点自动选取。

（2）如何确定在生长过程中能够将相邻像素合并进来的相似性准则。相似性准则与图像的类型、属性、像素间的邻接性和连通性等均有关系。在实际应用中，可以通过下面几种方法确定相似性准则：① 当图像是彩色图像时，可以以颜色为准则，并考虑图像的连通性和邻接性；② 待检测像素（已合并区域内某像素的邻域像素）的灰度值与已合并区域中所有像素的平均灰度值满足某种相似性准则，如待检测像素的灰度值与已合并区域中所有像素的平均灰度值之差小于某个值；③ 待检测像素与已合并区域构成的新区域符合某个尺寸或形状要求等。

（3）如何确定终止生长过程的条件或规则。通常情况下，当没有像素或区域满足相似性准则时，区域生长就会停止。但有时还会根据图像或图像中物体的特征或某种先验知识及结果要求等建立一些特定的规则。

区域生长的过程示例如图 7-8 所示。其中，图 7-8（a）表示一幅图像，图像中灰度值最大的像素为种子像素，规定相似性准则为在种子像素的 8 邻域内，待检测像素灰度值与种子像素灰度值之差的绝对值小于或等于 2，则第一次区域生长后，在种子像素的 8 邻域内，灰度值为 7 和 8 的像素被合并；第二次区域生长后，在种子像素的 8 邻域内，灰度值为 6 的像素被合并，至此不存在满足相似性准则的像素，区域生长停止。

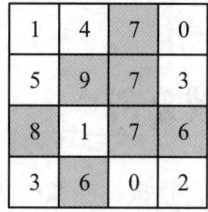

（a）图像的像素表示　（b）第一次区域生长结果　（c）第二次区域生长结果

图 7-8　区域生长的过程示例

【例 7-4】 读取本书配套素材 "project7/image" 文件夹中的图像文件 "bird.tif"，使用区域生长算法对该图像进行分割，提取出图像中的鸟。提示：区域生长的初始种子像素坐标为(160,340)；相似性准则为在种子像素的 4 邻域内，待检测像素灰度值与种子像素中所有像素的平均灰度值之差的绝对值小于 0.2。

【参考代码】

```
clc; clear;
I = imread('image/bird.tif');    % 读取图像
I = im2double(I);                % 将图像的数据类型转换为 double
J = regiongrow(I,160,340,0.2);   % 进行区域生长
% 显示图像
```

```
subplot(1,2,1);imshow(I);title('原图像');
subplot(1,2,2);imshow(J);title('区域生长结果图像');
% 定义区域生长的实现函数
function J = regiongrow(I,x,y,threshold)
% 参数 I 表示待处理的图像
% 参数 x 表示初始种子像素的行坐标
% 参数 y 表示初始种子像素的列坐标
% 参数 threshold 表示相似性准则所规定的阈值
% 返回值 J 表示区域生长的结果图像
[M,N] = size(I);                    % 获取图像的大小
% 创建一幅与输入图像大小相同的结果图像,初始值为 0
J = zeros(M,N);
J(x,y) = 1;
reg_mean = I(x,y);
        % 存储种子像素中所有像素的平均灰度值,初始值为初始种子像素的灰度值
reg_size = 1;                       % 存储种子像素的数量,初始值为 1
neg = zeros(numel(I),3);
        % 存储未进行过区域生长的种子像素的信息,包括行坐标、列坐标和灰度值
neg(1,:) = [x,y,I(x,y)];            % 将初始种子像素的信息存入 neg 中
neg_size = 1;                       % 存储 neg 中的像素数量,初始值为 1
neigb = [-1 0;1 0;0 -1;0 1];        % 定义像素的 4 邻域坐标
while (~all(neg==0,'all'))&(reg_size<numel(I))
    xc = neg(1,1); yc = neg(1,2);
                                    % 获取当前种子像素的行坐标和列坐标
    neg(1,:) = [];                  % 将当前种子像素从 neg 中删除
    neg_size = neg_size-1;          % 更新 neg 中的像素数量
    % 在 4 邻域内检测像素
    for i = 1:4
        xn = xc+neigb(i,1); yn = yc+neigb(i,2);
                                    % 计算邻域像素的实际行坐标和列坐标
        indicator = (xn>=1)&(yn>=1)&(xn<=M)&(yn<=N);
                                    % 检查邻域像素是否超出图像边界
        if indicator&(J(xn,yn)==0)
        % 若邻域像素位于图像内部且未被检测,则判断该像素是否符合相似性准则
            if abs(I(xn,yn)-reg_mean) < threshold
            % 若邻域像素符合相似性准则,则将邻域像素标记为种子像素
```

```
                J(xn,yn) = 1;
                neg(neg_size+1,:) = [xn,yn,I(xn,yn)];
                                    % 将邻域像素添加到neg中
                neg_size = neg_size+1;
                                    % 更新neg中的像素数量
                reg_mean = (reg_mean*reg_size+I(xn,yn))/(reg_size+1);
                                    % 更新种子像素中所有像素的平均灰度值
                reg_size = reg_size+1;
                                    % 更新种子像素的数量
            end
        end
    end
end
end
```

【运行结果】 程序运行结果如图 7-9 所示。

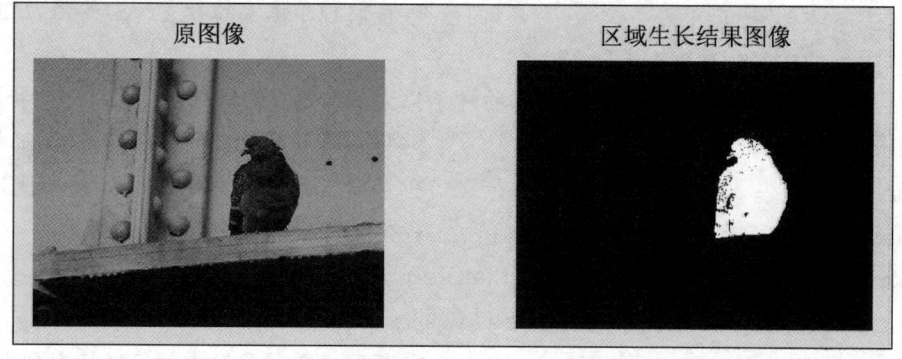

图 7-9 例 7-4 程序运行结果

7.4.2 区域分裂与合并

区域分裂与合并算法的基本原理是将图像分割为一系列任意不相交的区域，然后再根据预定义的相似性准则将这些区域进行分裂或合并。通过分裂，可以将具有不同特征的区域分离；通过合并，可以将具有相同特征的区域结合在一起。区域分裂与合并算法的基础是图像的四叉树，基于图像的四叉树，区域分裂与合并算法的具体过程如下。

（1）分裂。当整幅图像或图像中某个区域的特征不一致时，就将该图像或区域分裂为大小相同的 4 个子区域，然后分别判断已分裂得到的新区域的特征是否一致，若不一致，则将其再次分裂为大小相同的 4 个更小的子区域，如此不断重复，即可将图像分割为一系列互不相交的区域。这一分割过程可用四叉树来表示，四叉树的根结点为整幅图像、中间结点和叶结点为分割成的子区域，如图 7-10 所示。

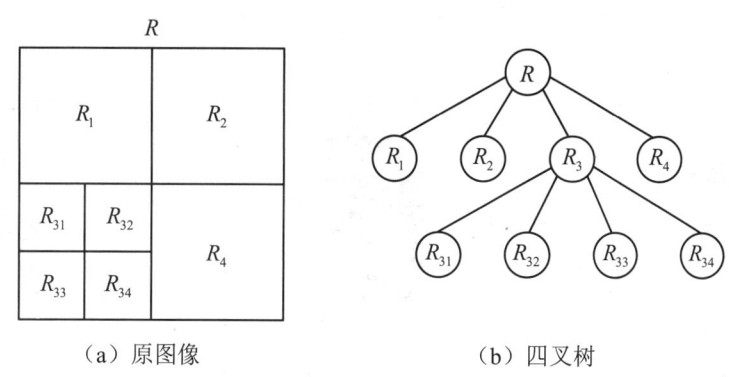

(a)原图像　　　　　　　　　(b)四叉树

图 7-10　图像的四叉树表示

（2）合并。在对图像进行分裂操作后，可能会出现满足相似性准则的相邻区域，这就需要对相邻区域进行合并。合并可以在分裂后进行，也可以在分裂的同时进行。当无法再进行分裂或合并时，操作将会终止，得到最终结果。

区域分裂与合并算法的过程用数学方式描述如下。令 R 表示整幅图像，$R_i\,(i>0)$ 表示分割出的图像区域。当 R_i 中的所有像素均满足相似性准则时，记为 $P(R_i)=\text{TRUE}$，否则记为 $P(R_i)=\text{FALSE}$。则区域分裂与合并算法的过程可分为以下 3 个步骤。

（1）对于任意区域 R_i，若 $P(R_i)=\text{FALSE}$，则将该区域分裂为 4 个大小相同的子区域。

（2）在分裂后，若存在两个相邻的区域 R_j 和 R_k，使得 $P(R_j\cup R_k)=\text{TRUE}$ 成立，则将区域 R_j 和 R_k 合并。

（3）重复步骤（1）和步骤（2），直至无法进行分裂与合并为止。

例如，使用区域分裂与合并算法分割一幅二值图像的黑色像素和白色像素的过程如图 7-11 所示。首先，将整幅图像分裂为 4 个区域，此时右下角区域的所有像素均为白色像素，满足相似性准则，不再继续分裂。剩余的 3 个区域分别再分裂为 4 个子区域，此时存在多个相邻子区域满足合并条件，故将其合并。对于图像上方的两个区域 A 和 B，再一次将它们各自分裂为 4 个子区域，并将分裂后满足合并条件的相邻子区域合并。此时图像中所有区域均满足相似性准则，停止分裂与合并，得到图像分割的结果。

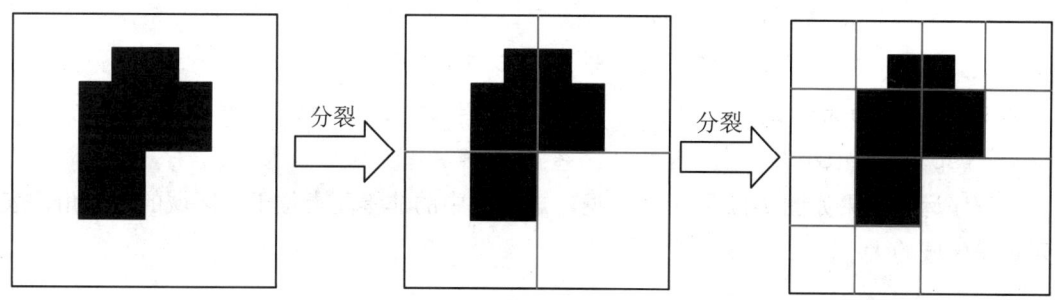

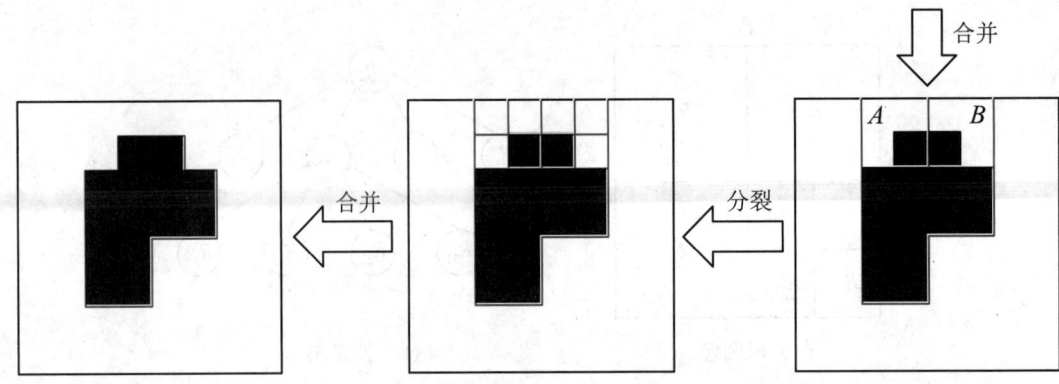

图 7-11 区域分裂与合并的过程

在 MATLAB 中,与区域分裂相关的函数主要有 qtdecomp() 函数和 qtgetblk() 函数。下面对这两个函数进行介绍。

(1) qtdecomp() 函数。qtdecomp() 函数用于实现四叉树的分解,其一般格式如下。

```
S = qtdecomp(I,threshold,mindim)
```

其中,I 表示灰度图像的数据矩阵;threshold 表示相似性准则所规定的阈值,若区域中像素的最大灰度值与最小灰度值之差小于或等于该阈值,则认为该区域满足相似性准则,对于 double 类型的矩阵,该函数直接将 threshold 作为阈值,对于 uint8 类型的矩阵,该函数将阈值乘以 255 来作为实际阈值;mindim 表示分裂产生子区域的最小尺寸。

qtdecomp() 函数的返回值 S 是一个稀疏矩阵,矩阵中的非零元素位于子区域的左上角,其元素值表示子区域的大小。下面的程序给出了对图像 I 进行四叉树分解后的结果矩阵 S。

```
I = uint8([1 1 1 1 2 3 4 4;
           1 2 1 4 5 6 7;
           1 1 1 1 9 9 9 9;
           1 1 1 1 5 5 6 6;
           17 17 17 17 1 2 3 4;
           18 17 19 18 5 4 7 8;
           17 17 18 18 9 12 71 80;
           17 18 17 17 13 14 15 16]);
S = qtdecomp(I,0.05);        % 进行四叉树分解,设置阈值为 0.05
disp(full(S));                % 输出稀疏矩阵 S
```

程序运行结果如图 7-12 所示。可见,矩阵 S 中的非零元素位于子区域的左上角,表示该子区域的大小。

```
4 0 0 0 4 0 0 0
0 0 0 0 0 0 0 0
0 0 0 0 0 0 0 0
0 0 0 0 0 0 0 0
4 0 0 0 2 0 2 0
0 0 0 0 0 0 0 0
0 0 0 0 2 0 1 1
0 0 0 0 0 0 1 1
```

图 7-12　稀疏矩阵 S

（2）qtgetblk()函数。使用 qtdecomp()函数得到稀疏矩阵 S 后，可进一步使用 qtgetblk()函数获取四叉树分解后所有指定大小的区域的像素及其位置信息。qtgetblk()函数的一般格式如下。

```
[vals,r,c] = qtgetblk(I,S,dim)
```

其中，I 表示灰度图像的数据矩阵；S 表示四叉树分解得到的稀疏矩阵；dim 表示指定区域的大小；返回值 vals 是一个 dim×dim×k 的三维矩阵，k 为符合条件的 dim×dim 大小的区域个数；r 和 c 分别表示所有符合条件的区域左上角像素的行坐标和列坐标。

【例 7-5】　读取本书配套素材"project7/image"文件夹中的图像文件"maple.tif"，使用区域分裂与合并算法对该图像进行分割，提取出图像中的枫叶。提示：相似性准则所规定的阈值为 0.02，区域分裂产生子区域的最小尺寸为 2。

【参考代码】

```
clc; clear;
I = imread('image/maple.tif');          % 读取图像
J = split_merge(I,0.02,2);              % 进行区域分裂与合并
% 显示图像
subplot(1,2,1);imshow(I);title('原图像');
subplot(1,2,2);imshow(J);title('区域分裂与合并结果图像');
% 定义区域分裂与合并的实现函数
function J = split_merge(I,threshold,mindim)
% 参数 I 表示待处理的图像
% 参数 threshold 表示相似性准则所规定的阈值
% 参数 mindim 表示分裂产生子区域的最小尺寸
% 返回值 J 表示区域分裂与合并的结果图像
S = qtdecomp(I,threshold,mindim);       % 进行四叉树分解
max_rs = max(S(:));                     % 获取最大区域的大小
% 创建一幅与输入图像大小相同的结果图像，初始值为 0
J = zeros(size(I));
% 合并区域
```

```
        for k = 1:max_rs
            % 获取所有大小为 k 的区域的信息
            [vals,r,c] = qtgetblk(I,S,k);
            if ~isempty(vals)                  % 判断矩阵 vals 是否为空
                for i = 1:length(r)             % 遍历所有区域
                    x_low = r(i);y_low = c(i); % 获取区域左上角像素的坐标
                    x_high = x_low+k-1;         % 获取区域右下角像素的行坐标
                    y_high = y_low+k-1;         % 获取区域右下角像素的列坐标
                    reg = vals(:,:,i);          % 获取区域对应的像素值
                    % 判断区域是否满足相似性准则
                    max_vals = max(max(reg));   % 获取区域像素的最大灰度值
                    min_vals = min(min(reg));   % 获取区域像素的最小灰度值
                    if max_vals-min_vals <= threshold*255
                        % 若满足相似性准则,则将结果图像相应位置的像素赋值为 1
                        J(x_low:x_high,y_low:y_high) = 1;
                    end
                end
            end
        end
    end
end
```

【运行结果】 程序运行结果如图 7-13 所示。

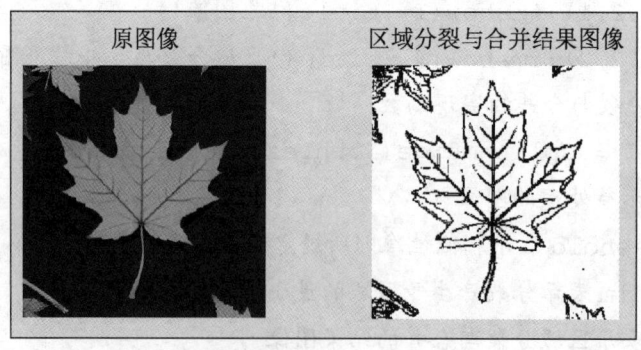

图 7-13 例 7-5 程序运行结果

【程序说明】 isempty(A)函数用于判断矩阵 A 是否为空。若 A 为空,则 isempty()函数返回逻辑值 1;否则,返回逻辑值 0。

7.5 基于形态学分水岭算法的图像分割

7.5.1 形态学分水岭算法

形态学分水岭算法是一种基于拓扑理论的形态学分割方法。它的基本思想是将图像看作测地学上的拓扑地貌,对于图像中的每一点来说,像素的空间坐标对应着二维地基,灰度值对应着第三维的海拔高度,高灰度值对应着山峰,低灰度值对应着山谷。在图像的三维地形图中,每一个局部极小值及其影响区域称为集水盆,集水盆的边界则形成分水岭,而分水岭就是图像分割时要寻找的边缘像素。

在 MATLAB 中,watershed()函数可实现基本的形态学分水岭算法,其一般格式如下。

```
watershed(I,conn)
```

其中,I 表示图像数据矩阵;conn 为可选参数,表示形态学分水岭算法需要考虑的邻域数量,其值可以为 4 或 8。

watershed()函数没有内置图像的前期处理步骤,故使用该函数进行图像分割时,得到的结果图像往往会出现过度分割的现象。例如,下面的示例程序给出了使用 watershed()函数对图像 "rice.png" 进行形态学分水岭处理的过程,其运行结果如图 7-14 所示。

```
I = imread('rice.png');      % 读取图像
L = watershed(I);            % 使用形态学分水岭算法进行图像分割
J = (L == 0);                % 获取分割图像
% 显示图像
subplot(1,2,1);imshow(I);title('原图像');
subplot(1,2,2);imshow(J);title('分割图像');
```

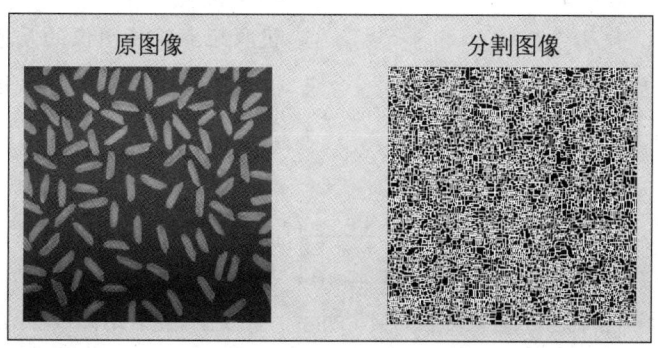

图 7-14 形态学分水岭算法示例程序的运行结果

可见，形态学分水岭算法能够得到封闭且连续的边缘，但它对于边缘的强响应也使得该算法对噪声和物体表面细微的灰度变化非常敏感，使得原本完整的物体被分割成许多细小的区域，导致过度分割问题的出现。显然，这不是人们希望得到的结果，因此必须采用某些方法来改善形态学分水岭算法。实际上，只要为其添加必要的前期处理方法，就可以极大地改善处理效果。常用的前期处理方法主要包括距离变换法和标记约束法。

7.5.2 形态学分水岭算法中过度分割问题的解决办法

1．距离变换法

使用距离变换法和形态学分水岭算法进行图像分割的过程：首先将图像转换为二值图像，然后对二值图像进行距离变换，最后使用形态学分水岭算法对距离变换后的图像进行分割，得到分割结果。其中，二值图像的距离变换指的是将图像中每个像素的值变换为这个像素与距它最近的非零像素之间的距离。这个距离通常是在像素的 8 邻域内按照指定的方式进行计算的。显然，在这种定义下，像素值为 1 的像素，距离变换值为 0；像素值为 0 的像素，距离变换值为非零值。在 MATLAB 中，bwdist(I)函数可实现二值图像的距离变换。其中，I 表示需要处理的二值图像。

【例 7-6】 读取 MATLAB 图像处理工具箱中的图像文件"rice.png"，使用距离变换法对图像进行预处理，然后再使用形态学分水岭算法对处理后的图像进行分割。

【参考代码】

```matlab
clc; clear;
I = imread('rice.png');          % 读取图像
bw = imbinarize(I);              % 将图像转换为二值图像
bw = ~bw;                        % 获取二值图像的反色图像
D = bwdist(bw);                  % 进行距离变换
D = ~D;                          % 获取距离变换图像的反色图像
L = watershed(D);                % 使用形态学分水岭算法进行图像分割
J = (L == 0);                    % 获取分割图像
% 显示图像
subplot(1,2,1);imshow(I);title('原图像');
subplot(1,2,2);imshow(J);title('分割图像');
```

【运行结果】 程序运行结果如图 7-15 所示。可见，使用距离变换法对图像进行前期处理能够有效改善形态学分水岭算法的过度分割问题。

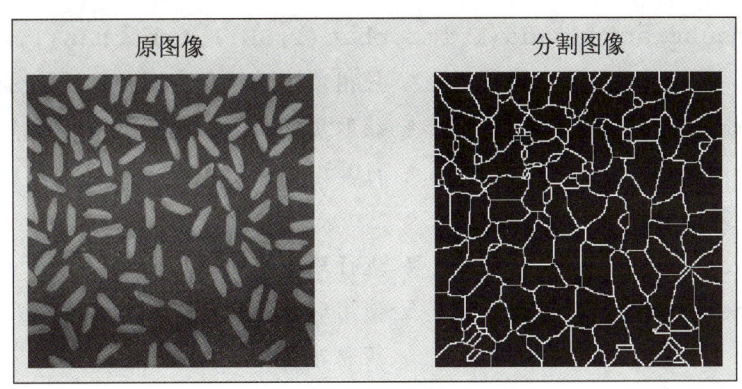

图 7-15 例 7-6 程序运行结果

2. 标记约束法

标记约束法通过定义一些标记来指导形态学分水岭算法的执行，从而避免过度分割。标记通常分为内部标记和外部标记。内部标记通常位于图像的前景区域，用于指定对象的中心或核心区域。外部标记通常位于图像的背景区域，用于指定对象之间的分割线。

使用标记约束法和形态学分水岭算法进行图像分割的过程：首先使用梯度算子处理原图像，得到梯度图像，再使用内部标记和外部标记共同约束梯度图像，使得可能的集水盆仅出现在标记的位置，以限制集水盆的数量，然后使用形态学分水岭算法对受到约束的图像进行分割，得到分割结果。

在 MATLAB 中，imextendedmin()函数用于进行扩展最小值变换，可对图像进行内部标记，其一般格式如下。

```
imextendedmin(I,H)
```

其中，I 表示图像数据矩阵；H 表示区域最小值。该函数的返回值是一幅标记了局部极小值区域的二值图像。对该二值图像进行距离变换和形态学分水岭处理，可对图像进行外部标记。使用内部标记和外部标记共同来约束梯度图像，可使用 imimposemin()函数来实现，imimposemin()函数的一般格式如下。

```
imimposemin(I,f|b)
```

其中，I 表示图像数据矩阵（一般为梯度图像）；f|b 是内部标记和外部标记结合形成的标记集，是一幅二值图像。

【例 7-7】 读取 MATLAB 图像处理工具箱中的图像文件"rice.png"，使用标记约束法对图像进行预处理，然后使用形态学分水岭算法对处理后的图像进行分割。

【参考代码】

```
clc; clear;
I = imread('rice.png');       % 读取图像
% 图像预处理
SE = strel('disk',15);        % 创建半径为15的圆盘形结构元素
```

```
Ia = imsubtract(imadd(I,imtophat(I,SE)),imbothat(I,SE));
                            % 使用顶帽变换和底帽变换增强图像对比度
Ic = imcomplement(Ia);      % 获取灰度图像的反色图像
f = imextendedmin(Ic,100);  % 计算内部标记
% 计算外部标记
fd = bwdist(f);             % 进行距离变换
Lb = watershed(fd);         % 使用形态学分水岭算法进行图像分割
b = (Lb == 0);              % 获取外部标记
% 使用白色像素在原图像中标识内部标记和外部标记
Is = I; Is(f==1) = 255; Is(b==1) = 255;
% 使用Sobel算子对原图像进行处理,得到梯度图像
h1 = fspecial('sobel'); h2 = h1';
I1 = imfilter(I,h1,'replicate');
I2 = imfilter(I,h2,'replicate');
grad = abs(I1)+abs(I2);
% 使用内部标记和外部标记共同约束梯度图像
Ig = imimposemin(grad,f|b);
L = watershed(Ig);          % 使用形态学分水岭算法进行图像分割
J = (L == 0);               % 获取分割图像
% 显示图像
subplot(1,3,1);imshow(I);title('原图像');
subplot(1,3,2);imshow(Is);title('标记后的图像');
subplot(1,3,3);imshow(J);title('分割图像');
```

【运行结果】 程序运行结果如图 7-16 所示。可见,使用标记约束法对图像进行预处理后,大多数物体能够被完整地分割出来。

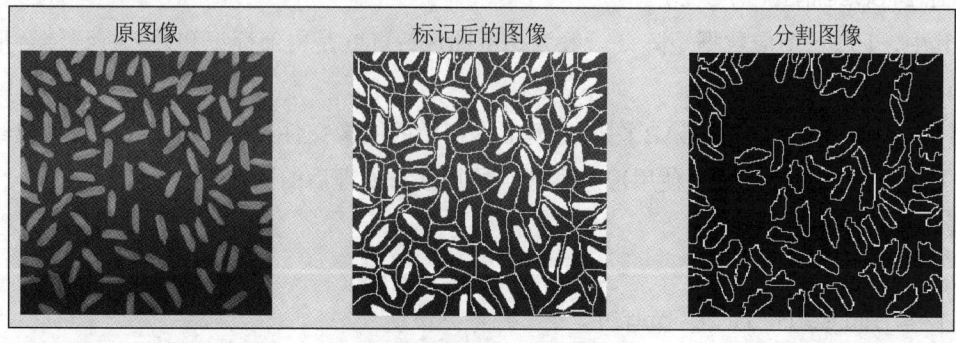

图 7-16 例 7-7 程序运行结果

项目 7 使用图像分割提取目标物体

【程序说明】 ① imtophat()函数和 imbothat()函数分别用于实现顶帽变换和底帽变换，顶帽变换先对图像进行开运算，然后从原图像中减去开运算结果，底帽变换先对图像进行闭运算，然后从闭运算结果中减去原图像，二者搭配使用，可增强图像的对比度；② imcomplement()函数用于获取灰度图像的反色图像，即用 255 减去原图像中每个像素的灰度值得到的图像。

素养之窗

SegGPT 模型是智源研究院视觉团队提出的，首个利用视觉上下文完成图像分割任务的通用视觉模型。用户只需要在一个示例图像上标注出目标物体，SegGPT 模型即可在当前图像、其他图像、甚至视频环境中批量识别并分割出所有的同类物体。

SegGPT 模型为各种图像分割任务（如语义分割、实例分割、全景分割等）提供了一种高效、通用的解决方案，提升了图像分割的准确率和效率，为数字图像处理和计算机视觉领域的相关研究创造了新的可能性。

科技铸魂——PaddleSeg 支撑图像分割应用开发

PaddleSeg 是基于飞桨（PaddlePaddle）框架开发的一套图像分割开发套件，它内置了大量的图像分割算法和预训练模型，可应用于语义分割、全景分割、交互式分割、人像抠图等图像分割任务，帮助开发者快速、便捷地开发图像分割应用。

依托 PaddleSeg 的强大生态，一系列面向具体场景的高效模型与工具应运而生。其中，PP-LiteSeg 是一个轻量级的语义分割模型，它能够在保证分割精度的同时显著提升分割速度，适用于工业质检、遥感道路提取等场景；PP-Matting 是一个高精度的抠图模型，它能够精细处理发丝、透明边缘等复杂细节，轻松完成背景替换、证件照制作等任务；EISeg 是一款交互式图像分割标注工具，它可以根据用户选择的目标物体区域，自动生成高精度的图像边缘标注数据，极大提升了数据标注的效率。

PaddleSeg 及其衍生模型与工具的诞生，不仅体现了我国在数字图像处理领域的深厚积累，还体现了人工智能技术普惠化、工程化的思想。通过将前沿算法封装为易用、高效、可扩展的组件，PaddleSeg 显著降低了图像分割技术的应用门槛，推动了图像分割技术在各行各业中的广泛应用和快速落地，为实现高水平科技自立自强贡献关键力量。

项目实施——零件图像的分割与提取

零件图像的
分割与提取

1. 图像预处理

步骤 1 清除命令行窗口及工作区中的所有内容。
步骤 2 使用 imread() 函数读取图像文件 "part.tif"。
步骤 3 使用 im2double() 函数将图像的数据类型转换为 double。
步骤 4 对图像进行标准差为 7 的高斯滤波，去除图像中的噪声。
步骤 5 使用 stdfilt() 函数对高斯滤波后的图像进行标准差滤波，增强图像中零件的边缘。

指点迷津

标准差滤波是一种基于标准差特性的滤波方法，它通过计算模板邻域内所有像素灰度值的标准差来分析图像灰度值的局部变化程度，通常用于噪声识别或物体边缘的增强。

步骤 6 使用 mat2gray() 函数将矩阵转换为灰度图像。
步骤 7 使用 imshow() 函数显示原图像和处理后的图像（预处理图像）。

指点迷津

开始编写程序前，须将本书配套素材"project7/image/part.tif"文件复制到当前工作目录的"image"文件夹中，也可将其放于其他盘，如果放于其他盘，读取图像文件时要指定相应路径。

【参考代码】

```
clc; clear;                          % 清除命令行窗口及工作区中的所有内容
I = imread('image/part.tif');        % 读取图像
I = im2double(I);                    % 将图像的数据类型转换为 double
J = imgaussfilt(I,7);                % 进行标准差为 7 的高斯滤波
Jn = stdfilt(J);                     % 进行标准差滤波，增强零件的边缘
Jn = mat2gray(Jn);                   % 将矩阵转换为灰度图像
% 显示原图像和预处理图像
subplot(1,2,1);imshow(I);title('原图像');
subplot(1,2,2);imshow(Jn);title('预处理图像');
```

【运行结果】 程序运行结果如图 7-17 所示。

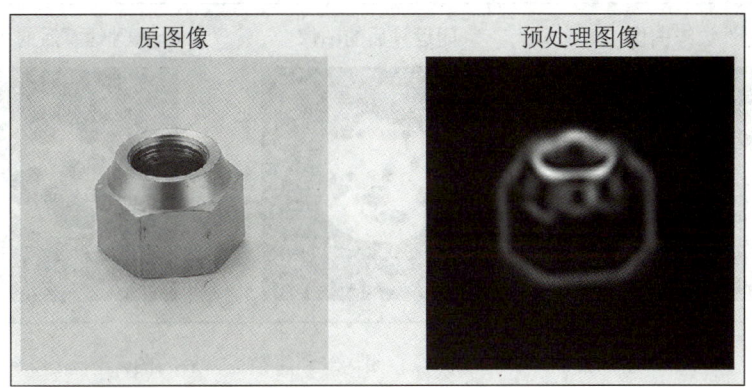

图 7-17　原图像与预处理图像

2．图像分割

步骤 1　使用 edge() 函数对预处理图像进行基于 Canny 算子的边缘检测，得到零件的边缘。

步骤 2　使用 strel() 函数创建从原点到各顶点距离为 10 的菱形结构元素 SE_1。

步骤 3　使用菱形结构元素 SE_1 对图像进行闭运算。

步骤 4　使用 strel() 函数创建 15×15 的正方形结构元素 SE_2。

步骤 5　使用正方形结构元素 SE_2 对图像进行腐蚀运算。

步骤 6　显示零件边缘图像、闭运算和腐蚀运算后的图像。

【参考代码】

```
edges = edge(Jn,'canny');    % 进行基于Canny算子的边缘检测
SE1 = strel('diamond',10);   % 创建菱形结构元素
clo = imclose(edges,SE1);    % 使用菱形结构元素进行闭运算
SE2 = strel('square',15);    % 创建15×15的正方形结构元素
ero = imerode(clo,SE2);      % 使用15×15的正方形结构元素进行腐蚀运算
% 显示图像
figure;
subplot(1,3,1);imshow(edges);title('零件边缘图像');
subplot(1,3,2);imshow(clo);title('闭运算后的图像');
subplot(1,3,3);imshow(ero);title('腐蚀运算后的图像');
```

【运行结果】　程序运行结果如图 7-18 所示。

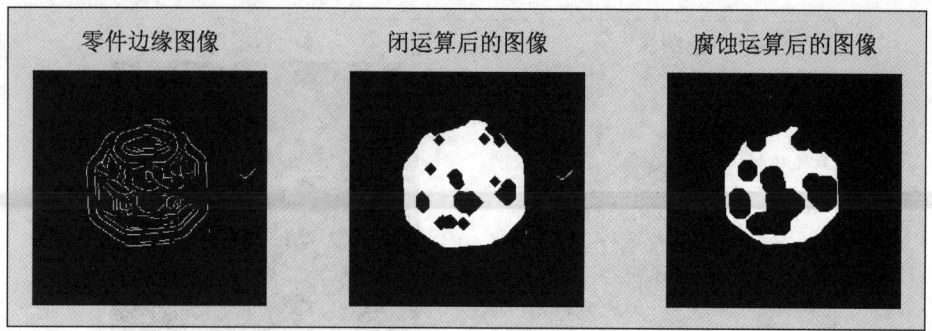

图 7-18 零件边缘图像、闭运算和腐蚀运算后的图像

步骤 7 获取零件左侧边缘第一个像素（从上到下）的行坐标和列坐标，并将其作为区域生长的初始种子像素坐标。

步骤 8 定义区域生长函数 regiongrow()，并使用该函数对原图像进行区域生长，实现零件图像的分割。

指点迷津

在编写程序时，区域生长函数 regiongrow() 的定义须位于所有程序代码的末尾。该函数所使用的相似性准则为在种子像素的 8 邻域内，待检测像素灰度值与种子像素灰度值之差的绝对值小于 0.015。

步骤 9 显示区域生长结果图像。

【参考代码】

```
% 获取零件左侧边缘第一个像素的行坐标和列坐标
[ar,ac] = find(ero);            % 找到所有非零像素的行坐标和列坐标
c = min(ac);                    % 获取零件左侧边缘的列坐标
r = find(ero(:,c),1,'first');   % 获取零件左侧边缘第一个像素的行坐标
K = regiongrow(I,r,c,0.015);    % 进行区域生长
figure;imshow(K);               % 显示区域生长结果图像
% 定义区域生长的实现函数
function J = regiongrow(I,x,y,threshold)
% 参数 I 表示待处理的图像
% 参数 x 表示初始种子像素的行坐标
% 参数 y 表示初始种子像素的列坐标
% 参数 threshold 表示相似性准则所规定的阈值
% 返回值 J 表示区域生长的结果图像
[M,N] = size(I);                % 获取图像的大小
```

```matlab
% 创建一幅与输入图像大小相同的结果图像，初始值为 0
J = zeros(M,N);
J(x,y) = 1;
reg_size = 1;                    % 存储种子像素的数量，初始值为 1
neg = zeros(numel(I),3);
        % 存储未进行过区域生长的种子像素的信息，包括行坐标、列坐标和灰度值
neg(1,:) = [x,y,I(x,y)];         % 将初始种子像素的信息存入 neg 中
neg_size = 1;                    % 存储 neg 中的像素数量，初始值为 1
neigb = [-1 -1;-1 0;-1 1;0 -1;0 1;1 -1;1 0;1 1];
                                 % 定义像素的 8 邻域坐标
while (~all(neg==0,'all'))&(reg_size<numel(I))
    xc = neg(1,1); yc = neg(1,2);
                                 % 获取当前种子像素的行坐标和列坐标
    neg(1,:) = [];               % 将当前种子像素从 neg 中删除
    neg_size = neg_size-1;       % 更新 neg 中的像素数量
    % 在 8 邻域内检测像素
    for i = 1:8
        xn = xc+neigb(i,1); yn = yc+neigb(i,2);
                                 % 计算邻域像素的实际行坐标和列坐标
        indicator = (xn>=1)&(yn>=1)&(xn<=M)&(yn<=N);
                                 % 检查邻域像素是否超出图像边界
        if indicator&(J(xn,yn)==0)
            % 若邻域像素位于图像内部且未被检测，则判断该像素是否符合相似性准则
            if abs(I(xn,yn)-I(xc,yc)) < threshold
                % 若邻域像素符合相似性准则，则将邻域像素标记为种子像素
                J(xn,yn) = 1;
                neg(neg_size+1,:) = [xn,yn,I(xn,yn)];
                                 % 将邻域像素添加到 neg 中
                neg_size = neg_size+1;
                                 % 更新 neg 中的像素数量
                reg_size = reg_size+1;
                                 % 更新种子像素的数量
            end
        end
    end
```

            end
        end
    end

【运行结果】 程序运行结果如图 7-19 所示。

图 7-19 区域生长结果图像

指点迷津

[r,c] = find(X,n,direction)函数用于查找矩阵 X 中的 n 个非零元素的行坐标和列坐标，参数 direction 表示查找的方向，若取值为 "first"，则表示查找前 n 个非零元素；若取值为 "last"，则表示查找最后 n 个非零元素。

3. 物体提取

步骤 1 使用 imfill()函数填充零件区域的孔洞，得到完整的零件二值图像。
步骤 2 使用 strel()函数创建半径为 5 的圆盘形结构元素 SE_3。
步骤 3 使用圆盘形结构元素 SE_3 对图像进行膨胀运算。
步骤 4 显示区域填充后的图像和膨胀运算后的图像。

【参考代码】

```
bw_nu = imfill(K,'holes');              % 填充零件区域的孔洞
SE3 = strel('disk',5);                  % 创建半径为5的圆盘形结构元素
dil_nu = imdilate(bw_nu,SE3);           % 使用圆盘形结构元素进行膨胀运算
% 显示图像
figure;
subplot(1,2,1);imshow(bw_nu);title('区域填充后的图像');
subplot(1,2,2);imshow(dil_nu);title('膨胀运算后的图像');
```

【运行结果】 程序运行结果如图 7-20 所示。

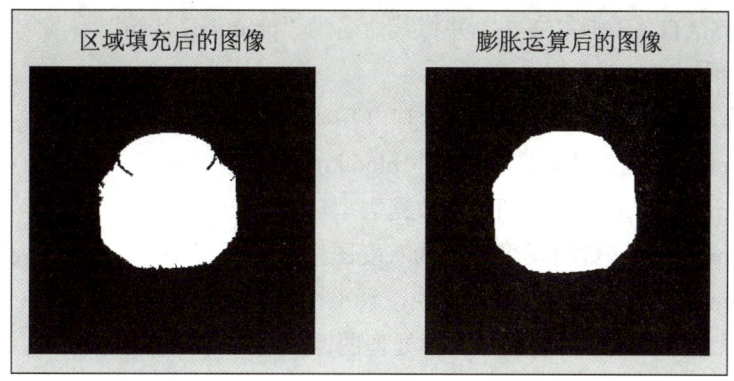

图 7-20　区域填充后的图像与膨胀运算后的图像

步骤 5　对原图像和膨胀运算后的图像进行乘法运算，提取出图像中的零件。

步骤 6　显示提取出的零件图像。

【参考代码】

```
I_nu = immultiply(I,dil_nu);      % 进行乘法运算
figure;imshow(I_nu);              % 显示提取出的零件图像
```

【运行结果】　程序运行结果如图 7-21 所示。

图 7-21　提取出的零件图像

项目实训

1．实训目的

（1）掌握使用 Sobel 算子检测图像边缘的方法。

（2）掌握使用区域生长算法进行图像分割的方法。

2．实训内容

读取本书配套素材"project7/image"文件夹中的细胞图像文件"blood.png"，该图像的左侧含有一个白细胞。使用 Sobel 算子检测细胞边缘，并基于细胞边缘坐标使用区域生长算法分割图像，最后借助一些形态学运算来提取图像中的白细胞。

（1）新建 MATLAB 脚本文件，并将其命名为"practice7_1.m"。

（2）图像预处理。

① 清除命令行窗口及工作区中的所有内容。

② 使用 imread()函数读取图像文件"blood.png"。

③ 使用 im2double()函数将图像的数据类型转换为 double。

④ 使用 im2gray()函数将图像转换为灰度图像。

⑤ 使用 imadjust()函数进行伽马变换，调整图像的对比度。

⑥ 显示原图像和处理后的图像（预处理图像）。

（3）图像分割。

① 使用 edge()函数对预处理图像进行基于 Sobel 算子的边缘检测，得到细胞边缘。

② 获取细胞左侧边缘第一个像素（从上到下）的行坐标和列坐标，并将其作为区域生长的初始种子像素坐标。

③ 定义区域生长函数 regiongrow()，并使用该函数进行区域生长，实现白细胞的图像分割。其中，regiongrow()函数所使用的相似性准则为在种子像素的 4 邻域内，待检测像素灰度值与种子像素中所有像素的平均灰度值之差的绝对值小于 0.1。

④ 显示细胞边缘图像和区域生长结果图像。

（4）物体提取。

① 使用 imfill()函数填充白细胞区域的孔洞，得到完整的白细胞二值图像 bw_cell。

② 在脚本文件中输入以下代码，提取原图像中的白细胞。

```
C = cat(3,bw_cell,bw_cell,bw_cell);    % 将二维矩阵转换为三维矩阵
I_cell = immultiply(I,C);              % 提取原图像 I 中的白细胞
```

③ 显示提取出的白细胞图像。

3．实训小结

按要求完成实训内容，并将实训过程中遇到的问题和解决办法记录在表 7-1 中。

表 7-1　实训过程

序号	主要问题	解决办法

项目总结

完成本项目的学习与实践后，请总结应掌握的重点内容，并将图 7-22 的空白处填写完整。

项目 7 使用图像分割提取目标物体

使用图像分割提取目标物体

图像分割概述
图像分割是指根据图像的灰度、颜色、纹理、边缘等特征,把图像分成若干个特定的、具有独特性质的、互不相交的区域的过程。它的依据是相邻像素灰度值的( )和( )

阈值分割

阈值分割的基本原理

灰度直方图谷底阈值确定法
如果一幅图像中前景物体的灰度值与背景区域的灰度值存在较大差异,则这幅图像的灰度直方图就会呈现出明显的双峰。此时,可以将两峰之间的谷底对应的灰度值T作为阈值,将图像中灰度值大于T的像素的灰度值设置为1;灰度值小于或等于T的像素的灰度值设置为0

迭代式阈值选择法
迭代式阈值选择法的基本思路是先选择一个估计值作为初始阈值,然后通过分割图像和修改阈值的迭代过程来获得最佳阈值

最大类间方差法
最大类间方差法又称Otsu法,其基本原理是以最佳阈值将图像分割成前景物体和背景区域两部分,使得两部分之间灰度值的类间方差最大

阈值分割在MATLAB中的实现
在 MATLAB 中,可使用( )函数来实现阈值分割,使用( )函数计算图像的最佳全局阈值

基于形态学分水岭算法的图像分割

形态学分水岭算法
形态学分水岭算法是一种基于拓扑理论的形态学分割方法,其基本思想是将图像看作测地学上的拓扑地貌

在 MATLAB 中,( )函数可实现基本的形态学分水岭算法

形态学分水岭算法中过度分割问题的解决办法

距离变换法
使用距离变换法和形态学分水岭算法进行图像分割的过程:首先将图像转换为二值图像,然后对二值图像进行距离变换,最后使用形态学分水岭算法对距离变换后的图像进行分割,得到分割结果

标记约束法
使用标记约束法和形态学分水岭算法进行图像分割的过程:首先使用梯度算子处理原图像,得到梯度图像,再使用内部标记和外部标记共同约束梯度图像,使得可能的集水盆仅出现在标记的位置,以限制集水盆的数量,然后使用形态学分水岭算法对受到约束的图像进行分割,得到分割结果

边缘检测

常见的边缘检测算子

梯度算子
常见的梯度算子主要包括( )算子、Prewitt 算子和 Sobel 算子

在 MATLAB 中,使用 edge() 函数进行基于梯度算子的边缘检测的一般格式为( )

高斯拉普拉斯算子
高斯拉普拉斯算子又称 Marr 边缘检测算子,它的基本思想是先对图像进行高斯平滑处理,然后再与拉普拉斯算子进行卷积运算

在 MATLAB 中,使用 edge() 函数进行基于高斯拉普拉斯算子的边缘检测的一般格式为( )

Canny算子
使用 Canny 算子进行边缘检测的过程:使用高斯滤波处理图像、使用一阶导数的差分算子(如梯度算子)计算梯度的幅值和方向、对梯度的幅值进行非极大值抑制、使用双阈值算法处理和连接边缘

在 MATLAB 中,使用 edge() 函数进行基于 Canny 算子的边缘检测的一般格式为( )

霍夫变换
通过边缘检测算子检测出的边缘有时是不连续的,此时可使用霍夫变换检测图像中的直线或曲线,将图像中特定形状的边缘像素连接起来,形成连续、平滑的边缘

在 MATLAB 中,使用霍夫变换检测直线可分为 4 个步骤:对图像进行边缘检测、使用( )函数进行霍夫变换、使用( )函数在霍夫变换矩阵中寻找峰值点、使用( )函数根据霍夫变换矩阵的峰值检测结果提取直线段

区域分割

区域生长
根据预定义的相似性准则将像素或子区域聚合为更大区域的过程

区域分裂与合并
区域分裂与合并算法的基本原理是将图像分割为一系列任意不相交的区域,然后再根据预定义的相似性准则将这些区域进行分裂或合并

图 7-22 项目总结

项目考核

1. 选择题

（1）下列边缘检测算子中，（　　）算子使用两个阈值进行边缘检测。
　　A．Prewitt　　　　B．Roberts　　　　C．Sobel　　　　D．Canny

（2）下列关于阈值分割的描述中，正确的是（　　）。
　　A．选取一个合适的阈值是全局阈值分割的关键
　　B．迭代法通过最大化前景与背景之间灰度值的类间方差来确定最佳阈值
　　C．迭代法的初始阈值可以是图像的最大灰度值
　　D．阈值分割依据相邻像素灰度值的不连续性进行分割

（3）在 MATLAB 中，（　　）函数可用于计算基于最大类间方差法的全局阈值。
　　A．imbinarize()　　　　　　　　B．qtdecomp()
　　C．graythresh()　　　　　　　　D．qtgetblk()

（4）下列选项中，（　　）不属于区域生长算法的 3 个关键问题。
　　A．选择合适的种子像素　　　　B．选择合适的阈值
　　C．确定相似性准则　　　　　　D．确定区域生长的停止条件

（5）下列关于区域分裂与合并的描述中，错误的是（　　）。
　　A．区域合并可以在区域分裂后进行，也可以在区域分裂的同时进行
　　B．在区域分裂与合并的过程中，可以将图像表示为四叉树的形式
　　C．在区域分裂与合并的过程中，只有大小相同的相邻区域才能被合并
　　D．区域分裂与合并不需要从种子像素开始图像分割

2. 填空题

（1）图像分割的依据是相邻像素灰度值的＿＿＿＿＿＿和＿＿＿＿＿＿。

（2）在 MATLAB 中，＿＿＿＿＿＿函数可以实现边缘检测。

（3）为改善形态学分水岭算法的过度分割问题，常用的前期处理方法主要包括＿＿＿＿＿和＿＿＿＿＿＿。

3. 简答题

（1）什么是图像分割？

（2）图像分割的主要方法有哪些？每种方法的分割依据是什么？

项目 7 使用图像分割提取目标物体

项目评价

结合本项目的学习情况,完成项目评价并将评价结果填入表 7-2 中。

表 7-2 项目评价

评价项目	评价内容	评价分数			
		分值	自评	互评	师评
项目完成度评价(20%)	项目准备阶段,回答问题是否清晰准确,能够紧扣主题,没有明显错误	5 分			
	项目实施阶段,是否能够根据操作步骤完成本项目	5 分			
	项目实训阶段,是否能够出色完成实训内容	5 分			
	项目总结阶段,是否能够正确地将项目总结的空白信息补充完整	2 分			
	项目考核阶段,是否能够正确地完成考核题目	3 分			
知识评价(30%)	是否理解图像分割的基本概念	3 分			
	是否掌握常见的边缘检测算子及其在 MATLAB 中的实现方法	6 分			
	是否掌握霍夫变换的基本原理及其在 MATLAB 中的实现方法	4 分			
	是否掌握阈值分割的基本原理及其在 MATLAB 中的实现方法	6 分			
	是否掌握区域生长算法、区域分裂与合并算法及其在 MATLAB 中的实现方法	6 分			
	是否掌握形态学分水岭算法的基本原理及其在 MATLAB 中的实现方法	5 分			
技能评价(30%)	是否能够使用常见的边缘检测算子检测图像边缘	8 分			
	是否能够使用 MATLAB 实现阈值分割	8 分			
	是否能够使用区域生长、区域分裂与合并算法进行图像分割	7 分			
	是否能够使用形态学分水岭算法进行图像分割	7 分			

表 7-2（续）

评价项目	评价内容	评价分数			
		分值	自评	互评	师评
素养评价 （20%）	是否遵守课堂纪律，上课精神是否饱满	5分			
	是否具有自主学习意识，做好课前准备	5分			
	是否善于思考，积极参与，勇于提出问题	5分			
	是否具有团队合作精神，出色完成小组任务	5分			
合计	综合分数_____自评(25%)+互评(25%)+师评(50%)	100分			
	综合等级_____	指导老师签字_____			
综合评价 （创新、进步及不足）					

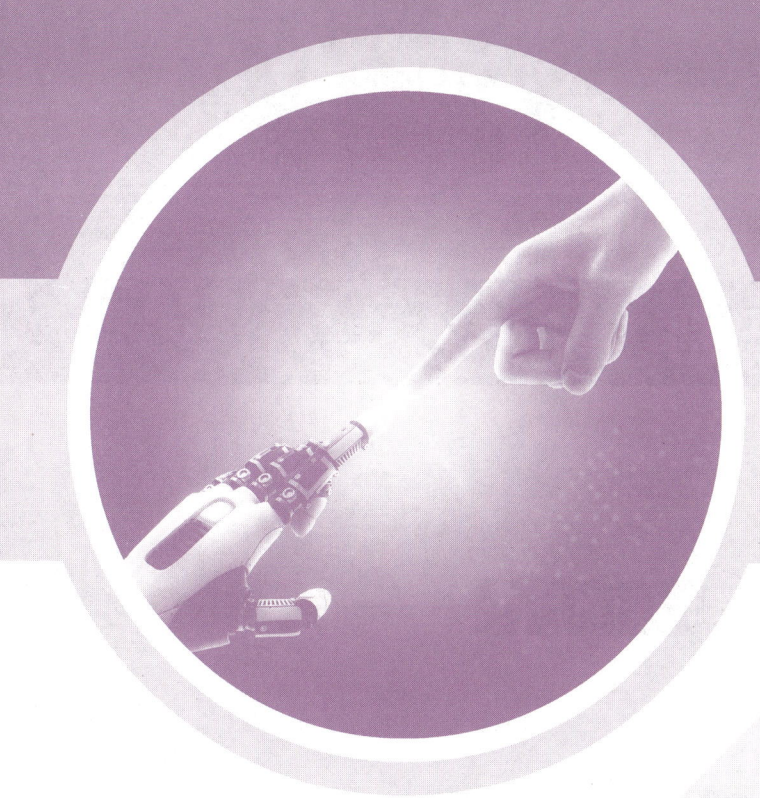

应用篇

YING YONG PIAN

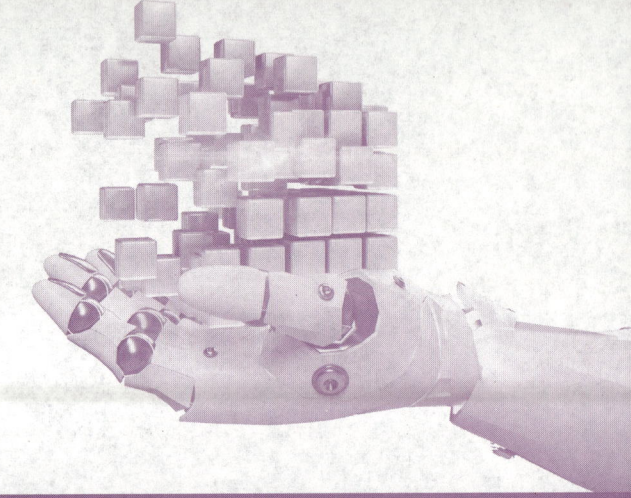

项目 8

车牌号码识别

项目目标

知识目标

- 掌握模板匹配法的基本原理。
- 掌握使用模板匹配法进行图像识别的基本流程。
- 掌握从 RGB 图像中提取蓝色像素的方法。

技能目标

- 能够使用模板匹配法识别图像中的字符。
- 能够使用 MATLAB 提取 RGB 图像中的蓝色物体。
- 能够使用 MATLAB 从图像中提取相应的字符。

素养目标

- 能够与小组成员进行有效沟通,提升团队合作能力。
- 提升信息技术工具的使用能力。

项目 8　车牌号码识别

📖 项目描述

车牌号码，作为车辆的唯一身份标识，不仅承载着车辆的基本信息，还关联着驾驶者的身份与行为。因此，快速、准确地识别车牌号码，对于加强交通管理、维护公共安全、提升出行效率具有重要意义。无论是打击车辆违章行为、追踪被盗车辆，还是实现智能交通流量控制，车牌号码识别技术都发挥着不可替代的作用。

车牌号码的识别可以通过模板匹配法来实现。模板匹配法是指先对图像进行分割，提取出相应的字符，然后将提取出的字符与预定义的字符模板进行匹配，最后选择最相似的模板作为识别结果的一种图像识别方法。在本项目中，小旌将使用这种方法对车牌图像"plate.png"（见本书配套素材"project8/image/plate.png"）中的车牌号码进行识别。

使用模板匹配法进行车牌号码识别时，小旌使用的车牌号码字符模板文件为"TemplateImg.mat"（见本书配套素材"project8/image/TemplateImg.mat"），该文件存储了字符"1234567890ABCDEFGHIJKLMNOPQRSTUVWXYZ冀晋辽吉黑苏浙皖闽赣鲁豫鄂湘粤琼川贵云陕甘青台京津沪渝港澳蒙桂藏宁新"对应的图像数据矩阵，每个字符图像数据矩阵的大小为40×20。小旌打算使用该模板文件对从车牌图像中提取出来的字符进行匹配，以得到识别结果。

📝 项目分析

按照项目要求，车牌号码识别的具体步骤分解如下。

第 1 步：图像预处理。使用 load 命令从文件"TemplateImg.mat"中加载包含数字、字母和汉字字符的模板图像数据矩阵，并定义与其对应的字符数组。使用 imread()函数读取图像文件"plate.png"，再使用 imrotate()函数将图像顺时针旋转 5°，校正图像的几何畸变，使图像中的车牌趋于水平。

第 2 步：车牌提取。提取图像中的蓝色像素，并通过"逻辑与"运算将其转换为二值图像，然后对该二值图像进行开运算、区域填充和连通分量提取，将车牌从图像中提取出来。

第 3 步：车牌裁剪。将提取出来的车牌图像四周的多余像素进行裁剪。

第 4 步：字符提取。对裁剪后的车牌图像进行反色处理，然后对其进行膨胀运算，并提取图像中所有的连通分量。根据连通分量的面积提取车牌上的每个字符图像（包含车牌上的数字、字母和汉字），并将字符图像的大小缩放为40×20，使其与模板图像大小一致。

第 5 步：字符匹配与识别。对提取出的每个车牌字符图像进行腐蚀运算，然后计算每个字符图像与各模板图像的相关性，并提取出相关性最大的模板图像所对应的字符，得到识别结果。

数字图像处理技术及应用

项目准备

全班学生以3~5人为一组进行分组,各组选出组长,组长组织组员扫码观看"图像识别的流程与应用"视频,讨论并回答下列问题。

问题1:传统的图像识别可分为哪4个步骤?

问题2:请列举3个图像识别的应用领域。

图像识别的流程与应用

科技铸魂——OSBD模型助力甲骨文破译

甲骨文是我国已知最早的系统化文字,承载着中华民族深厚的文化底蕴与文明历史。然而,由于甲骨文的稀缺性及其字形的抽象性和多变性,甲骨文的破译工作一直是考古学界的一个挑战。近年来,随着人工智能技术的发展,利用人工智能模型破译这种古文字正成为当前研究的一大趋势。

OSBD模型就是一种针对甲骨文图像进行识别与破译的条件扩散模型。它能够使用图像生成技术,将甲骨文字符图像转换为对应的现代汉字图像,从而为考古学家提供高可信度的破译线索。OSBD模型为古文字图像识别领域提供了一种新的思路,对识别与破解其他古文字有着十分重要的借鉴意义。

OSBD模型的出现不仅是一项技术突破,更是一种文化传承的创新实践。它将科技与人文研究相结合,为考古学家高效破译古文字提供了有力支撑。未来,随着人工智能技术与数字图像处理技术的深度融合,古文字的智能识别将向着更高精度、更广适用性的方向发展,为构建数字中国与文化强国注入深厚的历史智慧与科技动能。

项目实施——车牌号码识别

1. 图像预处理

步骤1 清除命令行窗口及工作区中的所有内容。

车牌号码识别

项目 8　车牌号码识别

步骤 2　使用 load 命令从文件"TemplateImg.mat"中加载包含数字、字母和汉字字符的模板图像数据矩阵 template_img。

步骤 3　定义与模板文件"TemplateImg.mat"中的图像数据矩阵对应的字符数组，以备后续步骤使用。

步骤 4　使用 imread()函数读取图像文件"plate.png"。

步骤 5　使用 imrotate()函数将图像顺时针旋转 5°，校正图像的几何畸变，使图像中的车牌趋于水平。

步骤 6　使用 imshow()函数显示原图像和旋转变换图像。

指点迷津

开始编写程序前，须将本书配套素材"project8/image/plate.png"文件和"project8/image/TemplateImg.mat"文件复制到当前工作目录的"image"文件夹中，也可将其放于其他盘，如果放于其他盘，读取这两个文件时要指定相应路径。

【参考代码】

```
clc; clear;                        % 清除命令行窗口及工作区中的所有内容
% 加载文件中的模板图像数据矩阵 template_img
load image/TemplateImg.mat template_img
% 定义与模板文件中的图像数据矩阵对应的字符数组
temps = '1234567890ABCDEFGHIJKLMNOPQRSTUVWXYZ 冀晋辽吉黑苏浙皖闽赣鲁豫鄂湘粤琼川贵云陕甘青台京津沪渝港澳蒙桂藏宁新';
% 读取图像
I = imread('image/plate.png');
Ir = imrotate(I,-5);               % 旋转图像
% 显示图像
subplot(1,2,1);imshow(I);title('原图像');
subplot(1,2,2);imshow(Ir);title('旋转变换图像');
```

【运行结果】　程序运行结果如图 8-1 所示。

图 8-1　原图像与旋转变换图像

2. 车牌提取

从图 8-1 中可以看出,原图像中除了车牌之外,还有不属于车牌的背景。在进行图像识别之前,需要先将车牌的背景去除,以便能够准确提取出原图像中的车牌。由于车牌的颜色为蓝色,故可以通过从图像中提取蓝色像素的方法,将车牌与背景分离。在 RGB 图像中,满足如下条件的像素所对应的颜色为蓝色。

$$\begin{cases} R(x,y) < 100 \\ G(x,y) < 150 \\ B(x,y) > 120 \\ |G(x,y) - B(x,y)| > 30 \end{cases}$$

其中,$R(x,y)$、$G(x,y)$ 和 $B(x,y)$ 分别表示 RGB 图像 3 个色彩通道的取值。根据 R、G、B 这 3 个通道的取值条件即可提取出图像中的蓝色像素。

步骤 1　提取图像中的红色、绿色和蓝色分量。

步骤 2　计算绿色分量与蓝色分量差值的绝对值。

步骤 3　根据蓝色所对应的 R、G、B 这 3 个色彩通道的取值条件,提取蓝色像素,并通过"逻辑与"运算将其转换为二值图像(原图像中蓝色像素的像素值为 1,其他像素的像素值为 0),去除图像中的背景。

步骤 4　使用 strel() 函数创建半径为 3 的圆盘形结构元素,并使用该结构元素对二值图像进行开运算,去除图像中孤立的像素点,得到二值图像 bw_open。

步骤 5　使用 imfill() 函数对二值图像 bw_open 进行区域填充。

步骤 6　显示去除背景后的二值图像、开运算处理后的二值图像(bw_open)和区域填充后的二值图像。

【参考代码】

```
% 提取图像中的红色、绿色和蓝色分量
R = Ir(:,:,1);G = Ir(:,:,2);B = Ir(:,:,3);
% 计算绿色分量与蓝色分量差值的绝对值
diff_GB = abs(double(G)-double(B));
% 进行"逻辑与"运算,得到二值图像
bw = (R<100)&(G<150)&(B>120)&(diff_GB>30);
SE1 = strel('disk',3);           % 创建半径为 3 的圆盘形结构元素
bw_open = imopen(bw,SE1);        % 使用圆盘形结构元素进行开运算
bw_fill = imfill(bw_open,'holes');
                                 % 进行区域填充

% 显示图像
figure;
```

项目 8　车牌号码识别

```
subplot(1,3,1);imshow(bw);title('去除背景后的二值图像');
subplot(1,3,2);imshow(bw_open);
title('开运算处理后的二值图像（bw\_open）');
subplot(1,3,3);imshow(bw_fill);title('区域填充后的二值图像');
```

【运行结果】　程序运行结果如图 8-2 所示。

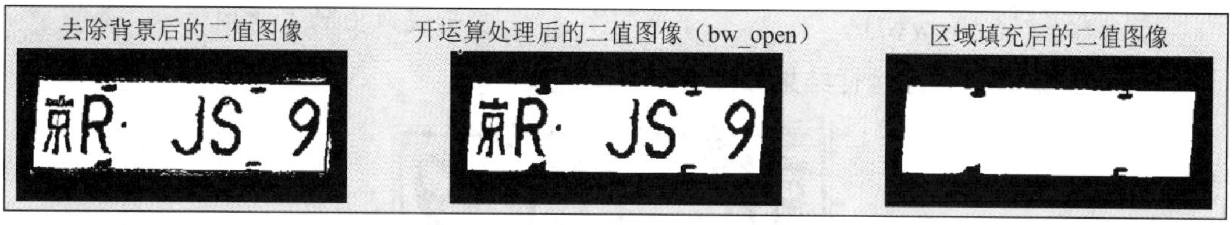

图 8-2　去除背景后的二值图像及其形态学变换图像

步骤 7　使用 bwconncomp() 函数提取图像中所有的连通分量，并输出连通分量的数量。

步骤 8　使用 regionprops() 函数度量连通分量的区域属性，包括连通分量的面积、连通分量所处区域最小外接框的位置和大小等。

步骤 9　获取连通分量所处区域最小外接框的位置和大小，并将其数据类型转换为 uint16。

步骤 10　使用矩形框标注连通分量的位置。

【参考代码】

```
CC1 = bwconncomp(bw_fill);          % 提取图像中所有的连通分量
disp(['连通分量的数量为',num2str(CC1.NumObjects)]);
                                    % 输出连通分量的数量
S1 = regionprops(CC1);              % 度量连通分量的区域属性
% 获取连通分量所处区域最小外接框的位置和大小,并将其数据类型转换为uint16
pos = uint16(S1.BoundingBox);
% 使用矩形框标注连通分量的位置
figure;imshow(bw_fill);
rectangle('Position',pos,'EdgeColor','#800080','LineWidth',2);
```

【运行结果】　程序运行结果如图 8-3 和图 8-4 所示。可见，区域填充后的图像中只有 1 个连通分量，即图像中的白色区域（车牌）。

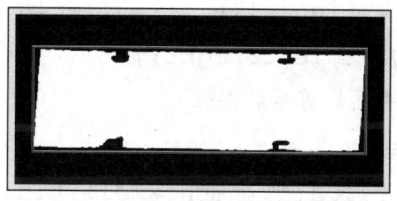

图 8-3　连通分量的数量　　　图 8-4　标注连通分量位置的图像

步骤 11　根据外接框的位置和大小，从二值图像 bw_open 中提取车牌。

步骤 12　显示提取出的车牌图像。

【参考代码】

```
% 根据外接框的位置和大小，从二值图像bw_open中提取车牌
J = bw_open(pos(2):pos(2)+pos(4)-1,pos(1):pos(1)+pos(3)-1);
figure;imshow(J);                    % 显示提取出的车牌图像
```

【运行结果】　程序运行结果如图 8-5 所示。

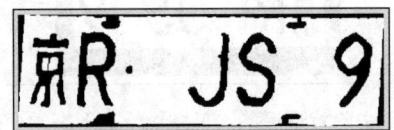

图 8-5　提取出的车牌图像

3．车牌裁剪

步骤 1　获取车牌图像的大小。

步骤 2　计算图像中非黑色像素的第一行和最后一行的行索引。

步骤 3　根据计算出的行索引裁剪车牌图像，去除图像顶部和底部的黑色像素。

步骤 4　获取裁剪后图像的大小。

步骤 5　计算裁剪后图像中非黑色像素的第一列和最后一列的列索引。

步骤 6　根据计算出的列索引再次裁剪图像，去除图像左右两侧的黑色像素。

步骤 7　显示第一次裁剪后和第二次裁剪后的图像。

【参考代码】

```
[r,c] = size(J);                     % 获取车牌图像的大小
% 计算图像中非黑色像素的第一行和最后一行的行索引
top = find(J(:,c)>0,1,'first');
bottom = find(J(:,1)>0,1,'last');
J1 = J(top:bottom,:);                % 裁剪车牌图像
[r1,c1] = size(J1);                  % 获取裁剪后图像的大小
% 计算裁剪后图像中非黑色像素的第一列和最后一列的列索引
left = find(J1(1,:)>0,1,'first');
right = find(J1(r1,:)>0,1,'last');
J2 = J1(:,left:right);               % 再次裁剪图像
% 显示两幅裁剪后的图像
figure;
subplot(1,2,1);imshow(J1);title('第一次裁剪后的图像');
subplot(1,2,2);imshow(J2);title('第二次裁剪后的图像');
```

【运行结果】 程序运行结果如图 8-6 所示。

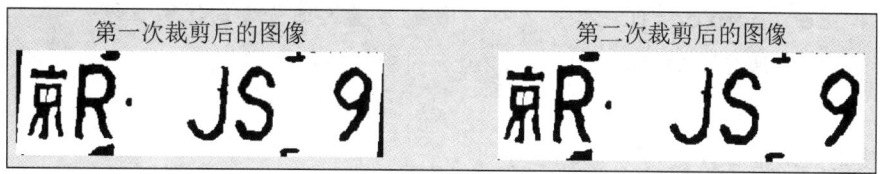

图 8-6 两幅裁剪后的图像

4. 字符提取

步骤 1 获取裁剪后的车牌图像的反色图像。

步骤 2 使用 strel()函数创建从原点到各顶点距离为 2 的菱形结构元素，并使用该结构元素对反色图像进行膨胀运算，得到二值图像 Inv_dil。

步骤 3 显示反色图像和膨胀运算后的图像（Inv_dil）。

【参考代码】

```
Inv = ~J2;                          % 获取反色图像
SE2 = strel('diamond',2);           % 创建菱形结构元素
Inv_dil = imdilate(Inv,SE2);        % 使用菱形结构元素对图像进行膨胀运算
% 显示反色图像和膨胀运算后的图像
figure;
subplot(1,2,1);imshow(Inv);title('反色图像');
subplot(1,2,2);imshow(Inv_dil);
title('膨胀运算后的图像（Inv\_dil）');
```

【运行结果】 程序运行结果如图 8-7 所示。

图 8-7 反色图像与膨胀运算后的图像

步骤 4 使用 bwconncomp()函数提取图像中所有的连通分量，并输出连通分量的数量。

步骤 5 使用 regionprops()函数度量连通分量的区域属性（包括连通分量的面积、连通分量所处区域最小外接框的位置和大小等），并输出连通分量的面积。

步骤 6 使用矩形框标注连通分量的位置。

【参考代码】

```
CC2 = bwconncomp(Inv_dil);     % 提取图像中所有的连通分量
disp(['连通分量的数量为',num2str(CC2.NumObjects)]);
```

```
                                    % 输出连通分量的数量
S2 = regionprops(CC2);              % 度量连通分量的区域属性
disp(['连通分量的面积为',num2str([S2.Area])]);
                                    % 输出连通分量的面积
% 使用矩形框标注连通分量的位置
figure;imshow(Inv_dil);
for i = 1:CC2.NumObjects
    rectangle('Position',S2(i).BoundingBox,'EdgeColor',
'#800080','LineWidth',2);           % 绘制矩形框
end
```

【运行结果】 程序运行结果如图8-8和图8-9所示。可见，图像中数字、字母和汉字字符对应的连通分量的面积远远大于其他无关元素对应的连通分量的面积，而且从输出的面积值中可以看出，这些字符对应的连通分量的面积均大于1 500，故可根据这一特点提取图像中与车牌号码相关的数字、字母和汉字字符图像。

```
连通分量的数量为17
连通分量的面积为9  2843  2891  391  326  126  1586
2342  264  309  24  12  2285  12  15  15  6
```

图8-8　连通分量的数量和面积

图8-9　标注连通分量位置的车牌图像

步骤7　获取面积大于1 500的连通分量的索引。

步骤8　创建保存字符图像的数组char_img。

步骤9　获取符合条件的每个连通分量所处区域最小外接框的位置和大小，并将其数据类型转换为uint16。

步骤10　根据外接框的位置和大小，从二值图像Inv_dil中提取出每个字符。

步骤11　使用imresize()函数将每个字符图像的大小缩放为40×20，使其与模板图像大小一致，并将缩放后的图像保存到字符图像数组中。

步骤12　显示提取出的每个字符图像。

【参考代码】

```
idx = find([S2.Area]>1500);    % 获取面积大于1 500的连通分量的索引
char_img = zeros(40,20,length(idx));
                               % 创建保存字符图像的数组
for i = 1:length(idx)
    % 获取符合条件的连通分量所处区域最小外接框的位置和大小
    pos = S2(idx(i)).BoundingBox;
    pos = uint16(pos);         % 将外接框的数据类型转换为uint16
    % 根据外接框的位置和大小，从图像中提取字符
    img = Inv_dil(pos(2):pos(2)+pos(4)-1,pos(1):pos(1)+pos(3)-1);
    % 将字符图像的大小缩放为40×20
    imgr = imresize(img,[40 20]);
    char_img(:,:,i) = imgr;    % 将缩放后的图像保存到字符图像数组中
    figure;imshow(imgr);       % 显示提取出的字符图像
end
```

【运行结果】　程序运行结果如图8-10所示。

  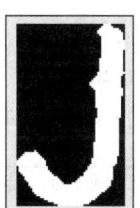  

图8-10　提取出的字符图像

5．字符匹配与识别

通过计算两幅图像之间的相关性，将每个字符图像与数字、字母和汉字的模板图像进行匹配，相关性最高的模板图像即为匹配与识别的结果。

步骤1　创建保存字符识别结果的数组plate_num和保存相关性结果的数组res。

步骤2　使用strel()函数创建从原点到各顶点距离为1的菱形结构元素，并使用该结构元素对每个字符图像进行腐蚀运算。

步骤3　使用corr2()函数计算腐蚀运算后的每个字符图像与各模板图像的相关性，并将计算结果保存到相关性结果数组中。

步骤4　获取相关性最大的模板图像的索引。

步骤5　获取相应的字符识别结果，并将其保存到识别结果数组中。

步骤6　使用disp()函数输出识别结果。

【参考代码】

```
plate_num = zeros(1,length(idx));  % 创建保存字符识别结果的数组
res = zeros(length(idx),length(template_img));
                                   % 创建保存相关性结果的数组
SE3 = strel('diamond',1);          % 创建菱形结构元素
for i = 1:length(idx)
    img = char_img(:,:,i);
    img_ero = imerode(img,SE3);    % 使用菱形结构元素进行腐蚀运算
    % 计算腐蚀运算后的字符图像与各模板图像的相关性,并保存计算结果
    for n = 1:length(template_img)
        cal = corr2(template_img{1,n},img_ero);
        res(i,n) = cal;
    end
    [~,mid] = max(res(i,:));       % 获取相关性最大的模板图像的索引
    % 获取相应的字符识别结果,并将其保存到识别结果数组中
    plate_num(i) = temps(mid);
end
disp(['车牌号码为: ',plate_num]);   % 输出识别结果
```

【运行结果】 程序运行结果如图8-11所示。可见,车牌上的所有字符均已被正确识别。

车牌号码为: 京RJS9
fx >>

图8-11 车牌识别结果

项目实训

1. 实训目的

(1) 掌握从图像中提取相应字符的方法。

(2) 掌握数字验证码的识别方法。

2. 实训内容

读取本书配套素材"project8/image"文件夹中的图像文件"captcha.png"和模板图像数据文件"TemplateCaptcha.mat",识别图像中的数字验证码。

(1) 新建MATLAB脚本文件,并将其命名为"practice8_1.m"。

(2)图像预处理。

① 清除命令行窗口及工作区中的所有内容。

② 使用 load 命令从文件"TemplateCaptcha.mat"中加载包含数字和字母字符的模板图像数据矩阵 template_img（每个字符的模板图像数据矩阵的大小为 40×20）。

③ 定义与模板文件"TemplateCaptcha.mat"中的图像数据矩阵对应的字符数组，该字符数组的内容为"1234567890ABCDEFGHIJKLMNOPQRSTUVWXYZ"。

④ 使用 imread()函数读取图像文件"captcha.png"。

⑤ 使用 im2gray()函数将图像转换为灰度图像。

⑥ 使用 medfilt2()函数对图像进行中值滤波，滤除图像噪声。

⑦ 使用 imadjust()函数进行伽马变换，调整图像的对比度。

⑧ 使用 imbinarize()函数对图像进行阈值分割，得到二值图像。

⑨ 使用 imshow()函数显示以上各步骤处理后的图像。

(3)字符提取。

① 使用 strel()函数创建半径为 1 的圆盘形结构元素。

② 使用圆盘形结构元素对图像进行开运算，去除图像中孤立的像素点。

③ 使用 bwconncomp()函数提取图像中所有的连通分量，并输出连通分量的数量。

④ 使用 regionprops()函数度量连通分量的区域属性，包括连通分量的面积、连通分量所处区域最小外接框的位置和大小等。

⑤ 使用矩形框标注连通分量的位置。

⑥ 创建保存字符图像的数组。

⑦ 获取每个连通分量所处区域最小外接框的位置和大小，并将其数据类型转换为 uint16。

⑧ 根据外接框的位置和大小，从图像中提取出每个字符。

⑨ 使用 imresize()函数将每个字符图像的大小缩放为 40×20，使其与模板图像大小一致，并将缩放后的图像保存到字符图像数组中。

⑩ 显示提取出的每个字符图像。

(4)字符匹配与识别。

① 创建保存字符识别结果的数组和保存相关性结果的数组。

② 使用 corr2()函数计算每个字符图像与各模板图像的相关性，并将计算结果保存到相关性结果数组中。

③ 获取相关性最大的模板图像的索引。

④ 获取相应的字符识别结果，并将其保存到识别结果数组中。

⑤ 使用 disp()函数输出识别结果。

数字图像处理技术及应用

3．实训小结

按要求完成实训内容，并将实训过程中遇到的问题和解决办法记录在表 8-1 中。

表 8-1 实训过程

序号	主要问题	解决办法

项目总结

完成本项目的学习与实践后，请总结应掌握的重点内容，并将图 8-12 的空白处填写完整。

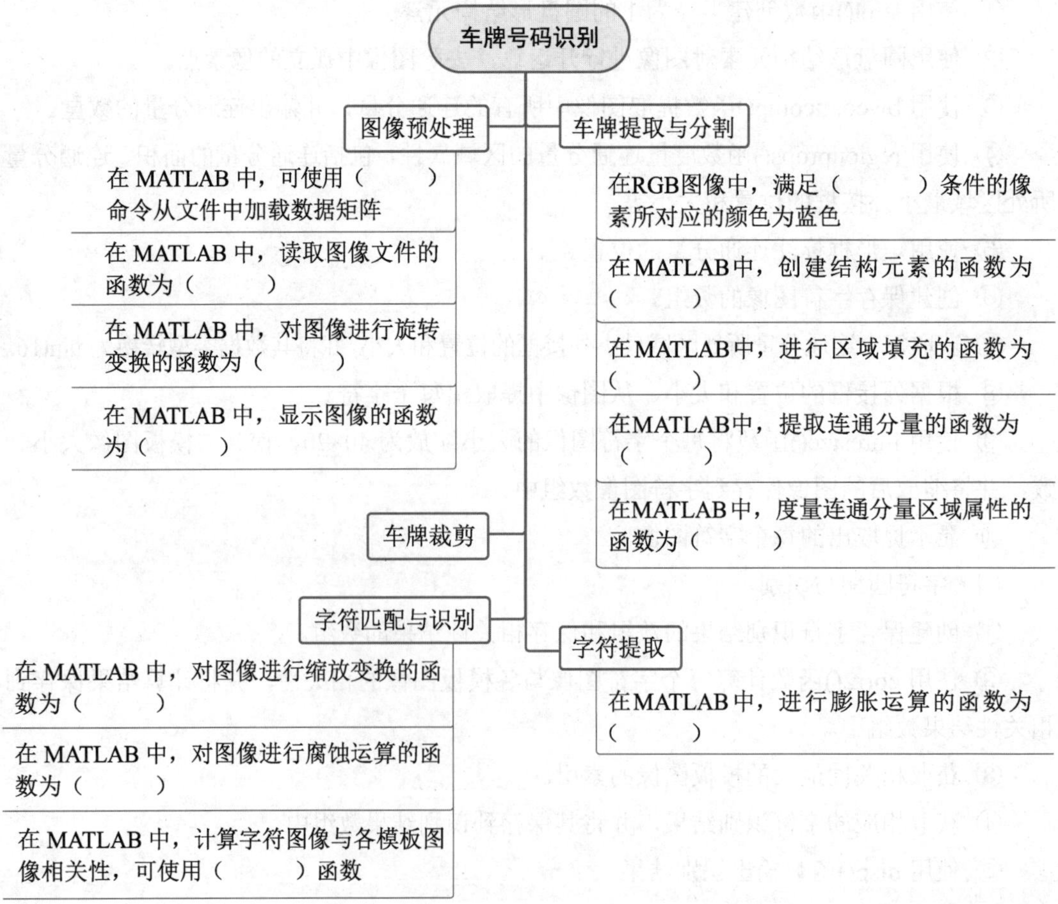

车牌号码识别

图像预处理
- 在 MATLAB 中，可使用（　　）命令从文件中加载数据矩阵
- 在 MATLAB 中，读取图像文件的函数为（　　）
- 在 MATLAB 中，对图像进行旋转变换的函数为（　　）
- 在 MATLAB 中，显示图像的函数为（　　）

车牌提取与分割
- 在 RGB 图像中，满足（　　）条件的像素所对应的颜色为蓝色
- 在 MATLAB 中，创建结构元素的函数为（　　）
- 在 MATLAB 中，进行区域填充的函数为（　　）
- 在 MATLAB 中，提取连通分量的函数为（　　）
- 在 MATLAB 中，度量连通分量区域属性的函数为（　　）

车牌裁剪

字符匹配与识别
- 在 MATLAB 中，对图像进行缩放变换的函数为（　　）
- 在 MATLAB 中，对图像进行腐蚀运算的函数为（　　）
- 在 MATLAB 中，计算字符图像与各模板图像相关性，可使用（　　）函数

字符提取
- 在 MATLAB 中，进行膨胀运算的函数为（　　）

图 8-12 项目总结

项目考核

1. 选择题

（1）在 MATLAB 中，（　　）命令可以从图像数据文件中加载图像数据矩阵。

　　A．clc　　　　B．clear　　　　C．save　　　　D．load

（2）在图像预处理的过程中，（　　）函数可用于校正图像的几何畸变。

　　A．imrotate()　　　　　　B．imshow()

　　C．imfill()　　　　　　　D．imread()

（3）下列选项中，能够去除图像中孤立像素点的是（　　）。

　　A．闭运算　　B．膨胀运算　　C．开运算　　D．区域填充

2. 填空题

（1）在 MATLAB 中，＿＿＿＿＿＿函数可用于计算两幅图像之间的相关性。

（2）在 MATLAB 中，＿＿＿＿＿＿函数可对图像进行缩放。

3. 简答题

（1）在 RGB 图像中，满足什么条件的像素显示为蓝色？

（2）简述模板匹配法的基本原理。

项目评价

结合本项目的学习情况，完成项目评价并将评价结果填入表 8-2 中。

表 8-2　项目评价

评价项目	评价内容	评价分数			
		分值	自评	互评	师评
项目完成度评价（20%）	项目准备阶段，回答问题是否清晰准确，能够紧扣主题，没有明显错误	5 分			
	项目实施阶段，是否能够根据操作步骤完成本项目	5 分			
	项目实训阶段，是否能够出色完成实训内容	5 分			
	项目总结阶段，是否能够正确地将项目总结的空白信息补充完整	2 分			
	项目考核阶段，是否能够正确地完成考核题目	3 分			

表 8-2（续）

评价项目	评价内容	评价分数			
		分值	自评	互评	师评
知识评价（30%）	是否掌握模板匹配法的基本原理	9 分			
	是否掌握使用模板匹配法进行图像识别的基本流程	12 分			
	是否掌握从 RGB 图像中提取蓝色像素的方法	9 分			
技能评价（30%）	是否能够使用模板匹配法识别图像中的字符	11 分			
	是否能够使用 MATLAB 提取 RGB 图像中的蓝色物体	8 分			
	是否能够使用 MATLAB 从图像中提取相应的字符	11 分			
素养评价（20%）	是否遵守课堂纪律，上课精神是否饱满	5 分			
	是否具有自主学习意识，做好课前准备	5 分			
	是否善于思考，积极参与，勇于提出问题	5 分			
	是否具有团队合作精神，出色完成小组任务	5 分			
合计	综合分数_____自评(25%)+互评(25%)+师评(50%)	100 分			
	综合等级_____	指导老师签字_____			
综合评价（创新、进步及不足）					

参考文献

[1] 张铮,胡静,赵原卉,等. 精通 MATLAB 数字图像处理与识别（2 版）[M]. 北京：人民邮电出版社，2022.

[2] 张云佐. 数字图像处理技术：MATLAB 实现[M]. 北京：清华大学出版社，2022.

[3] 贾永红. 数字图像处理（4 版）[M]. 武汉：武汉大学出版社，2023.

[4] 左飞. 数字图像处理：原理与实践：MATLAB 版[M]. 北京：电子工业出版社，2014.

[5] 李俊山,李旭辉,朱子江. 数字图像处理（3 版）[M]. 北京：清华大学出版社，2017.

[6] 孙华东. 基于 Matlab 的数字图像处理[M]. 北京：电子工业出版社，2020.